高职高专“十二五”规划教材

分析化学

张新锋　主编
巴新红　高业萍　副主编

本教材是随着我国高职院校教学模式向以“任务为驱动，以项目为载体，教、学、做一体化”的教学模式的转变应运而生的。教材内容以实验项目为主线，穿插讲述分析化学基础知识、酸碱滴定、沉淀滴定和重量分析、氧化还原滴定、配位滴定、吸光光度法、原子吸收光谱法、电位分析法、气相色谱法等理论知识，辅以阅读材料，知识性、趣味性强，实用性广，符合当前高职学生学习特点。

本书适合高职高专化工、食品、医药、环保、农业等专业学生作为教材使用。

图书在版编目（CIP）数据

分析化学/张新锋主编. —北京：化学工业出版社，2014.1（2024.2重印）
高职高专“十二五”规划教材
ISBN 978-7-122-19392-6

Ⅰ.①分… Ⅱ.①张… Ⅲ.①分析化学-高等职业教育-教材 Ⅳ.①O65

中国版本图书馆CIP数据核字（2013）第321494号

责任编辑：窦　臻　　文字编辑：糜家铃
责任校对：陶燕华　　装帧设计：王晓宇

出版发行：化学工业出版社（北京市东城区青年湖南街13号　邮政编码100011）
印　　装：北京盛通数码印刷有限公司
787mm×1092mm　1/16　印张11¼　字数275千字　2024年2月北京第1版第7次印刷

购书咨询：010-64518888　　售后服务：010-64518899
网　　址：http://www.cip.com.cn
凡购买本书，如有缺损质量问题，本社销售中心负责调换。

定　　价：25.00元

前　言

分析化学是化工、食品、医药、环保和农业等专业的重要专业基础课程。目前面向高职高专的《分析化学》教材版本很多，且各具特色。随着我国高职院校教学模式向“以任务为驱动，以项目为载体，教、学、做一体化”的教学模式的转变，需要进一步增强教材的实用性。同时，高职院校生源知识层次也在不断变化。为了适应这些转变，我们编写了本教材。

本教材具有以下特点。

1. 与生产实际相结合。编写教材的过程中我们调动一线教师，充分利用黄河三角洲区域经济优势，到各大石化企业走访调研，认真听取企业技术人员的建议，并聘请有教学经验的企业专家为编委。教材内容密切联系真实生产装置与最新科研、监测技术，还结合了全国高职院校技能大赛的相关项目。

2. 适合小班化教学。本教材的课堂教学适合在多媒体实验室、仿真实训室等进行。

3. 以学生为中心，围绕“做”做文章。教材每章都选取了典型实验，实验的开展以学生为主，教师为辅，学生“在做中学，在学中做”。

4. 知识性与趣味性相结合，理论性与实践性相结合，努力降低学生学习的疲劳感。每章的【生活常识】、【阅读材料】增强了教材知识性与趣味性；每章的【实验项目】、【基础知识】又把理论与实践联系起来，这样学生容易接受知识，并不易有学习疲劳感。

5. 各章结构设置包括【知识目标】、【能力目标】、【生活常识】、【实验项目】、【基础知识】、【练一练】、【想一想】、【查一查】、【阅读材料】、【本章小结】、【课后习题】等专题。

6. 本教材系统讲述了化学分析，并介绍了部分仪器分析的内容。以实验项目为主线，辅以基础知识、阅读材料，共 9 章，建议 64 学时（主要以每章的实验所需课时统计）。

本书由东营职业学院张新锋主编，东营职业学院巴新红、高业萍副主编。中国石油大学安长华教授主审。第一～三章由巴新红编写，第四、五、七章由高业萍编写，第六、八、九章及附录由张新锋编写。另外，参与讨论、编写和校稿的人员还有东营利华益集团李新强工程师、山东大王职业学院李少勇教授、福耀集团尚贵才工程师，在此一并表示感谢。

由于编者水平有限，时间仓促，有不当之处，敬请各位同仁批评指正。

编者

2013 年 11 月

目录

第一章

分析化学基础

知识目标

1. 了解分析化学的任务和作用
2. 掌握定量分析中误差的表示方法和计算方法
3. 掌握有效数字及其计算规则
4. 掌握常见玻璃仪器的使用技术
5. 掌握电子分析天平的使用

能力目标

1. 会使用电子分析天平，能独立配制溶液并会正确记录、处理实验数据
2. 小组成员间的团队协作能力
3. 培养学生的动手能力和安全生产的意识

生活常识　分析化学与食品安全

利用分析化学手段对食品成分、性质等进行测量是分析化学的一大类应用，更是食品安全的重要保障。2008 年奶粉事件一方面充分暴露出我国在食品安全方面的漏洞，另一方面也必将推动分析化学的发展。

三聚氰胺俗称蜜胺、蛋白精，是一种三嗪类含氮杂环有机化合物，被用作化工原料。它是白色单斜晶体，几乎无味，微溶于水，可溶于甲醇、甲醛、乙酸等，不溶于丙酮、醚类。目前被认为毒性轻微，但动物长期摄入三聚氰胺会造成生殖、泌尿系统的损害，膀胱、肾部结石，并可进一步诱发膀胱癌。对于原料乳与乳制品中三聚氰胺含量的测定，国家标准《原料乳与乳制品中三聚氰胺的测定》（GB/T 22388—2008）中选用了高效液相色谱法、液相色谱-质谱联用法和气相色谱-质谱联用法。

基础知识1 分析化学概述

一、分析化学的任务和作用

在人类的生产、生活等实践活动中，会接触和应用到各种物质。人们需要了解这些物质的化学成分是什么，含量是多少，其结构怎样，这正是分析化学要解决的问题。所以，分析化学是关于研究物质的组成、含量、结构和形态等化学信息的分析方法及理论的一门科学，是化学的一个重要分支。

（一）分析化学的任务

分析化学的主要任务是鉴定物质的化学组成（元素、离子、官能团或化合物）、测定物质的有关组分的含量、确定物质的结构（化学结构、晶体结构、空间分布）和存在形态（价态、配位态、结晶态）及其与物质性质之间的关系等。

（二）分析化学的作用

分析化学的应用范围几乎涉及国民经济、国防建设、资源开发以及人类的衣、食、住、行等各个方面。可以说，当代科学领域的所谓“四大理论”（天体、地球、生命、人类的起源和演化）以及人类社会面临的“五大危机”（资源、能源、人口、粮食、环境）问题的解决都与分析化学这一基础学科的研究密切相关。

1. 分析化学在科学研究中的重要性

目前世界范围内的大气、江河、海洋和土壤等环境污染正在破坏着正常的生态平衡，甚至危及人类的生存与发展。为追踪污染源，弄清污染物种类、数量，研究其转化规律及危害程度等方面，分析化学起着极其重要的作用。在新材料的研究中，表征和测定痕量杂质在其中的含量、形态及空间分布等已成为发展高新技术和微电子工业的关键。在资源及能源科学中，分析化学是获取地质矿物组分、结构和性能信息及揭示地质环境变化过程的主要手段；煤炭、石油、天然气及核材料资源的探测、开采与炼制，更是离不开分析检测工作。分析化学在研究生命过程化学、生物工程、生物医学中，对于揭示生命起源、生命过程、疾病及遗传奥秘等方面具有重要意义。

在医学科学中，医药分析在药物成分含量、药物作用机制、药物代谢与分解、药物动力学、疾病诊断以及滥用药物等的研究中，是不可缺少的手段。在空间科学研究中，星际物质分析已成为了解和考察宇宙物质成分及其转化的最重要手段。

2. 分析化学在工农业生产及国防建设中的重要性

分析化学在工业生产中的重要性主要表现在产品质量检查、工艺流程控制和商品检验方面；在农业生产方面，分析化学在传统的农业生产中，在水、土成分调查，农药、化肥、残留物及农产品质量检验中占据重要的地位，在以资源为基础的传统农业向以生物科学技术和生物工程为基础的“绿色革命”的转变中，分析化学在细胞工程、基因工程、发酵工程和蛋白质工程等的研究中，也将发挥重要作用；在国防建设中，分析化学在化学制剂，武器结构材料，航天、航海材料，动力材料及环境气氛的研究中都有广泛的应用。

二、分析化学的分类

分析化学的内容十分丰富，按照不同标准，可以对分子化学进行不同分类。

（一）定性分析和定量分析

这是按照工作任务进行的划分。定性分析的任务是鉴定物质由哪些元素或离子组成，对于有机物还需要确定其官能团和分子结构；定量分析的任务是确定物质各组成成分的具体含量。

（二）无机分析和有机分析

这是按照工作对象进行的划分。无机分析以金属和无机物为分析对象，分析结果以某种元素、离子、化合物或某相是否存在及其相对含量的多少来表示，如岩石、矿物、陶瓷、钢铁、无机酸碱等天然产物和工业制品的分析测定。有机分析的对象是有机物，在有机分析中，虽然组成有机物的元素种类不多，但由于有机物结构复杂，其种类达数千万种以上，故分析方法不仅有元素分析，还包括官能团分析和结构分析。

（三）化学分析和仪器分析

这是按照工作方法进行的划分。化学分析法是依赖于特定的化学反应及其计量关系来对物质进行分析的方法。化学分析法历史悠久，是分析化学的基础，又称为经典分析法，主要包括重量分析法和滴定分析法，以及试样的处理和一些分离、富集、掩蔽等化学手段。在当今生产生活的许多领域，化学分析法作为常规的分析方法，发挥着重要作用。其中滴定分析法操作简便快速，具有很大的使用价值。

仪器分析法（近代分析法或物理分析法）是根据物质相互作用时产生的各种实验现象对物质进行分析的方法。仪器分析就是利用能直接或间接地表征物质的各种特性（如物理的、化学的、生理的性质等）的实验现象，通过探头或传感器、放大器、分析转化器等转变成人可直接感受的、已认识的关于物质成分、含量、分布或结构等信息的分析方法。也就是说，仪器分析是利用各种学科的基本原理，采用电学、光学、精密仪器制造、真空、计算机等先进技术探知物质化学特性的分析方法。因此仪器分析是体现学科交叉、科学与技术高度结合的一个综合性极强的科技分支。这类方法通常是测量光、电、磁、声、热等物理量而得到分析结果，而测量这些物理量，一般要使用比较复杂或特殊的仪器设备，故称为“仪器分析”。

（四）常量分析、半微量分析和微量分析

分析工作中根据试样用量的多少可分为常量分析、半微量分析和微量分析，见表 1-1。

表 1-1 根据试样用量划分的分析方法

分析方法名称	常量分析	半微量分析	微量分析
固态试样质量/g	1～0.1	0.1～0.01	＜0.01
液态试样体积/mL	10～1	1～0.01	＜0.01

另外，按照被测组分范围还可分为：常量组分（＞1%）分析、微量组分（1%～0.01%）分析和痕量组分（＜0.01%）分析。

（五）例行分析、快速分析和仲裁分析

这是按照生产部门的要求进行的划分。例行分析是指一般化验室日常生产中的分析，又称为常规分析。快速分析是例行分析的一种，主要用于生产过程的控制。例如炼钢厂的炉前快速分析，要求在尽量短的时间内报出结果，分析误差一般允许较大。仲裁分析是不同单位对分析结果有争议时，要求有关单位用指定的方法进行准确的分析，以判断分析结果的准确性。显然，仲裁分析的准确度是主要矛盾。

三、分析化学的发展历程

在化学还没有成为一门独立学科的中世纪，甚至古代，人们已开始从事分析检验的实践活动。这一实践活动来源于生产和生活的需要。例如，为了冶炼各种金属，需要鉴别有关的矿石；采取天然矿物作药物治病，需要识别它们。这些鉴别是一个由表及里的过程，古人首先注意和掌握的当然是它们的外部特征。例如，水银（汞）又名“流珠”，“其状如水似银”，硫化汞名为“朱砂”、“丹砂”等都是抓住它们的外部特征。人们初步对不同物质进行概念上的区别，用感官对各种客观实体的现象和本质加以鉴别，就是原始的分析化学。在制陶、冶炼和制药、炼丹的实践活动中，人们对矿物的认识便逐步深化，于是便能进一步通过它们的一些其他物理特性和化学变化作为鉴别的依据。例如中国曾利用“丹砂烧之成水银”来鉴定硫汞矿石。

随着商品生产和交换的发展，很自然地就会产生控制、检验产品的质量和纯度的需求，于是产生了早期的商品检验工作。在古代主要是用简单的比重法来确定一些溶液的浓度，可用比重法衡量酒、醋、牛奶、蜂蜜和食油的质量。到了6世纪已经有了和现在所用基本相同的比重计了。

商品交换的发展又促进了货币的流通，高值的货币是贵金属的制品，于是出现了货币的检验，也就是金属的检验。古代的金属检验，最重要的是试金技术。在我国古代，关于金的成色就有“七青八黄九紫十赤”的谚语。在古罗马帝国则利用试金石，根据黄金在其上划痕颜色和深度来判断金的成色。16世纪初，在欧洲又有检验黄金的所谓“金针系列试验法”，这是简易的划痕试验法的进一步发展。

16世纪，化学的发展进入所谓的“医药化学时期”。关于各地各类矿泉水药理性能的研究是当时医药化学的一项重要任务，这种研究促进了水溶液分析的兴起和发展。1685年，英国著名物理学家兼化学家R·波义耳（Boyle，1627～1691）编写了一本关于矿泉水的专著《矿泉的博物学考察》，相当全面地总结了当时已知的关于水溶液的各种检验方法和鉴定反应。波义耳在定性分析中的一项重要贡献是用多种动、植物浸液来检验水的酸碱性。波义耳还提出了“定性检出极限”这一重要概念。这一时期的湿法分析从以过去利用物质的一些物理性质为主，发展到广泛应用化学反应为主，提高了分析检验法的多样性、可靠性和灵敏性，并为近代分析化学的产生做了准备。

18世纪以后，由于冶金、机械工业的巨大发展，要求提供数量更大、品种更多的矿石，促进了分析化学的发展。这一时期，分析化学的研究对象主要以矿物、岩石和金属为主，而且这种研究从定性检验逐步发展到较高级的定量分析。其中干法的吹管分析法曾起过重要作用。此法是把要化验的金属矿样放在一块木炭的小孔中，然后以吹管将火焰吹到它上面，一些金属氧化物便熔化并会被还原为金属单质。但这种方法能够还原出的金属种类并不多。到了18世纪中叶，重量分析法使分析化学迈入了定量分析的时代。当时著名的瑞典化学家和矿物学家贝格曼（Torbern Olof Bergman，1735～1784）在《实用化学》一书中指出：“为了测定金属的含量，并不需要把这些金属转变为它们的单质状态，只要把它们以沉淀化合物的形式分离出来，如果我们事先测定沉淀的组成，就可以进行换算了。”到了19世纪，新元素如雨后春笋般出现，加之矿物组成复杂，湿法检验若没有丰富的经验和周密的检验方案，想得到确切的检验结果显然是非常困难的。德国化学家汉立希（Pfaff Christian Heinrich，1773～1852）在他1821出版的一本书中指出：为了使湿法定性检验的问题简单化和减少盲目性，应进行初步试验。1829年，德国化学家罗塞（Hoinrich Rose，1795～1864）首次明确地提出并制定了系统定性分析法。1841 年德国化学家伏累森纽斯（Carl Remegius Fresenius，1818～1897）改进了系统定性分析法，较之罗塞的方案使用的试剂较少。后来又得到美国化学家诺伊斯（Arthur A. Noyes）的进一步精细研究和改进，使定性分析趋于完善。

同一期间，定量分析也迅猛发展。由伏累森纽斯对各种沉淀组成的测定结果和今天的数据加以对比，可以看出重量分析法到了伏累森纽斯时期已经非常准确。他当年研究的某些测定方法至今仍在沿用，其精确度也很可靠。他还对一系列复杂的分离问题如钙和镁、铜和汞、锡和锑等的分离都提出了创造性的见解。同时他将缓冲溶液、金属置换、络合掩蔽等手段用于解决这些问题。

随着过滤技术的改进，有机沉淀剂的应用，加热、净化、重结晶、高精度分析天平等方面研究工作的进展，使重量分析法的精确度得到更进一步的提高。但这种方法操作手续繁琐，耗时长，这就使得容量分析法迅速发展。根据沉淀反应、酸碱反应、氧化还原反应及络合反应的特点，相应出现了沉淀滴定、酸碱滴定、氧化还原滴定及络合滴定的容量分析法。法国物理学家兼化学家盖·吕萨克（Gay Lussac，1778～1850）应该算是滴定分析的创始人，他继承前人的分析成果对滴定分析进行深入研究，对滴定法的进一步发展，特别是对提高准确度方面做出了贡献，他所提出的银量法至今仍在应用。

在各种滴定法中，氧化还原滴定法占有最重要的地位。碘量法在该世纪中叶已经具备了当今人们应用的各种形式。1853 年赫培尔（Hempel）应用高锰酸钾标准溶液滴定草酸，这一方法的建立为以后一些重要的间接法和回滴法打下了基础。沉淀滴定法则在盖·吕萨克银量法的启发下继续有了较大发展，其中最重要的是 1856 年莫尔提出的以铬酸钾为指示剂的银量法，这便是广泛应用于测定氯化物的“莫尔法”。1874 年伏尔哈特（T. Volhard）提出了间接沉淀滴定的方法，使沉淀滴定法的应用范围得以扩大。络合滴定法在 19 世纪中叶，借助于有机试剂而得以形成，且有较大进展。酸碱滴定法由于找不到合适的指示剂进展不大，直到 19 世纪 70 年代，酸碱滴定的状况仍没有重大改变。只是当人工合成指示剂问世并开始应用后，由于它们可在一个很宽的 pH 范围内变色，这才使酸碱滴定的应用范围显著地扩大。滴定分析发展中的另一个方面是仪器的设计和改进，使分析仪器已基本具备了现有的各种形式。因而，这一时期堪称为滴定分析的极盛时期。

直到 19 世纪末，分析化学基本上仍然是许多定性和定量的检测物质组成的技术汇集。分析化学作为一门学科，很多分析家认为是以著名的德国物理化学家奥斯特瓦尔德（Wilholn Ostwald，1853～1932）出版《分析化学的科学基础》的 1894 年为新纪元的。20 世纪初，关于沉淀反应、酸碱反应、氧化还原反应及络合物形成反应的四个平衡理论的建立，使分析化学家的检测技术一跃成为分析化学学科，称之为经典分析化学。因此，20 世纪初这一时期是分析化学发展史上的第一次革命。

20 世纪以来，原有的各种经典方法不断充实、完善。直到目前，分析试样中的常量元素或常量组分的测定，基本上仍普遍采用经典的化学分析方法。20 世纪中叶，由于生产和科研的发展，分析的样品越来越复杂，要求对试样中的微量及痕量组分进行测定，对分析的灵敏度、准确度、速度的要求不断提高，一些以化学反应和物理特性为基础的仪器分析方法逐步创立和发展起来。这些新的分析方法都是采用了电学、电子学和光学等仪器设备，因而称为“仪器分析”。仪器分析所牵涉的学科领域远较 19 世纪时的经典分析化学宽阔得多。光度分析法、电化学分析法、色层法相继产生并迅速发展。

这一时期的分析化学的发展受到物理、数学等学科的广泛影响，同时也开始对其他学科作出显著贡献，这是分析化学史上的第二次革命。20 世纪 70 年代以后，分析化学已不仅仅局限于测定样品的成分及含量，而是着眼于降低测定下限、提高分析准确度上。并且打破化学与其他学科的界限，利用化学、物理、生物、数学等其他学科一切可以利用的理论、方法、技术对待测物质的组成、组分、状态、结构、形态、分布等性质进行全面的分析。由于这些非化学方法的建立和发展，有人认为分析化学已不只是化学的一部分，而是正逐步转化成为一门边缘学科——分析科学，并认为这是分析化学发展史上的第三次革命。

目前，分析化学处于日新月异的变化之中，它的发展同现代科学技术的总发展是分不开的。一方面，现代科学技术对分析化学的要求越来越高；另一方面，现代科学技术又不断地向分析化学输送新的理论、方法和手段，使分析化学迅速发展。特别是近年来电子计算机与各类化学分析仪器的结合，更使分析化学的发展如虎添翼，不仅使仪器的自动控制和操作实现了高速、准确、自动化，而且在数据处理的软件系统和计算机终端设备方面也大大前进了一步。作为分析化学两大支柱之一的仪器分析发挥着越来越重要的作用，但对于常量组分的精确分析仍然主要依靠化学分析，即经典分析。化学分析和仪器分析两部分内容互相补充，化学分析仍是分析化学的一大支柱。美国 Analytical Chemistry 杂志 1991 年和 1994 年两次刊登同一作者的长文“经典分析的过去、现在和未来”，强调重视经典分析的重要性。

【想一想】 分析化学的任务和作用是什么？它怎样分类？

实验项目 1　玻璃仪器的日常使用与维护

【任务描述】

学会玻璃器皿的洗涤、干燥、保管等方法。

【教学器材】

试管、烧杯、移液管、滴定管、容量瓶、锥形瓶、砂芯漏斗等常用玻璃器皿。

【教学药品】

铬酸洗液。

【组织形式】

三个同学为一实验小组，根据教师给出的引导步骤和要求，自行完成实验。

【注意事项】

(1) 待洗涤的仪器应洗至内壁完全不挂水珠。

(2) 滴定管、移液管不可随意乱放，必须放在滴定管架及移液管架上。

【实验步骤】

一、玻璃仪器的洗涤

在分析工作中，洗涤玻璃仪器不仅是一个实验前的准备工作，也是一个技术性的工作。仪器洗涤是否符合要求，对分析结果的准确度和精确度均有影响。不同分析工作（如工业分析、一般化学分析和微量分析等）有不同的仪器洗涤要求，我们以一般定量化学分析为基础介绍玻璃仪器的洗涤方法。

1. 洗涤仪器的一般步骤

(1) 用水刷洗 使用用于各种形状仪器的毛刷，如试管刷、瓶刷、滴定管刷等。首先用毛刷蘸水刷洗仪器，用水冲去可溶性物质及刷去表面附着的灰尘。

(2) 用合成洗涤水刷洗 市售的餐具洗涤灵是以非离子表面活性剂为主要成分的中性洗液，可配制成1%～2%的水溶液，也可用5%的洗衣粉水溶液，刷洗仪器，它们都有较强的去污能力，必要时可温热或短时间浸泡。

洗涤的仪器倒置时，水流出后，器壁应不挂小水珠。至此再用少许纯水冲仪器3次，洗去自来水带来的杂质，即可使用。

2. 各种洗液的使用

针对仪器所沾污物的性质，采用不同洗液能有效地洗净仪器。各种洗液见表1-2。要注意在使用各种性质不同的洗液时，一定要把上一种洗液除去后再用另一种，以免相互作用生成的产物更难洗净。

表1-2 各种洗液

洗涤液名称	配制方法	使用方法
铬酸洗液	研细的重铬酸钾20g溶于40mL水中，慢慢加入360mL浓硫酸	用于去除器壁残留油污，用少量洗液刷洗或浸泡一夜，洗液可重复使用
工业盐酸	浓盐酸或1：1盐酸	用于洗去碱性物质及大多数无机物残渣
碱性洗液	10%氢氧化钠水溶液或乙醇溶液	水溶液加热(可煮沸)使用，其去油效果较好。注意：煮的时间太长会腐蚀玻璃，碱-乙醇洗液不要加热
碱性高锰酸钾洗液	4g高锰酸钾溶于水中，加入10g氢氧化钠，用水稀释至100mL	洗涤油污或其他有机物，洗后容器沾污处有褐色二氧化锰析出，再用浓盐酸或草酸洗液、硫酸亚铁、亚硫酸钠等还原剂去除
草酸洗液	5～10g草酸溶于100mL水中，加入少量浓盐酸	洗涤高锰酸钾洗液后产生的二氧化锰，必要时加热使用
碘-碘化钾洗液	1g碘和2g碘化钾溶于水中，用水稀释至100mL	洗涤用硝酸银滴定液后留下的黑褐色沾污物，也可用于擦洗沾过硝酸银的白瓷水槽
有机溶剂	苯、乙醚、二氯乙烷等	可洗去油污或可溶于该溶剂的有机物质，使用时要注意其毒性及可燃性 用乙醇配制的指示剂干渣、比色皿，可用盐酸-乙醇(1：2)洗液洗涤
乙醇、浓硝酸	注意：不可事先混合	用一般方法很难洗净的少量残留有机物，可用此法：于容器内加入不多于2mL的乙醇，加入10mL浓硝酸，静置即发生激烈反应，放出大量热及二氧化氮，反应停止后再用水冲洗，操作应在通风橱中进行，不可塞住容器，做好防护

铬酸洗液因毒性较大尽可能不用，近年来多以合成洗涤剂和有机溶剂来除去油污，但有时仍要用到铬酸洗液，故也列入表1-2内。

3. 砂芯玻璃滤器的洗涤

(1) 新的滤器使用前应以热的盐酸或铬酸洗液边抽滤边清洗，再用蒸馏水洗净。

(2) 针对不同的沉淀物采用适当的洗涤剂先溶解沉淀，或反复用水抽洗沉淀物，再用蒸馏水冲洗干净，在110℃烘箱中烘干，然后保存在无尘的柜内或有盖的容器内，否则积存的灰尘和沉淀堵塞滤孔很难洗净。表 1-3 列出一些洗涤砂芯滤板的洗液可供选用。

表 1-3 洗涤砂芯玻璃滤器常用洗液

沉淀物	洗液
AgCl	1∶1 氨水或 10% $Na_2S_2O_3$ 水溶液
$BaSO_4$	100℃浓硫酸或用 EDTA-NH_3 水溶液(3% EDTA 二钠盐 500mL 与浓氨水 100mL 混合)加热近沸
汞渣	热浓硝酸
有机物质	铬酸洗液浸泡或温热洗液抽洗
脂肪	四氯化碳或其他适当的有机溶剂
细菌	化学纯浓硫酸 6mL、化学纯亚硝酸钠 2g、纯水 94mL 充分混匀,抽气并浸泡 48h 后,以热蒸馏水洗净

4. 特殊要求的洗涤方法

在用一般方法洗涤后用蒸汽洗涤是很有效的。有的实验要求用蒸汽洗涤，方法是烧瓶安装一个蒸汽导管，将要洗的容器倒置在上面用水蒸气吹洗。

某些测量痕量金属的分析对仪器要求很高，要求洗去微克级的杂质离子，洗净的仪器还要浸泡至 1∶1 盐酸或 1∶1 硝酸中数小时至 24h，以免吸附无机离子，然后用纯水冲洗干净。有的仪器需要在几百摄氏度温度下烧净，以达到痕量分析的要求。

二、玻璃仪器的干燥

做实验经常要用到的仪器应在每次实验完毕之后洗净干燥备用。用于不同实验的仪器对干燥有不同的要求，一般定量分析中的烧杯、锥形瓶等仪器洗净即可使用，而用于有机化学实验或有机分析的仪器很多是要求干燥的，有的要求无水迹，有的要求无水，应根据不同要求来干燥仪器。

(1) 晾干　不急用的，要求一般干燥，可用纯水刷洗后，在无尘处倒置晾干水分，然后自然干燥。可用安有斜木钉的架子和带有透气孔的玻璃柜放置仪器。

(2) 烘干　洗净的仪器控去水分，放在电烘箱中烘干，烘箱温度为 105～120℃，烘 1h 左右。也可放在红外灯干燥箱中烘干。此法适用于一般仪器。称量用的称量瓶等烘干后要放在干燥器中冷却和保存。带实心玻璃塞的仪器及厚壁仪器烘干时要注意慢慢升温并且温度不可过高，以免烘裂，量器不可放于烘箱中烘。

硬质试管可用酒精灯烘干，要从底部烘起，把试管口向下，以免水珠倒流把试管炸裂，烘到无水珠时，把试管口向上赶净水汽。

(3) 热（冷）风吹干　对于急于干燥的仪器或不适合放入烘箱的较大的仪器可用吹干的办法，通常用少量乙醇、丙酮（或最后再用乙醚）倒入已控去水分的仪器中摇洗，控净溶剂(溶剂要回收)，然后用电吹风吹，开始用冷风吹 1～2min，当大部分溶剂挥发后吹入热风至完全干燥，再用冷风吹残余的蒸汽，使其不再冷凝在容器内。此法要求通风好，防止中毒，不可接触明火，以防有机溶剂爆炸。

三、玻璃仪器的保管

在储藏室内玻璃仪器要分门别类地存放，以便取用。经常使用的玻璃仪器放在实验柜内，要放置稳妥，高的、大的放在里面。

(1) 移液管　洗净后置于防尘的盒中。

(2) 滴定管　用后，洗去内装的溶液，洗净后装满纯水，上盖玻璃短试管或塑料套管，也可倒置夹于滴定管架上。

（3）比色皿　用毕洗净后，在瓷盘或塑料盘中下垫滤纸，倒置晾干后装入比色皿盒或清洁的器皿中。

（4）带磨口塞的仪器　容量瓶或比色管最好在洗净前就用橡皮筋或小线绳把塞和管口拴好，以免打破塞子或互相弄混。需长期保存的磨口仪器要在塞间垫一张纸片，以免日久粘住。长期不用的滴定管要除掉凡士林后垫纸，用皮筋拴好活塞保存。

（5）成套仪器　如索氏萃取器、气体分析器等用完要立即洗净，放在专门的纸盒里保存。

总之要本着对工作负责的精神，对所用的一切玻璃仪器用完后要清洗干净，按要求保管，要养成良好的工作习惯，不要在仪器里遗留油脂、酸液、腐蚀性物质（包括浓碱液）或有毒药品，以免造成后患。

【想一想】 怎样日常维护玻璃仪器？

基础知识2　分析数据的记录和处理

一、误差

定量分析是为了测得试样中某组分的含量，因此希望测量得到的是客观存在的真值。但实际的情况是：很有经验的分析人员对一个试样进行测定，即使采用的是最可靠的方法、最精密的仪器，所得的结果也不可能和真实值完全一致；同一个有经验的分析人员对同一样品进行重复测定，结果也不可能完全一致。

也就是说分析的误差是客观存在的。因此必须对分析结果进行分析，对结果的准确度和精密度进行合理的评价和准确的表述。了解误差产生的原因，存在的客观规律，以及如何减小误差。

（一）误差的种类

我们把在正常操作条件下，测量值与真实值之间的差异称为**误差**。根据误差的来源和性质不同，误差可分为系统误差和偶然误差。

1. 系统误差

系统误差是由某种固定因素造成的，在同样条件下，重复测定时，它会重复出现，其大小、正负是可以测定的，最重要的特点是“单向性”。根据产生的原因，系统误差可以分为以下几种。

（1）方法误差　方法误差是由于分析方法不够完善所引起的，即使仔细操作也不能克服，如选用指示剂不恰当，使滴定终点和化学计量点不一致；在重量分析中沉淀的溶解、共沉淀现象等；在滴定中溶解矿物时间不够、干扰离子的影响等。

（2）仪器和试剂误差　仪器误差来源于仪器本身不够精确，如砝码质量、容量器皿刻度和仪表刻度不准确等。试剂误差来源于试剂不纯，基准物不纯。

（3）操作误差　分析人员在操作中由于经验不足，操作不熟练，实际操作与正确的操作有出入引起的，如器皿没加盖使灰尘落入，滴定速度过快，坩埚没完全冷却就称质量，滴定管读数偏高或偏低，有人对指示剂的颜色变化不够敏锐等。

以上各类误差可以用对照试验、空白试验、校准仪器等方法加以校正。

2. 偶然误差

偶然误差又称随机误差，是由一些偶然的原因造成的（如环境、湿度、温度、气压的波动，仪器的微小变化等），其影响时大时小，有正有负，在分析中无法避免，又称不定误差。偶然误差的产生难以找出原因，难以控制，似乎无规律性，但进行多次测定，便会发现偶然误差也具有规律性，一般服从正态统计分布规律：大小相近的正负误差出现的概率相等；小误差出现的概率大，大误差出现的概率小。

除了系统误差和偶然误差外，还会遇到由于过失或差错造成的“过失误差”，如数据记录错误、读错刻度、加错试剂、试液溅失等。工作中应认真细致，严格遵守操作规程，避免类似过失。

（二）*准确度和误差*

准确度是指测量值（分析结果）与真实值接近的程度。测量值越接近真实值，准确度越高，反之，准确度越低。准确度高低用误差表示。

误差可用绝对误差和相对误差表示。

1. 绝对误差

绝对误差表示测定值与真实值之差：

$$E=X\text{（测定结果）}-X_{\mathrm{T}}\text{（真实值）}$$

测量值大于真实值，误差为正误值；测量值小于真实值，误差为负误值。误差越小，测量值的准确度越好；误差越大，测量值的准确度越差。

2. 相对误差

相对误差指误差在真实结果中所占的百分数，它能反映误差在真实结果中所占的比例：

$$\text{相对误差}=\frac{E}{X_{\mathrm{T}}}\times100\%$$

二、精密度和偏差

在实际分析中，真实值难以得到，实际工作中常以多次平行测定结果的算术平均值$\bar{x}$代替真实值，来表示分析结果：

$$\bar{x}=\frac{x_1+x_2+\cdots+x_n}{n}$$

每次测定值与平均值之差称为**偏差**。偏差的大小可表示分析结果的精密度，是指相同条件下同一样品多次平行测定结果相互接近的程度，偏差越小说明测定数值的重复性越高。偏差也分为绝对偏差和相对偏差：

1. 绝对偏差

绝对偏差是单次测量值与平均值之差：

$$d_i=x_i-\bar{x}$$

2. 相对偏差

相对偏差是绝对偏差占平均值的百分数：

$$d_{\mathrm{r}}=\frac{d_i}{\bar{x}}\times100\%=\frac{x_i-\bar{x}}{\bar{x}}\times100\%$$

3. 平均偏差

在一般的分析工作中，常用平均偏差（$\bar{d}$）和相对平均偏差（$R_{\bar{d}}$）来衡量一组测得值的精密度，平均偏差是各个偏差的绝对值的平均值，如果不取绝对值，各个偏差之和接近于零：

$$\bar{d}=\frac{|d_1|+|d_2|+|d_3|+\cdots+|d_n|}{n}=\frac{\sum_{i=1}^{n}|d_i|}{n}$$

平均偏差没有正负号，平均偏差小，表明这一组分析结果的精密度好，平均偏差是平均值，它可以代表一组测得值中任何一个数据的偏差。

4. 相对平均偏差

相对平均偏差是平均偏差占平均值的百分数：

$$R_{\bar{d}}=\frac{\bar{d}}{\bar{x}}\times 100\%=\frac{\sum_{i=1}^{n}|x_i-\bar{x}|}{n\bar{x}}\times 100\%$$

5. 标准偏差

$$S=\sqrt{\frac{d_1^2+d_2^2+d_3^2+\cdots+d_n^2}{n-1}}=\sqrt{\frac{\sum_{i=1}^{n}(x_i-\bar{x})^2}{n-1}}$$

测定次数在 3～20 次时，可用 S 来表示一组数据的精密度，式中 $n-1$ 称为自由度，表明 n 次测量中只有 $n-1$ 个独立变化的偏差。因为 n 个偏差之和等于零，所以只要知道 $n-1$ 个偏差就可以确定第 n 个偏差了。

标准偏差 S 与相对平均偏差的区别在于：第一，偏差平方后再相加，消除了负号，再除自由度和再开根，标准偏差是数据统计上的需要，在表示测量数据不多的精密度时，更加准确和合理。第二，S 是对单次测量偏差平方加和，不仅避免单次测量偏差相加时的正负抵消，更重要的是大偏差能更显著地反映出来，能更好地说明数据的分散程度。例如下面两组数据，各次测量的偏差为：

+0.3，−0.2，−0.4，+0.2，+0.1，+0.4，0.0，　−0.3，+0.2，−0.3；

0.0，　+0.1，−0.7，+0.2，−0.1，−0.2，+0.5，−0.2，+0.3，+0.1。

两组数据的平均偏差均为 0.24，$S_1=0.28$　$S_2=0.33$。很明显，第二组数据分散度大，可见第一组数据较好。（注意计算 S 时，若偏差 $d=0$ 时，也应算进去，不能舍去。）

6. 相对标准偏差

$$S_r=\frac{S}{\bar{x}}\times 100\%$$

准确度与精密度的关系为：准确度高，一定需要精密度高；但精密度高，不一定准确度高。精密度是保证准确度的先决条件，精密度低的说明所测结果不可靠，当然其准确度也就不高。

三、提高分析结果准确度的方法

1. 消除系统误差

选择合适的分析方法，减小方法误差。

例如，测定样品中总 Fe 含量，可用 $K_2Cr_2O_7$ 法，也可以用比色法，已知，

$K_2Cr_2O_7$ 法：　40.20%±0.2%×40.20%

比色法：　40.20%±2.0%×40.20%

所以，应选用相对误差较小的 $K_2Cr_2O_7$ 法。

2. 减小测量误差

如称量时，分析天平的称量误差为±0.0001g，滴定管的读数准确至±0.01mL，要使相对误差小于1‰，试样的质量和滴定的体积就不能太小。

$$相对误差=\frac{绝对误差}{试样质量}$$

称量质量

$$\frac{2\times 0.0001}{m}\times 100\%\leqslant 0.1\%$$

$$\Rightarrow m\geqslant 0.2000\text{g}$$

滴定体积

$$\frac{2\times 0.01}{V}\times 100\%\leqslant 0.1\%$$

$$\Rightarrow V\geqslant 20\text{mL}$$

即试样质量不能低于0.2g，滴定体积在20～30mL之间（滴定时需读数两次，考虑极值误差为0.02mL）。

3. 校准仪器

仪器使用前应先校准，以消除仪器误差。

4. 空白试验

根据具体分析条件做空白试验，以消除试剂误差。

5. 对照实验

采取对照试验，以消除方法误差。对照试验是检验系统误差的有效方法。根据标准试样的分析结果与已知含量的差值，即可判断有无系统误差，并可用此误差对实际试样的结果进行校正。

6. 减小偶然误差

增加平行测定次数可减小偶然误差对分析结果的影响。一般测3～4次以减小偶然误差。

四、分析数据的处理

1. 有效数字

有效数字是指分析工作中实际上所能测量到的数字，它包括所有准确数字和最后一位不准确数字。最后一位是估计值，又称可疑数字。有效数字位数由仪器准确度决定，它直接影响测定的相对误差。

例如，用不同类型的天平称量同一试样，所得称量结果如表1-4所示。

表1-4　不同类型天平称量结果数据记录比较

使用的仪器	误差范围/g	称量结果/g	真值的范围/g
台天平	±0.1	5.1	5.1±0.1
分析天平	±0.0001	5.1023	5.1023±0.0001
半微量分析天平	±0.00001	5.10228	5.10228 ± 0.00001

再如0.5000与0.5的区别？

0.5000±0.0001　　　　　　0.5±0.1

相对误差分别是：

$$\frac{\pm 0.0001}{0.5000}\times 100\%=\pm 0.02\% \qquad \frac{\pm 0.1}{0.5}\times 100\%=\pm 20\%$$

有效数字反映了仪器的精度，记录数据只能保留一位可疑数字。

判断有效数字的位数，要注意以下几点：

(1) 有效数字的位数，要注意“0”的作用。0在数字中间和后面，为有效数字。例如，在1.0008中，“0”是有效数字；在0.0382中，“0”起定位作用，不是有效数字；在0.0040中，前面3个“0”不是有效数字，后面一个“0”是有效数字。在3600中，一般看成是4位有效数字，但它可能是2位或3位有效数字，分别写3.6×10^3、3.60×10^3或3.600×10^3较好。

(2) 倍数、分数关系可看作无限多位有效数字。

(3) pH、pM、lg*c*、lg*K*等对数值，有效数字的位数取决于小数部分（尾数）位数，因整数部分代表该数的方次。例如，pH=11.20，有效数字的位数为两位。

(4) 9以上数要多算一位有效数字，如9.00、9.83，均为4位有效数字。

2. 数字修约规则

“四舍六入五成双”规则：当测量值中修约的那个数字等于或小于4时，该数字舍去；等于或大于6时，进位；等于5时（5后面无数据或是0时），如进位后末位数为偶数则进位，舍去后末位数为偶数则舍去；5后面有数时，进位。修约数字时，只允许对原测量值一次修约到所需要的位数，不能分次修约。

例1-1　将下列测量值修约为四位有效数字。

14.2442 ⟶ 14.24　　24.4863 ⟶ 24.49　　15.0250 ⟶ 15.02

15.0150 ⟶ 15.02　　15.0251 ⟶ 15.03

注意：要一次修约，不能分次修约。例如，2.3457 ⟶ 2.3

2.3457 ⟶ 2.346 ⟶ 2.35 ⟶ 2.4　错

3. 有效数字的运算规则

加减法：当几个数据相加减时，它们的和或差的有效数字位数，应以小数点后位数最少（即绝对误差最大的）的数据为依据。

例1-2　0.0121+25.64+1.05782=?

绝对误差　±0.0001　　±0.01　　±0.00001

在加和的结果中总的绝对误差值取决于25.64，所以：

$$原式=0.01+25.64+1.06=26.71$$

乘除法：当几个数据相乘除时，它们的积或商的有效数字位数，应以有效数字位数最少（即相对误差最大）的数据为依据。

例1-3　$0.0121\times25.64\times1.05782=?$

相对误差　±0.8%　±0.4%　±0.009%

结果的相对误差取决于0.0121，因它的相对误差最大，所以：

$$0.0121\times25.6\times1.06=0.328$$

(1) 遇到分数、倍数，可视为无限多位有效数字。

(2) 第一位大于或等于8的数据，多算一位有效数字。例如，0.95，三位有效数字，$0.95\times1.23\times2.34=2.73$。

(3) 数字运算过程中暂时多保留一位有效数字，而后进行运算，最后结果修约到应有的位数。运用这一规则的好处是：既可保证运算结果准确度取舍合理，符合实际，又可简化计算减少差错，节省时间。

(4) 分析结果　对于高含量组分（≥10%），通常以四位有效数字报出；中含量组分（1%～10%），要求三位有效数字；微量组分（<1%），要求两位有效数字。

五、可疑数据的取舍

在一组平行测定中，常出现个别测定值与其他测定值相差甚远，这一个数据称为可疑值。

1. Q 检验法

适用 3～10 次的测定。

(1) 排序　将数据按从小到大的顺序排列 x_1，$x_2 \cdots x_n$；

(2) 求极差　$x_n - x_1$；

(3) 求出可疑值与其临近数据之间的差　$x_n - x_{n-1}$ 或 $x_2 - x_1$；

(4) 求 Q　$Q=(x_n - x_{n-1})/(x_n - x_1)$　或　$Q=(x_2 - x_1)/(x_n - x_1)$；

(5) 根据测定次数 n 和要求的置信度（90%）查出 Q；

(6) 将 Q 与 $Q_{表}$ 相比较，若 $Q \geqslant Q_{表}$，舍弃可疑值；若 $Q < Q_{表}$，保留；

(7) 在三个以上数据中，首先检验相差较大的值。

舍弃可疑数据的 Q 值如表 1-5 所示。

表 1-5　舍弃可疑数据的 Q 值（置信度 90%和 95%）

测定次数	3	4	5	6	7	8	9	10
$Q_{0.90}$	0.94	0.76	0.64	0.56	0.51	0.47	0.44	0.41
$Q_{0.95}$	1.53	1.05	0.86	0.76	0.69	0.64	0.60	0.58

例 1-4　试对以下七个数据进行 Q 检验，置信度 90%：

5.12　6.82　6.12　6.32　6.22　6.32　6.02

解：(1) 5.12，6.02，6.12，6.22，6.32，6.32，6.82；

(2) $x_n - x_1 = 6.82 - 5.12 = 1.70$；

(3) $x_2 - x_1 = 6.02 - 5.12 = 0.90$；

(4) $Q=(x_2 - x_1)/(x_n - x_1) = 0.90/1.70 = 0.53$；

(5) 查表 $n=7$ 时，$Q_{0.90}=0.51$；

(6) $0.53 > Q_{0.90}$，舍弃 5.12。

再检验 6.82，

$Q=(6.82-6.32)/(6.82-6.02)=0.625$

$n=6$ 时，$Q_{0.90}=0.56$。$0.625>0.56$，舍弃 6.82。

2. $4\bar{d}$ 法

对于一些实验数据也可用 $4\bar{d}$ 法判断可疑值的取舍。$4\bar{d}$ 法步骤是：

(1) 数据从小到大排列，确定可疑数值。异常值通常为最大或最小值，排在两端。

(2) 排除可疑数值，求 $4\bar{d}$。

(3) 将可疑数值与平均值之差的绝对值与 $4\bar{d}$ 比较。

(4) 取舍规律　绝对值大于或等于 $4\bar{d}$，则舍之。

【算一算】　标定某溶液的浓度得 $0.1014 mol \cdot L^{-1}$、$0.1013 mol \cdot L^{-1}$、$0.1019 mol \cdot L^{-1}$、$0.1014 mol \cdot L^{-1}$，问 $0.1019 mol \cdot L^{-1}$ 是否应舍去？

六、平均值的置信度和置信区间

1. 置信度 P

在统计学中，通常把分析结果在某一范围内（即误差范围内）出现的概率，称为置信度。误差为 $\pm\sigma$ 置信度为 68.3%，$\pm 2\sigma$ 置信度为 95.5%，$\pm 3\sigma$ 置信度为 99.7%。

2. 置信区间

置信区间，即总体平均值 μ 所在范围，是指在一定置信度下，总体平均值（或称真值）以测定值的平均值 x 为中心的可靠性范围。在分析化学中，当测定次数无限多时，所得平均值即为总体平均值 μ，而实际分析中，通常只涉及少量实验数据的处理，按照统计学可以推导出有限次的平均值和总体平均值的关系：

$$\mu=\bar{x}\pm\frac{ts}{\sqrt{n}}$$

实验项目 2　电子分析天平的使用

【任务描述】

通过利用电子分析天平称取 0.5000g NaCl，学会固体样品的称取方法；学会有效数字的读取和记录。

【教学器材】

电子分析天平（含毛刷）、烧杯、干燥器、称量瓶、手套或纸条。

【教学药品】

化学纯 NaCl、硅胶。

【组织形式】

三个同学为一实验小组，根据教师给出的引导步骤和要求，自行完成实验。

【注意事项】

(1) 取称量瓶时要佩戴手套（无手套可用纸条）；

(2) 称量物不能污染分析天平；

(3) 开干燥器时要轻轻推开。

【实验步骤】

(1) 称量前接通分析天平电源，预热 30min；

(2) 称量前检查天平是否调水平（调平完成后坐下）；

(3) 打开电子分析天平侧门，先用毛刷扫一遍，然后关上侧门，开机检查示数是否为“0.0000”，如果不是，按“去皮（TAPE）”键（这一步坐着完成）；

(4) 取盛有 NaCl 的称量瓶，放在天平托盘中心位置，关侧门，记录数据 $m_{前}$；

(5) 取出称量瓶，小心倾倒适量 NaCl 于小烧杯中，然后把称量瓶放回天平托盘中心位置，关侧门，记录数据 $m_{后}$；$m_{前}-m_{后}$ 即为倒出的 NaCl 质量；

(6) 称量完成后整理实验台，完成表格。

【任务解析】

比较烧杯称量前后质量的增加与称量瓶称量前后质量的减少可得知称量结果的准确性，

具体数据可记于表 1-6。

表 1-6 称量记录表

项目 \ 次数	1	2	3
空烧杯的质量 m_1/g			
倾出前称量瓶的质量 m_2/g			
倾出后称量瓶的质量 m_3/g			
称量瓶倾出的质量(m_2-m_3)/g			
接收药品后的烧杯质量 m_4/g			
烧杯接收药品的质量(m_4-m_1)/g			

【想一想】 使用电子分析天平时应注意什么?

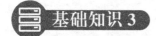

基础知识 3 滴定分析法概述

一、基本概念

1. 滴定分析

通过滴定操作，将已知准确浓度的标准溶液滴加到被测物质的溶液中，直至标准溶液与被测物质恰好定量反应完全，再根据所加标准溶液的浓度和所消耗的体积，计算出试样中待测组分的含量。这一类分析方法称为滴定分析，也称容量分析。

2. 标准溶液

在滴定分析过程中，确定了准确浓度的用于滴定分析的溶液，称为标准溶液（或滴定剂)。

3. 滴定

用滴定管将标准溶液逐滴加入到盛有一定量被测物质溶液中的操作过程称为滴定。

4. 化学计量点

当加入的标准溶液的量与被测物质的量恰好符合化学反应式所表示的化学计量关系时，称反应到达化学计量点（以 sp 表示)。

5. 指示剂

滴定操作时通常加入某种辅助试剂，利用该试剂的颜色突变来判断化学计量点。这种辅助试剂称为指示剂。

6. 滴定终点

滴定终点简称终点，是指滴定时指示剂突然改变颜色的那一点（常以 ep 表示)。

7. 终点误差

化学计量点是理论上确定的，滴定终点是通过指示剂颜色突变而确定的，在实际分析中，二者很难达到完全一致。滴定终点往往与理论上的化学计量点不一致，它们之间存在一定的差别。由滴定终点和化学计量点不一致所引起的误差称为终点误差，是滴定分析误差的主要来源之一，其大小决定于化学反应的完全程度和指示剂的选择。

滴定分析适用于常量组分（被测组分含量在 1%以上）的测定，滴定分析方法准确度高，分析的相对误差可在0.1%左右。主要仪器为滴定管、移液管、容量瓶和锥形瓶等，操作简便、快速。

二、滴定分析对化学反应的要求

滴定分析对化学反应的要求是：

(1) 反应要按一定的化学反应式进行完全反应，通常要求达到99.9%以上，不发生副反应；

(2) 反应速率要快，速率较慢的反应，应采取适当措施提高反应速率；

(3) 用适当的指示剂或其他简便方法确定滴定终点。

三、滴定方法

1. 酸碱滴定法

酸碱滴定法是以酸、碱之间质子传递反应为基础的一种滴定分析法。可用于测定酸、碱和两性物质。其基本反应为：

$$H^+ + OH^- = H_2O$$

2. 配位滴定法

配位滴定法是以配位反应为基础的一种滴定分析法。可用于对金属离子进行测定。常采用EDTA作配位剂，其反应为：

$$M^{n+} + Y^{4-} = MY^{(n-4)-}$$

式中　M^{n+}——金属离子；

Y^{4-}——EDTA的阴离子。

3. 氧化还原滴定法

氧化还原滴定法是以氧化还原反应为基础的一种滴定分析法。可用于对具有氧化还原性质的物质或某些不具有氧化还原性质的物质进行测定，如重铬酸钾法测定铁，其反应为：

$$Cr_2O_7^{2-} + 6Fe^{2+} + 14H^+ = 2Cr^{3+} + 6Fe^{3+} + 7H_2O$$

4. 沉淀滴定法

沉淀滴定法是以沉淀生成反应为基础的一种滴定分析法。可用于对Ag^+、CN^-、SCN^-及类卤素等离子进行测定，如银量法，其反应为：

$$Ag^+ + Cl^- = AgCl\downarrow$$

四、滴定方式

1. 直接滴定法

凡能满足滴定分析对化学反应要求的反应都可用标准溶液直接滴定被测物质。例如用NaOH标准溶液可直接滴定HAc、HCl、H_2SO_4等试样。直接滴定法是最常用和最基本的滴定方式，简便、快速，引入的误差较小。如果反应不能完全符合上述要求时，则可选择采用下述方式进行滴定。

2. 返滴定法

返滴定法又称为回滴法。在待测试液中准确加入适当过量的标准溶液，待反应完全后，再用另一种标准溶液返滴定剩余的第一种标准溶液，从而测定待测组分的含量，这种滴定方式称为返滴定法。例如，Al^{3+}与EDTA（乙二胺四乙酸）溶液反应速率慢，不能直接滴定，可采用返滴定法，即在一定的 pH 条件下，在待测的 Al^{3+} 试液中加入过量的 EDTA 溶液，加热使反应完全，再用另外一种锌标准溶液返滴定剩余的 EDTA 溶液，从而计算出试样中 Al^{3+} 的含量。

3. 置换滴定法

先加入适当的试剂与待测组分定量反应，生成另一种可被滴定的物质，再利用标准溶液滴定反应产物，由标准溶液的消耗量、反应生成的物质与待测组分等物质的量关系计算出待测组分的含量。例如，$K_2Cr_2O_7$ 标定 $Na_2S_2O_3$ 溶液的浓度时，在酸性溶液中 $K_2Cr_2O_7$ 能将 $Na_2S_2O_3$ 部分氧化成 $S_4O_6^{2-}$ 及 SO_4^{2-} 等混合物。所以 $Na_2S_2O_3$ 溶液不能直接滴定 $K_2Cr_2O_7$。采用置换滴定法时，是在一定量的 $K_2Cr_2O_7$ 酸性溶液中，与过量的 KI 作用析出相当量的 I_2，以淀粉为指示剂，用 $Na_2S_2O_3$ 溶液滴定析出的 I_2，进而求得 $Na_2S_2O_3$ 溶液的浓度。

4. 间接滴定法

某些待测组分不能直接与标准溶液反应，但可通过其他的化学反应间接测定其含量。例如，用氧化还原滴定法测定 Ca^{2+} 时，利用 $(NH_4)_2C_2O_4$ 与 Ca^{2+} 作用形成 CaC_2O_4 沉淀，过滤洗涤后，加入 H_2SO_4 使其溶解，用 $KMnO_4$ 标准滴定溶液滴定与 Ca^{2+} 结合的 $C_2O_4{}^{2-}$ 就可间接测定 Ca^{2+} 的含量。

由于返滴定法、置换滴定法和间接滴定法的应用，使滴定分析法的应用更加广泛。

五、基准物质

能够直接配制标准溶液或标定溶液浓度的物质称为基准物质。基准物质必须具备下列条件：

(1) 组成恒定并与化学式相符，包括结晶水，如 $H_2C_2O_4 \cdot 2H_2O$、$Na_2B_4O_7 \cdot 10H_2O$ 等；

(2) 纯度足够高，达 99.9%以上；

(3) 试剂性质稳定，不易吸收空气中的水分和 CO_2，不易被氧化、风化或潮解；

(4) 有较大的摩尔质量，以减少称量时的相对误差；

(5) 试剂参加滴定反应时，应严格按反应式定量进行，没有副反应。

常用的基准物质有 $NaHCO_3$、$Na_2B_4O_7 \cdot 10H_2O$、$KHC_8H_4O_4$、$H_2C_2O_4 \cdot 2H_2O$、$K_2Cr_2O_7$、NaCl、$CaCO_3$、金属锌等。

【算一算】 欲配 $c(Na_2CO_3)=0.1000mol \cdot L^{-1}$ 的 Na_2CO_3 标准滴定溶液 250.00mL，应称取基准试剂 Na_2CO_3 多少克？已知 $M(Na_2CO_3)=106.00g \cdot mol^{-1}$。

实验项目 3 标准溶液的配制

【任务描述】

通过配制与标定盐酸、氢氧化钠标准溶液，学会标准溶液的配制与标定。

【教学器材】

药匙、容量瓶(250mL)、电子分析天平、烧杯、玻璃棒、量筒、胶头滴管。

【教学药品】

化学纯 HCl、NaOH，基准邻苯二甲酸氢钾、无水碳酸钠、酚酞指示剂、溴甲酚绿-甲基红混合指示剂。

【组织形式】

三个同学为一实验小组，根据教师给出的引导步骤和要求，自行完成实验。

【注意事项】

(1) 容量瓶与塞子必须原配，不能混用，否则密封会不好；

(2) 容量瓶使用前要检查是否漏水（检漏）：加水-塞塞-倒立观察-若不漏-正立旋转180°-再倒立观察-不漏则用；

(3) 溶解或稀释的操作不能在容量瓶中进行；

(4) 容量瓶不能存放溶液或进行化学反应；

(5) 根据所配溶液的体积选取规格；

(6) 考虑温度因素，使用时手握瓶颈刻度线以上部位。

【实验步骤】

一、氢氧化钠标准溶液的配制和标定（依据国标 GB/T 5009.1—2003）

$$c(\mathrm{NaOH})=1\mathrm{mol\cdot L^{-1}}$$
$$c(\mathrm{NaOH})=0.5\mathrm{mol\cdot L^{-1}}$$
$$c(\mathrm{NaOH})=0.1\mathrm{mol\cdot L^{-1}}$$

(一) 氢氧化钠标准溶液的配制

称取 120g NaOH，溶于 100mL 无 CO_2 的水中，摇匀，注入聚乙烯材质容器中，密闭放置至溶液清亮，即制得 NaOH 饱和溶液。用移液管吸取下列规定体积的上层清液，用不含 CO_2 的水稀释至 1000mL，摇匀。

$c(\mathrm{NaOH})/\mathrm{mol\cdot L^{-1}}$	NaOH 饱和溶液/mL
1	56
0.5	28
0.1	5.6

(二) 氢氧化钠标准溶液的标定

1. 测定方法

称取下列规定量的基准试剂邻苯二甲酸氢钾，于 105～110℃电烘箱烘至恒重。称准至 0.0001g，溶于下列规定体积的无 CO_2 的水中，加 2 滴酚酞指示剂（$10\mathrm{g\cdot L^{-1}}$），用配制好的 NaOH 溶液滴定至溶液呈粉红色并保持 30s。同时做空白试验。

$c(\mathrm{NaOH})/\mathrm{mol\cdot L^{-1}}$	基准邻苯二甲酸氢钾/g	无 CO_2 水/mL
1	7.5	80
0.5	3.8	80
0.1	0.75	50

2. 计算

氢氧化钠标准溶液浓度按下式计算：

$$c(\mathrm{NaOH})=\frac{1000m}{(V-V_0)\times 204.22}$$

式中 $c(NaOH)$——氢氧化钠标准溶液的物质的量浓度，$mol \cdot L^{-1}$；

V——消耗氢氧化钠的体积，mL；

V_0——空白试验消耗氢氧化钠的体积，mL；

m——邻苯二甲酸氢钾的质量，g；

204.22——邻苯二甲酸氢钾的摩尔质量，$g \cdot mol^{-1}$。

二、盐酸标准溶液的配制和标定（依据国标 GB/T 5009.1—2003）

$$c(HCl)=1mol \cdot L^{-1}$$
$$c(HCl)=0.5mol \cdot L^{-1}$$
$$c(HCl)=0.1mol \cdot L^{-1}$$

（一）盐酸标准溶液的配制

量取下列规定体积的盐酸，注入 1000mL 水中，摇匀。

$c(HCl)/mol \cdot L^{-1}$	HCl/mL
1	90
0.5	45
0.1	9

（二）盐酸标准溶液的标定

1. 测定方法

称取下列规定量的无水碳酸钠于 270～300℃灼烧至质量恒定，称准至 0.0001g。溶于 50mL 水中，加 10 滴溴甲酚绿-甲基红混合指示剂，用配制好的盐酸溶液滴定至溶液由绿色变为紫红色，再煮沸 2min，冷却后，继续滴定至溶液再呈暗紫色。同时做空白试验。

$c(HCl)/mol \cdot L^{-1}$	基准无水碳酸钠/g	无 CO_2 水/mL
1	1.5	50
0.5	0.8	50
0.1	0.15	50

2. 计算

盐酸标准溶液的浓度按下式计算：

$$c(HCl)=\frac{2\times 1000m}{(V-V_0)\times 106.0}$$

式中 $c(HCl)$——盐酸标准溶液的物质的量浓度，$mol \cdot L^{-1}$；

m——无水碳酸钠的质量，g；

V——盐酸溶液的用量，mL；

V_0——空白试验盐酸溶液的用量，mL；

106.0——无水碳酸钠的摩尔质量，$mol \cdot L^{-1}$。

溴甲酚绿-甲基红混合指示剂：三份 $2g \cdot L^{-1}$ 的溴甲酚绿乙醇溶液与两份 $1g \cdot L^{-1}$ 的甲基红乙醇溶液混合。

【任务解析】

标准溶液的配制方法有直接法和标定法两种。

1. 直接法

准确称取一定量的基准物质，经溶解后，定量转移于一定体积容量瓶中，用蒸馏水稀释至刻度，摇匀。根据溶质的质量和容量瓶的体积，即可计算出该标准溶液的准确浓度。

2. 间接法

如 HCl、NaOH、$KMnO_4$、I_2、$Na_2S_2O_3$ 等试剂，不能满足基准物质的条件，不适合用直接法配制成标准溶液，需要采用间接法（又称为标定法）。

首先用分析纯试剂配制成接近于所需浓度的溶液（所配溶液的浓度值应在所需浓度值的±5%范围以内），然后用基准物质来确定它的准确浓度，此测定过程称为**标定**。也可以用另一种标准溶液来测定所配溶液的浓度，此过程的方法称为**比较法**。用基准物质标定的方法其准确度较比较法高。

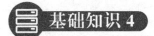

【想一想】 怎样校正容量瓶？

基础知识 4　溶液浓度的表示方法

一、溶液浓度的表示方法

1. 物质 B 的物质的量浓度

标准溶液的浓度常用物质的量浓度表示。物质 B 的物质的量浓度是指溶液中物质 B 的物质的量除以溶液的体积，用 c_B 表示，即：

$$c_B=\frac{n_B}{V}$$

式中 n_B——溶液中溶质 B 的物质的量，mol 或 mmol；

V——溶液的体积，L 或 mL；

c_B——浓度，$mol \cdot L^{-1}$。

由于物质的量 n_B 的数值，取决于基本单元的选择，因此表示 B 的浓度时，必须标明基本单元。待测物质的基本单元的确定：在滴定反应中，根据酸碱反应的质子转移数、氧化还原反应的电子得失数或反应的计量关系来确定。

在滴定分析反应中，标准溶液基本单元一般均有规定。例如，在酸碱反应中常以 NaOH、HCl、$1/2H_2SO_4$ 为基本单元；在氧化还原反应中常以 $1/2I_2$、$Na_2S_2O_3$、$1/5KMnO_4$、$1/6KBrO_3$、$1/6K_2Cr_2O_7$ 等为基本单元。在配位反应中 EDTA 标准滴定溶液基本单元规定为 EDTA；在沉淀滴定法中 $AgNO_3$ 标准滴定溶液基本单元规定为 $AgNO_3$。即，物质 B 在反应中的转移质子数或得失电子数为 Z_B 时，基本单元选 $1/Z_B$。

例如 H_2SO_4 溶液的浓度，当选择 H_2SO_4 为基本单元时，其物质的量为 $n(H_2SO_4)$；当选择 $1/2H_2SO_4$ 为基本单元时，其物质的量为 $n(1/2H_2SO_4)$。

当用 HCl 标准滴定溶液滴定 Na_2CO_3 时，滴定反应为：

$$2HCl+Na_2CO_3 \longrightarrow 2NaCl+CO_2\uparrow+H_2O$$

则，

$$n(Na_2CO_3)=\frac{1}{2}n(HCl)$$

Na_2CO_3 的基本单元为$\frac{1}{2}Na_2CO_3$。

在酸性溶液中用 $KMnO_4$ 标准滴定溶液滴定 Fe^{2+} 时，滴定反应为：

$$MnO_4^-+5Fe^{2+}+8H^+ \longrightarrow Mn^{2+}+5Fe^{3+}+4H_2O$$

则，
$$n\left(\frac{1}{5}KMnO_4\right)=n(Fe^{2+})$$

Fe^{2+}的基本单元为Fe^{2+}。

2. 滴定度

滴定度是指每1mL标准溶液相当于被测物质的质量(g或mg)，用$T_{B/A}$表示。用滴定度表示标准溶液的浓度。例如，若1mL $KMnO_4$标准溶液恰好能与0.005012g Fe^{2+}反应，则该$KMnO_4$标准溶液的滴定度可表示为$T_{Fe/KMnO_4}=0.005012g \cdot mL^{-1}$。如滴定时消耗20.00mL $KMnO_4$标准滴定溶液，则相当于铁的质量为$m=0.005012g \cdot mL^{-1}\times 20.00mL=0.1002g$。

用T_A表示时是指1mL标准滴定溶液相当于溶质的质量。例如$T_{NaOH}=0.004876g \cdot mL^{-1}$，则表示1mL NaOH标准溶液相当于溶质的质量是0.004876g。

用滴定度来表示标准溶液的浓度，在工厂化验室中，对大量的试样中同一组分进行常规分析十分简便。

二、标准溶液的配制与标定

标准溶液的配制方法有直接法和标定法两种（详见实验项目3之任务解析）。

基准物质可以直接配制溶液，非基准物质配制好后必须要用其他标准溶液进行标定，以确定其准确浓度。例如，欲配制$0.1mol \cdot L^{-1}$ NaOH标准滴定溶液。

用基准物质标定：先用NaOH饱和溶液稀释配制成浓度大约是$0.1mol \cdot L^{-1}$的稀溶液，然后称取一定质量的基准试剂邻苯二甲酸氢钾或草酸进行标定，根据基准试剂的质量和待标定标准溶液的消耗体积，计算该标准溶液的浓度。

用比较法测定：移取一定体积的已知准确浓度的HCl标准溶液，用待定的NaOH标准溶液滴定至终点，根据HCl标准溶液的浓度、体积和NaOH溶液的消耗体积来计算NaOH溶液的浓度。标定法配制标准溶液要选用分析纯试剂。

配制好的溶液贴上标签，标明物质名称、浓度、配制日期、配制人员。标准溶液在常温(15～25℃)下保存一般不超过2个月，当出现沉淀、浑浊或变色时应重新配制。

GB 601—88《化学试剂　滴定分析用标准溶液的制备》给出了23种标准溶液的配制方法。

【想一想】 滴定度与物质的量浓度如何换算？

阅读材料　分析化学的应用

分析化学是最早发展起来的化学分支学科，在化学学科本身的发展过程中曾起过而且继续起着重要的作用。一些化学基本定律，如质量守恒定律、定比定律、倍比定律的发现，原子论、分子论的创立，相对原子质量的测定，元素周期律的建立，以及确立近代化学学科体系等方面，都与分析化学的卓越贡献分不开。不仅在化学学科领域的发展上，分析化学起着重大作用，而且与化学有关的各类科学领域的发展，如矿物学、材料科学、生命科学、医药学、环境科学、天文学、考古学及农业科学等的发展，无不与分析化学紧密相关。几乎任何科学研究，只要涉及化学现象，都需要分析化学提供各种信息，以解决科学研究中的问题。反过来，各有关科学技术的发展，又给分析化学提出了新的要求，从而促进了分析化学的发展。

在国民经济建设中，分析化学的实用意义就更为明显。许多工业部门如冶金、化工、建材等部门中原料、材料、中间产品和出厂成品的质量检测，生产过程中的控制和管理，都应用到分析化学。所以人们常把分析化学誉为工业生产的“眼睛”。同样，在农业生产方面，对于土壤的性质、化肥、农药以及作物生长过程中的研究也都离不开分析化学。近年来，环境保护问题越来越引起人们的重视，对大气和水质的连续监测，也是分析化学的任务之一。至于废水、废气和废渣的治理和综合利用，也都需要分析化学发挥作用。在国防建设、刑事侦探方面，以及针对各种恐怖袭击和重大疾病的斗争中，也常需要分析化学的紧密配合。总之由于分析化学在许多领域中起着重要作用，因而，分析化学的发展水平被认为是衡量一个国家科学技术水平的重要标志之一。

以下仅举四个例子，从中可以看出分析化学在工农生产与日常生活中的应用。

1. 世界最大稀土矿藏白云鄂博矿的发现

1933年化学家何作霖采用原子发射光谱进行定性分析和定量分析研究白云鄂博的矿石时发现含有稀土元素并大胆预测该矿稀土元素储量丰富，但却被当时的有关部门认为是无稽之谈，无足轻重。

新中国成立后，百废待兴，由前苏联“援建”的内蒙古包头钢铁厂于1954年正式开工生产，但产钢后的炉渣被全部运往苏联。苏联撤走专家后，炉渣成了做抽水马桶的原料，日本大量定购抽水马桶引起有关部门的注意。在何作霖的领导下，经过几年的艰苦努力，终于查明，这个矿山不仅仅是大型铁矿，而且是世界上最大的稀土矿，稀土储量占世界总储量的80%，使中国成为世界上绝对的“稀土大国”。

2. 水果之王“猕猴桃”

猕猴桃亦称“中华猕猴桃”，果黄褐色，近球形，原产我国。猕猴桃果实味美，营养丰富，果肉呈绿色，气味芳香，除鲜食外，还可加工成果汁饮料、果酒、果酱、果脯、罐头等。据分析，猕猴桃含有1.47%的蛋白质、12种氨基酸，尤其是维生素C的含量远远超出一般水果和蔬菜。

维生素C是人类营养中所需的最重要维生素之一，属已糖衍生物。蔬菜水果中的维生素C一般主要以还原型形态存在。具体测定方法是在中性或弱酸性环境中，以淀粉为指示剂，用碘标准溶液滴定事先处理好的溶液至蓝色为滴定终点，由碘标准溶液的消耗量计算出维生素C含量。测定结果表明，以100g水果的维生素C的含量来计算，猕猴桃含420mg，鲜枣含380mg，草莓含80mg，橙含49mg，枇杷含36mg，柑橘、柿子各含30mg，香蕉、桃子各含10mg，葡萄、无花果、苹果各含5mg，梨仅含4mg。故知猕猴桃不愧为“水果之王”，可以说是人人称赞的美容水果。

3. 二　英事件

1999年2月，比利时养鸡业者发现母鸡产蛋率下降，蛋壳坚硬，肉鸡也出现病态反应，怀疑饲料有问题。经比利时国家检疫部门花了3个月的时间分析检测后发现饲料受到了超量的二　英污染，有的鸡体内二　英含量高于正常极限的1000倍。事件被揭开后，比利时畜牧业遭受了巨大的经济损失，国家形象受到极大损害，最终导致比利时政府被迫集体辞职，同时也引起各国政府的重视和反思。

二　英是多氯甲苯和多氯乙苯类有机化学品的俗称，毒性大，是氰化钠的130倍、砒霜的900倍，故被称为“毒中之毒”。1997年2月14日世界卫生组织宣布二　英家族中的2,3,7,8-四氯乙苯是已知致癌物中的头号致癌物质。自然界中不存在天然的二　英，二　英完全是由于人为污染造成的。由于各类食品中二　英的含量极低(pg/kg级)，因此目前二　英类化学物质的检测主要采用色谱法、免疫法和生物检测法。

4. 兴奋剂检测

兴奋剂是指国际奥委会和其他国际体育组织所确定的禁用药物和方法，特指运动员应用任何形式的药物，或者以非正常量、或者通过不正常途径摄入生理物质，企图以人为的和不正当的方式提高竞赛能力。服用“兴奋剂”在某种程度上的确可以提高运动员的竞技水平，但是它违背了“公平竞争”的奥林匹克精神；所带来的毒副作用，也严重威胁着运动员的身体健康。

自从1968年开始尿检、血检以及尿检和血检相结合的兴奋剂检测以来，分析化学尤其是药物分析成为兴奋剂检测的生力军，气相色谱-质谱（GC-MS）联用技术被认为是较为理想的检测手段。随着分析化学中的分离技术发展和新的分析仪器的出现，更多的兴奋剂可以被检测出来。但是兴奋剂的检测仍然是比较困难的，因为违禁药物在体内的含量很低；有时需要检测其代谢产物；在药物代谢过程中，不同的使用者存在个体差异；而且用药时间长短不同，药物在体内的浓度不同；有的兴奋剂在代谢后，可能转化为其他类的兴奋剂。因此，反兴奋剂的斗争是一项长期而艰巨的任务，尤其需要分析化学能够提供更新的、更为有效的分析检测手段，以维护、弘扬神圣的奥林匹克精神。

本章小结

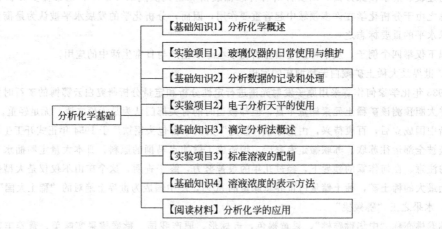

- 分析化学基础
  - 【基础知识1】分析化学概述
  - 【实验项目1】玻璃仪器的日常使用与维护
  - 【基础知识2】分析数据的记录和处理
  - 【实验项目2】电子分析天平的使用
  - 【基础知识3】滴定分析法概述
  - 【实验项目3】标准溶液的配制
  - 【基础知识4】溶液浓度的表示方法
  - 【阅读材料】分析化学的应用

课后习题

1. 单项选择题

(1) 用 10mL 移液管移出的溶液体积应记录为（　　）。

A. 10mL　　B. 10.0mL　　C. 10.00mL　　D. 10.000mL

(2) 滴定分析的相对误差一般要求为±0.1%，滴定时消耗标准溶液的体积应控制在（　　）。

A. 10mL 以下　B. 15～20mL　　C. 20～30mL　　D. 40～50mL

(3) 下面（　　）称量要求需用万分之一天平。

A. 1g 样品　　B. 1.0g 样品　　C. 1.00g 样品　　D. 1.000g 样品　　E. 1.0000g 样品

(4) 以下情况产生的误差属于随机误差的是（　　）。

A. 指示剂变色点与化学计量点不一致　　B. 称量时砝码数值记错

C. 滴定管读数最后一位估计不准　　D. 称量完成后发现砝码破损

(5) 对某试样进行三次平行测定，得 MgO 平均含量为 30.6%，而真实含量为 30.3%，则 30.6%～30.3%=0.3%为（　　）。

A. 绝对误差　B. 绝对偏差　　C. 相对误差　　D. 相对偏差

(6) 欲测某水泥熟料中的 SiO_2 含量，由五个人分别进行测定。试样称量皆为 2.2g，五个人获得四份报告如下：其中合理的是（　　）。

A. 2.085%　B. 2.08%　　C. 2.09%　　D. 2.1%

(7) 下列情况不属于分析化学的任务的是（　　）。

A. 确定试样中的元素组成　　B. 无机与有机分析

C. 测定某材料的力学性能　　D. 监测大气中 SO_2 浓度

(8) 下列数据包括两位有效数字的是（　　），包括四位有效数字的是（　　）。

A. pH=2.0；8.7×10^{-6}　　B. 0.50%；pH=4.74

C. 114.0；40.02%　　D. 0.00300；1.052

(9) 以测定原理分类，分析方法包括（　　）。

A. 化学分析与仪器分析　　B. 无机与有机分析

C. 微量分析与常量分析　　D. 矿物分析

(10) 下列算式的结果应以（　　）位有效数字报出：1.20×(112−1.240)÷5.4375。

A. 5　　B. 4　　C. 3　　D. 2

2. 计算题

(1) 按有效数字运算规则，计算下列结果。

① 3.72＋10.6355＝?

② $2.187\times0.584+9.6\times10^{-5}-0.0326\times0.00814=?$

③ 0.03250×5.703×60.1÷126.4＝?

(2) 用分析天平称得 A、B 两物质的质量分别为 1.7765g、0.1776g；两物体的真实值分别为：1.7766g、0.1777g。

求两者的绝对误差与相对误差。计算结果说明了什么？

(3) 天平称量的相对误差为±0.1%，称量：①0.5g；②1g；③2g。试计算绝对误差各为多少？

(4) 测定某亚铁盐中铁的质量分数(%)分别为 38.04、38.02、37.86、38.18、37.93。计算平均值、平均偏差、相对平均偏差、标准偏差、相对标准偏差和极差。

3. 分析题

(1) 测定某元素	平均值	标准偏差
甲测定结果	6.96%	0.03
乙测定结果	7.06%	0.03

若多次测定的总体平均值为 7.02%，试比较甲、乙测定结果的优劣。

(2) 用 Na_2CO_3 作基准试剂，对溶液的浓度进行标定，共做 6 次，其结果为：$0.5050mol\cdot L^{-1}$、$0.5042mol\cdot L^{-1}$、$0.5086mol\cdot L^{-1}$、$0.5063mol\cdot L^{-1}$、$0.5051mol\cdot L^{-1}$、$0.5064mol\cdot L^{-1}$，用 $4\bar{d}$法判断 $0.5086mol\cdot L^{-1}$是否应弃去（置信度为 90%）?

第二章

酸碱滴定法

知识目标

1. 了解酸碱电离理论、酸碱质子理论
2. 了解指示剂的变色原理
3. 掌握影响酸碱平衡的因素，掌握酸碱滴定

能力目标

1. 能根据酸碱质子理论判断溶液的酸碱性
2. 能根据实验需要选择合适的指示剂
3. 学会使用电子分析天平，学会选择指示剂并完成规范的滴定操作

生活常识　食物酸碱性与人体健康

人体酸碱性通常指人体血液的酸碱性，正常 pH 在 7.2～7.4 之间，呈弱碱性。如果人体 pH 小于 7.2，就是非常不健康，pH 在 7.0 或以下，就是处于病态。

若用脑过度或体力透支之后，则血液呈酸性；如果长期偏食酸性食物，也会使血液酸性化。而血液长期呈酸性则会使大脑和神经功能退化，导致记忆力减退。补养之道就是常吃碱性食物，少吃酸性食物，保持血液的弱碱性。它能使血液中乳酸、尿素等酸性毒素减少，并防止其在血管壁上沉积，因而有软化血管的作用，故有人称碱性食物为“血液和血管的清洁剂”。此外，碱性食物对于美容、提高智力、解除疲劳和春困都有显著效果！

所谓食物的酸碱性，是指食物中的无机盐属于酸性还是属于碱性。食物的酸碱性取决于食物中所含矿物质的种类和含量多少的比率而定。钾、钠、钙、镁、铁进入人体之后呈现的是碱性反应；磷、氯、硫进入人体之后则呈现酸性。

实验项目1 食醋中总酸度的测定

【任务描述】

学会规范的滴定操作，并能测定出食醋中总酸量。

【教学器材】

锥形瓶（250mL）、碱式滴定管（50mL）、聚乙烯塑料洗瓶（500mL）、吸量管（5mL）、烧杯（100mL、250mL）、量筒。

【教学药品】

0.1mol·L^{-1}氢氧化钠、酚酞指示剂（10g·L^{-1}的乙醇溶液）、食醋样品。

【组织形式】

三个同学为一实验小组，根据教师给出的引导步骤和要求，自行完成实验。

【注意事项】

氢氧化钠不可粘在皮肤及衣物上；保存氢氧化钠的试剂瓶应用橡胶塞。

【实验步骤】

准确移取澄清试样1.00mL，置于预先装有50mL新煮沸且冷却的蒸馏水的250mL锥形瓶中，加2滴酚酞指示剂，用NaOH标准溶液进行滴定，至溶液呈浅粉红色，半分钟内不褪色，即为终点。平行滴定3次，同时做空白试验。

【任务解析】

一、反应原理

$$NaOH + HAc \xlongequal{} NaAc + H_2O$$

二、滴定管

滴定管是用来准确放出不确定量液体的容量仪器，是用细长而均匀的玻璃管制成的，管上有刻度，下端是一尖嘴，中间有节门用来控制滴定的速度。

滴定管分酸式和碱式两种，前者用于量取对橡皮管有侵蚀作用的液态试剂；后者用于量取对玻璃活塞有侵蚀作用的液体。滴定管容量一般为50mL，刻度的每一大格为1mL，每一大格又分为10小格，故每一小格为0.1mL。

酸式滴定管的下端为一玻璃活塞，开启活塞，液体即自管内滴出。使用前，先取下活塞，洗净后用滤纸将水吸干或吹干，然后在活塞的两头涂一层很薄的凡士林油（切勿堵住塞孔）。装上活塞并转动，使活塞与塞槽接触处呈透明状态，最后装水，试验是否漏液。

碱式滴定管的下端用橡皮管连接一支带有尖嘴的小玻璃管。橡皮管内装有一个玻璃圆球。用左手拇指和食指轻轻地往一边挤压玻璃球外面的橡皮管，使管内形成一缝隙，液体即从滴管滴出。挤压时，手要放在玻璃球的稍上部。如果放在球的下部，则松手后，会在尖端玻璃管中出现气泡。

在滴定时，加入的液体量不必正好落于刻度线上，只要能正确地读取溶液的量即可。实验时将滴定前管内液体的量减去滴定后管内液体的存量即为滴定溶液的用量。底部的开关可有效地控制滴定液的流速，使滴定完全时，可适时地停止滴定液流入其下的锥形瓶中。在远离滴定终点时可快速地添加滴定液，节省实验所需的时间。若滴定管在欲使用时并未先完全晾干，则在正式添加滴定液前，滴定管应以待填充的滴定液润洗三次，避免附着在管壁的液体污染滴定液。滴定管因管口狭小，填充滴定液时，宜细心充填，以防止滴定液漏出。滴定管在装入液体后管中不可有气泡，若有气泡应用橡皮或其他不会敲破玻璃的物品轻敲管壁，让气泡浮出液面。活塞开关的通道内也可能会有空气存在，此时应快速地扭转活塞数次，则气泡即可排出。滴定管在使用时应保持垂直的位置，不宜倾斜，以免读取刻度时发生误差。

以前的滴定管所用的活塞都是玻璃做的，在盛装碱性滴定液时，因为考虑到玻璃活塞会因碱性液的腐蚀而卡住，所以用内含一圆珠的橡皮管来取代活塞的功用。只要以手轻压圆珠的侧面，滴定液即可流出。但是现今滴定管上的活塞已采用铁氟龙为材质，而铁氟龙对碱性液有很好的耐受性，故即使滴定碱液也不必再改用前述的橡皮管式活塞。

滴定管使用注意事项：

① 必须注意，滴定管下端不能有气泡。快速放液，可赶走酸式滴定管中的气泡；轻轻抬起尖嘴玻璃管，并用手指挤压玻璃球，可赶走碱式滴定管中气泡。

② 酸式滴定管不得用于装碱性溶液，因为玻璃的磨口部分易被碱性溶液侵蚀，使活塞无法转动。碱式滴定管不宜装对橡皮管有侵蚀性的溶液，如碘溶液、高锰酸钾溶液和硝酸银溶液等。

【想一想】 滴定管读数应注意哪些问题？仰视或俯视分别带来什么误差？

基础知识1 酸碱平衡的理论基础

一、酸碱理论

1. 人们最初对酸碱的认识

人们最初是根据物质的物理性质来分辨酸、碱的。有酸味的物质就归为酸一类；而接触有滑腻感、有苦涩味的物质就归为碱一类；类似于食盐一类的物质就归为盐一类。直到17世纪末期，英国化学家波义耳才根据实验的结果提出了朴素的酸碱理论。

酸：凡是该物质水溶液能溶解一些金属，能与碱反应失去原先特性，能使石蕊水溶液变红的物质。

碱：凡是该物质水溶液有苦涩味，能与酸反应失去原先特性，能使石蕊水溶液变蓝色的物质。

该理论明显有很多漏洞，如碳酸氢钠，它符合碱的设定，但是它是一种盐。

2. 酸碱电离理论

1887年瑞典科学家阿仑尼乌斯率先提出了酸碱电离理论。他认为，凡是在水溶液中电离出来的阳离子都是氢离子的物质为酸，凡是在水溶液中电离出来的阴离子都是氢氧根离子的物质为碱。酸碱反应的实质其实就是氢离子跟氢氧根离子的反应。

这个理论能解释很多事实，如强弱酸的问题，强酸能够电离出更多的氢离子，因而与金属的反应更为剧烈。他还解释了酸碱反应的实质，就是氢离子与氢氧根离子的反应。可以说阿仑尼乌斯的酸碱电离理论是酸碱理论发展的一个里程碑，至今仍被人们广泛应用。

3. 酸碱质子理论

酸碱电离理论无法解释非电离的溶剂中的酸碱性质。针对这一点，1923 年，布朗斯特跟罗瑞分别独立地提出了酸碱质子理论。他们认为，酸是能够给出质子（H^+）的物质，碱是能够接收质子（H^+）的物质。可见，酸给出质子后生成相应的碱，而碱结合质子后又生成相应的酸。酸碱之间的这种依赖关系称为共轭关系。相应的一对酸碱被称为共轭酸碱对。酸碱反应的实质是两个共轭酸碱对的结合，质子是从一种酸转移到另一种碱的过程。酸碱质子理论很好地说明了 NH_3 就是碱，因它可接受质子生成 NH_4^+，同时也解释了非水溶剂中的酸碱反应。

与酸碱的电离理论和溶剂理论相比，酸碱质子理论已有了很大的进步，扩大了酸碱的范畴，使人们加深了对酸碱的认识。但是，质子理论也有局限性，它只限于质子的给予和接受，对于无质子参与的酸碱反应就无能为力了。酸碱理论比较如表 2-1 所示。

表 2-1 酸碱理论比较

理论名称	年代和创立者	主要论点	示例	缺陷
酸碱的电离理论	1887 年 Arrehenius	凡是在水溶液中能够电离产生质子的物质叫做酸，能电离产生 OH^- 的物质叫做碱	酸：HCl 碱：NaOH	酸碱电离理论的酸碱仅限于水溶液中，碱仅限于氢氧化物
酸碱的质子理论	1923 年 Bronsted & Lowry	凡是能给出质子的分子或离子称为酸，凡是能接受质子的分子或离子称为碱	酸：HCl 碱：Cl^-	酸碱质子理论只能局限于包含质子的放出和接受的反应
酸碱的电子理论	1923 年 Lewis	凡是可以接受电子对的物质称为酸；凡是可以给出电子对的物质称为碱	酸：H^+ 碱：OH^-	Lewis 酸碱理论对酸碱的认识过于笼统，不易掌握酸碱的特征

二、强弱电解质

物质可分为单质、化合物、混合物。在水溶液中或熔融状态下能够导电的化合物叫做电解质，如酸、碱和盐等；凡在上述情况下不能导电的化合物叫做非电解质，如蔗糖、酒精等。

根据电离的程度，电解质可分为强电解质和弱电解质。在熔融状态或水溶液中能完全电离的是强电解质，如强酸、强碱及大部分盐（醋酸铅是弱电解质）；不能完全电离的就是弱电解质，如弱酸（醋酸）、弱碱（氨水）等。

【想一想】 设盐酸的浓度是醋酸的 2 倍，前者的 H^+ 浓度是否也是后者的 2 倍？

三、酸碱解离平衡

常见的弱电解质有弱酸，如醋酸、碳酸、氢硫酸等；弱碱，如氨水等；以及少数盐类，如氯化汞、醋酸铅等。

（一）弱电解质的特点

1. 溶液的导电能力较弱

实验证明同体积、同浓度的 NaCl、HAc、C_2H_5OH 溶液导电能力不同。C_2H_5OH 溶液不导电，C_2H_5OH 是非电解质；NaCl 溶液导电能力强，是强电解质；HAc 溶液导电能力弱，是弱电解质。

2. 在溶液中形成电离平衡

弱电解质在水溶液中只有部分分子电离成离子，另一方面电离的离子互相吸引重新结合成分子，电离是可逆的，最终达平衡。例如，在醋酸（HAc）溶液中的电离平衡：

$$HAc \rightleftharpoons H^+ + Ac^-$$

由于弱电解质在水溶液中只发生部分电离，因而溶液的导电能力弱。

（二）弱电解质溶液中的电离平衡

1. 离解度

弱电解质在溶液中的电离能力大小，可以用**离解度**（α）或称**电离度**来表示。离解度是指弱电解质达到电离平衡时，已电离的分子数与原有分子总数的百分比：

$$\alpha = \frac{\text{已解离的弱电解质浓度}}{\text{弱电解质的初始浓度}} \times 100\%$$

在温度、浓度相同的条件下，离解度大，表示该弱电解质相对较强。离解度与离解常数不同，它与溶液的浓度有关。故在表示离解度时必须指出酸或碱的浓度。

2. 离解常数

弱酸、弱碱在溶液中部分离解，在已离解的离子和未离解的分子之间存在着离解平衡。若以 HA 表示一元弱酸，离解平衡式为：

$$HA \rightleftharpoons H^+ + A^-$$

标准离解常数 $K_a^{\ominus}$ 表示如下：

$$K_a^{\ominus} = \frac{[c(H^+)/c^{\ominus}][c(A^-)/c^{\ominus}]}{c(HA)/c^{\ominus}}$$

$$= \frac{c'(H^+)c'(A^-)}{c'(HA)} \tag{2-1}$$

需指出，式中 c' 为系统中物质的浓度 c 与标准浓度 $c^{\ominus}$ 的比值，即 $c'(A) = c(A)/c^{\ominus}$ 或 $c(A) = c'(A)c^{\ominus}$。由于 $c^{\ominus} = 1\text{mol} \cdot \text{L}^{-1}$，故 c 和 c' 数值完全相等，只是量纲不同，c 量纲为 $\text{mol} \cdot \text{L}^{-1}$，$c'$ 量纲为 1，或者说 c' 只是个数值。因此 $K^{\ominus}$ 的量纲也为 1。以后关于其他平衡常数的表示将经常使用这类表示方法。请注意 c' 与 c 的异同。

若以 BOH 表示一元弱碱，离解平衡式为：

$$BOH \rightleftharpoons B^+ + OH^-$$

标准离解常数 $K_b^{\ominus}$ 表示如下：

$$K_b^{\ominus} = \frac{[c(B^+)/c^{\ominus}][c(OH^-)/c^{\ominus}]}{c(BOH)/c^{\ominus}}$$

$$= \frac{c'(B^+)c'(OH^-)}{c'(BOH)} \tag{2-2}$$

$K_a^{\ominus}$，$K_b^{\ominus}$ 分别表示弱酸、弱碱的离解常数。对于具体的酸或碱的离解常数，则在 $K^{\ominus}$ 的后面注明酸或碱的化学式，例如 $K^{\ominus}(HAc)$、$K^{\ominus}(NH_3)$ 和 $K^{\ominus}[Mg(OH)_2]$ 分别表示醋酸、氨水和 $Mg(OH)_2$ 的离解常数。与其他平衡常数一样，离解常数与温度有关，与浓度无关。但温度对离解常数的影响不太大，在室温下可不予考虑。

离解常数的大小表示弱电解质的离解程度，$K^{\ominus}$ 值越大，离解程度越大，该弱电解质相对地较强。如 25℃时醋酸的离解常数为 1.75×10^{-5}，次氯酸的离解常数为 2.8×10^{-8}，可见在相同浓度下，醋酸的酸性较次氯酸为强。通常把 $K^{\ominus}$ 在 $10^{-2} \sim 10^{-3}$ 之间的称为中强电解质；$K^{\ominus}<10^{-4}$的为弱电解质；$K^{\ominus}<10^{-7}$的为极弱电解质。本书附录表1列出了一些常见弱酸和弱碱的离解常数。

3. 离解度与离解常数的关系——稀释定律

电离度和离解常数都能反映弱电解质的相对强弱，离解度相当于化学平衡中的转化率，随浓度的改变而改变，而离解常数是平衡常数的一种形式，不随浓度的变化而改变。因此离解常数应用范围比离解度广泛。

离解度、离解常数和浓度之间有一定的关系。以一元弱酸 HA 为例，设 HA 起始浓度为 c、离解度为 α，推导如下：

$$HA \rightleftharpoons H^{+} + A^{-}$$

起始浓度 c_0　　c_0　　0　　0

平衡浓度 c　　$c(1-\alpha)$　　$c\alpha$　　$c\alpha$

代入平衡常数表达式中：

$$K_a^{\ominus}=\frac{c'(H^{+})c'(A^{-})}{c'(HA)}$$

$$=\frac{c'\alpha c'\alpha}{c'(1-\alpha)}=\frac{c'\alpha^2}{(1-\alpha)}$$

也即

$$c'\alpha^2+K_a^{\ominus}\alpha-K_a^{\ominus}=0$$

$$\alpha=\frac{-K_a^{\ominus}+\sqrt{(K_a^{\ominus})^2+4c'K_a^{\ominus}}}{2c'} \tag{2-3a}$$

$$c(H^{+})=c\alpha=c\,\frac{-K_a^{\ominus}+\sqrt{(K_a^{\ominus})^2+4c'K_a^{\ominus}}}{2c'}$$

$$=\frac{-K_a^{\ominus}+\sqrt{(K_a^{\ominus})^2+4c'K_a^{\ominus}}}{2} \tag{2-3b}$$

当电解质很弱（即对应的 $K^{\ominus}$ 较小）时，离解度很小，可认为 $1-\alpha\approx1$，作近似计算时，得以下简式：

$$K_a^{\ominus}=c'\alpha^2$$

$$\alpha=\sqrt{K_a^{\ominus}/c'} \tag{2-4a}$$

$$c'(H^{+})=\sqrt{K_a^{\ominus}c'} \tag{2-4b}$$

同样对于一元弱碱溶液，得到：

$$c'(OH^{-})=\sqrt{K_b^{\ominus}c'} \tag{2-5}$$

由式(2-4a) 可以看出弱电解质的浓度、离解度与离解常数三者之间的关系。它表明，在一定温度下，一元弱电解质的离解度与其离解常数的平方根成正比，并与其浓度的平方根成反比。这一关系称为稀释定律。但 $c(H^{+})$ 或 $c(OH^{-})$ 并不因浓度稀释、离解度增加而增大。

需要指出的是：在弱酸或弱碱溶液中，同时还存在着水的离解平衡，两个平衡相互联系、相互影响。但当$K_a^{\ominus}$（或$K_b^{\ominus}$）$\gg K_w^{\ominus}$，而弱酸（弱碱）又不是很稀时，溶液中的H^+、OH^-主要是由弱酸或弱碱离解产生的，计算时可忽略水的离解。

当$c/K_a^{\ominus}>500$时，相对误差不超过2%，这是应用简式(2-4a)、式(2-4b)或式(2-5)计算的必要条件。

（三）同离子效应和盐效应

往弱电解质溶液中，分别加入一种含有相同离子的盐（如将NaAc加入HAc溶液中），或加入不含相同离子的盐（如将NaCl加入HAc溶液中），情况将如何呢？

在两支试管中各加入10mL 1mol·L^{-1} HAc，再各加指示剂甲基橙2滴，溶液呈红色，表明HAc溶液为酸性。若在一支试管中加少量固体NaAc，边振荡边和另一试管比较，发现前者的红色变成黄色（甲基橙在酸中为红色，在微酸和碱中为黄色）。实验表明，在HAc溶液中，因加入NaAc后，酸性逐渐降低。这是因为HAc-NaAc溶液中存在着下列电离平衡：

$$HAc \rightleftharpoons H^+ + Ac^-$$
$$NaAc = Na^+ + Ac^-$$

由于NaAc是强电解质，完全电离为Na^+和Ac^-，使试管中Ac^-的总浓度增加，这时HAc的电离平衡就要向着生成HAc分子方向移动，结果HAc浓度增大，H^+的浓度减小，即HAc离解度降低。

同样，在弱电解质氨水中由于存在着下列离解平衡：

$$NH_3 \cdot H_2O \rightleftharpoons NH_4^+ + OH^-$$

若在氨水中加入铵盐（如NH_4Cl）时，也等于在溶液中加入了NH_4^+，这时平衡就要向着生成$NH_3 \cdot H_2O$方向移动，结果$NH_3 \cdot H_2O$浓度增大，OH^-浓度减少，即氨水离解度降低。

这种由于在弱电解质中加入一种含有相同离子（阳离子或阴离子）的强电解质，使离解平衡发生移动，降低电解质离解度的作用，称为同离子效应。

若在HAc溶液中加入不含相同离子的强电解质（NaCl）时，由于溶液中离子间的相互牵制作用增强，Ac^-和H^+结合成分子的机会减小，故表现由HAc的离解度略有所增加，这种效应称为盐效应。例如，在1L 0.10mol·L^{-1} HAc溶液中加入0.1mol NaCl，能使电离度从1.3%增加为1.7%，溶液中H^+浓度从1.3×10^{-8}mol·L^{-1}增加为1.7×10^{-8}mol·L^{-1}。可见在一般情况下，和同离子效应相比，盐效应的影响很小。

【想一想】 弱电解质的理解度与其离解常数有何异同？

基础知识2　缓冲溶液

一、作用原理和pH

当往某些溶液中加入一定量的酸或碱时，有阻碍溶液pH变化的作用，称为缓冲作用，这样的溶液叫做缓冲溶液。弱酸及其盐的混合溶液（如HAc与NaAc），弱碱及其盐的混合溶液（如$NH_3 \cdot H_2O$与NH_4Cl）等都是缓冲溶液。

由弱酸 HA 及其盐 NaA 所组成的缓冲溶液对酸的缓冲作用，是由于溶液中存在足够量的碱 A^- 的缘故。当向这种溶液中加入一定量的强酸时，H^+ 基本上被 A^- 消耗：

$$H^+ + A^- \rightleftharpoons HA$$

所以溶液的 pH 几乎不变；当加入一定量强碱时，溶液中存在的弱酸 HA 消耗 OH^- 而阻碍 pH 的变化：

$$HA + OH^- \rightleftharpoons A^- + H_2O$$

二、缓冲能力

在缓冲溶液中加入少量强酸或强碱，其溶液 pH 变化不大，但若加入酸、碱的量多时，缓冲溶液就失去了它的缓冲作用。这说明它的缓冲能力是有一定限度的。

缓冲溶液的缓冲能力与其组分浓度有关。$0.1mol \cdot L^{-1}$ HAc 和 $0.1mol \cdot L^{-1}$ NaAc 组成的缓冲溶液，比 $0.01mol \cdot L^{-1}$ HAc 和 $0.01mol \cdot L^{-1}$ NaAc 的缓冲溶液缓冲能力大。但缓冲溶液组分的浓度不能太大，否则，不能忽视离子间的作用。

组成缓冲溶液的两组分的比值不为 1∶1 时，缓冲作用减小，缓冲能力降低，当 c(盐)/c(酸)为 1∶1 时，缓冲能力大。不论对于酸或碱都有较大的缓冲作用。缓冲溶液的 pH 可用下式计算：

一元弱酸和相应的盐组成的缓冲溶液　$pH = pK_a^{\ominus} - \lg \dfrac{c(\text{酸})}{c(\text{盐})}$

一元弱碱和相应的盐组成的缓冲溶液　$pH = pK_b^{\ominus} - \lg \dfrac{c(\text{碱})}{c(\text{盐})}$

缓冲组分的比值离 1∶1 愈远，缓冲能力愈小，甚至不能起缓冲作用。对于任何缓冲体系，存在有效缓冲范围，这个范围大致在 $pK_a^{\ominus}$(或 $pK_b^{\ominus}$)两侧各一个 pH 单位之内：

弱酸及其盐（弱酸及其共轭碱）体系　$pH = pK_a^{\ominus} \pm 1$

弱碱及其盐（弱碱及其共轭酸）体系　$pOH = pK_b^{\ominus} \pm 1$

例如，HAc 的 $pK_a^{\ominus}$ 为 4.76，所以用 HAc 和 NaAc 适宜于配制 pH 为 3.76～5.76 的缓冲溶液，在这个范围内有较大的缓冲作用。配制 pH＝4.76 的缓冲溶液时缓冲能力最大，此时 $c(HAc)/c(NaAc)=1$。

三、配制和应用

为了配制一定 pH 的缓冲溶液，首先选定一个弱酸，它的 $pK_a^{\ominus}$ 尽可能接近所需配制的缓冲溶液的 pH，然后计算酸与碱的浓度比，根据此浓度比便可配制所需缓冲溶液。

以上主要以弱酸及其盐组成的缓冲溶液为例说明它的作用原理、pH 计算和配制方法。对于弱碱及其盐组成的缓冲溶液可采用相同的方法。

缓冲溶液在物质分离和成分分析等方面应用广泛。例如，鉴定 Mg^{2+} 时，可用下面的反应：白色磷酸铵镁沉淀溶于酸，故反应需在碱性溶液中进行，但碱性太强，可能生成白色 $Mg(OH)_2$ 沉淀，所以反应的 pH 需控制在一定范围内，因此利用 $NH_3 \cdot H_2O$ 和 NH_4Cl 组成的缓冲溶液，保持溶液的 pH 条件下，进行上述反应。

四、常用缓冲液的配制方法

枸橼酸-磷酸氢二钠（pH＝4.0）

甲液：取枸橼酸 21g 或无水枸橼酸 19.2g，加水使溶解成 1000mL，置冰箱内保存。

乙液：取磷酸氢二钠 71.63g，加水使溶解成 1000mL。取上述甲液 61.45mL 与乙液 38.55mL，混合，摇匀，即得。

氨-氯化铵缓冲液（pH＝10.0）

取氯化铵 5.4g，加水 20mL 溶解后，加浓氨水溶液 35mL，再加水稀释至 100mL，即得。

乙醇-醋酸铵缓冲液（pH＝3.7）

取 $5mol \cdot L^{-1}$ 醋酸溶液 15.0mL，加乙醇 60mL 和水 20mL，用 $10mol \cdot L^{-1}$ 醋酸铵溶液调节 pH 至 3.7，用水稀释至 1000mL，即得。

邻苯二甲酸盐缓冲液（pH＝5.6）

取邻苯二甲酸氢钾 10g，加水 900mL，搅拌使溶解，用氢氧化钠试液（必要时用稀盐酸）调节 pH 至 5.6，加水稀释至 1000mL，混匀，即得。

氨-氯化铵缓冲液（pH＝8.0）

取氯化铵 1.07g，加水使溶解成 100mL，再加稀氨溶液（1→30）调节 pH 至 8.0，即得。

硼砂-碳酸钠缓冲液（pH＝10.8～11.2）

取无水碳酸钠 5.30g，加水使溶解成 1000mL；另取硼砂 1.91g，加水使溶解成 100mL，临用前取碳酸钠溶液 973mL 与硼砂溶液 27mL，混匀，即得。

醋酸-醋酸钠缓冲液（pH＝3.6）

取醋酸钠 5.1g，加冰醋酸 20mL，再加水稀释至 250mL，即得。

醋酸-醋酸钠缓冲液（pH＝4.6）

取醋酸钠 5.4g，加水 50mL 使溶解，用冰醋酸调节 pH 至 4.6，再加水稀释至 100mL，即得。

磷酸盐缓冲液（pH＝7.8）

甲液：取磷酸氢二钠 35.9g，加水溶解，并稀释至 500mL。

乙液：取磷酸二氢钠 2.76g，加水溶解，并稀释至 100mL。取上述甲液 91.5mL 与乙液 8.5mL 混合，摇匀，即得。

【想一想】 人体血液的 pH 基本稳定，是何原因？

实验项目 2 工业氢氧化钠中氢氧化钠和碳酸钠含量的测定

【任务描述】

掌握测定混合碱中 NaOH 和 Na_2CO_3 含量的原理和方法；

掌握在同一份溶液中，用不同指示剂测定混合碱中 NaOH 和 Na_2CO_3 含量的操作技术。

【教学器材】

烧杯（50mL 1 个、100mL 1 个、500mL 2 个）、量筒（100mL 1 个）、锥形瓶（250mL 4 个）、移液管（25mL）、洗耳球、酸式滴定管（50mL）。

【教学药品】

$0.1mol \cdot L^{-1}$ HCl 标准溶液、混合碱溶液、酚酞、甲基橙。

【组织形式】

每个同学独立为一实验小组，根据教师给出的引导步骤和要求，自行完成实验。

【注意事项】

(1) 滴定管应夹在铁架台蝴蝶夹的右侧，以防锥形瓶碰到铁架台杆；

(2) 若混合碱为固体样，会有混合不均匀的现象，配制成溶液较好；若为液体试样可直接测定；

(3) 混合碱的分析时，第一滴定终点不应有 CO_2 生成。

【实验步骤】

准确称取 1.3～1.5g 混合碱，置于 250mL 烧杯中，加少量新煮沸冷却的蒸馏水溶解，然后转移至 250mL 容量瓶中，加煮沸并冷却的蒸馏水稀释至刻度，摇匀。用移液管移取混合碱 25mL 至 250mL 锥形瓶中，加 2 滴酚酞指示剂，用 $0.1mol \cdot L^{-1}$ 盐酸标准溶液滴定，至溶液由红色变为无色，记录消耗 HCl 标准溶液的体积，用 V_1 表示。再加入 2 滴甲基橙指示剂，用 $0.1mol \cdot L^{-1}$ 盐酸标准溶液继续滴定，至溶液由黄色变为橙色，记录消耗 HCl 标准溶液的体积，用 V_2 表示，平行滴定 3 次。

【任务解析】

一、反应原理

混合碱中 NaOH 和 Na_2CO_3 含量的测定，可在同一份试液中先以酚酞为指示剂，用 HCl 标准溶液滴定。当溶液红色恰好褪去，且在 30s 内不褪色，记录 HCl 消耗体积 V_1，方程式如下：

$$NaOH + HCl = NaCl + H_2O$$

$$Na_2CO_3 + HCl = NaHCO_3 + NaCl$$

然后向溶液中加入 3 滴甲基橙作指示剂，滴定到溶液由黄色恰变为橙色，且在 30s 内不褪色，记录 HCl 消耗体积 V_2，方程式如下：

$$NaHCO_3 + HCl = NaCl + H_2O + CO_2\uparrow$$

二、计算

根据混合碱的质量和 V_1、V_2，根据式(2-6)、式(2-7) 计算样品中 NaOH 和 Na_2CO_3 的含量，并求出平均值。

$$NaOH\% = \frac{c(HCl) \times \frac{(V_1 - V_2)}{1000} \times M(NaOH) \times 10}{m_{试样}} \times 100\% \tag{2-6}$$

式中　NaOH%——混合碱中 NaOH 的含量，%；

$c(HCl)$——HCl 标准溶液的浓度，$mol \cdot L^{-1}$；

V_1——第一滴定终点消耗 HCl 标准溶液的体积，mL；

V_2——第二滴定终点消耗 HCl 标准溶液的体积，mL；

$m_{试样}$——称取混合碱的质量，g；

$M(NaOH)$——NaOH 的摩尔质量，$40g \cdot mol^{-1}$。

$$Na_2CO_3\% = \frac{c(HCl) \times \frac{V_2}{1000} \times M(Na_2CO_3) \times 10}{m_{试样}} \times 100\% \quad (2\text{-}7)$$

式中 $Na_2CO_3\%$——混合碱中 Na_2CO_3 的百分含量，%；

$c(HCl)$——HCl 标准溶液的浓度，$mol \cdot L^{-1}$；

V_2——第二滴定终点消耗 HCl 标准溶液的体积，mL；

$m_{试样}$——称取混合碱的质量，g；

$M(Na_2CO_3)$——Na_2CO_3 的摩尔质量，105.99$g \cdot mol^{-1}$。

【想一想】 当 $V_1=0$ 或 $V_2=0$，试样的组成是什么？

基础知识 3 酸碱指示剂

酸碱指示剂是检验溶液酸碱性的常用化学试剂，像科学上的许多其他发现一样，酸碱指示剂的发现是化学家善于观察、勤于思考、勇于探索的结果。

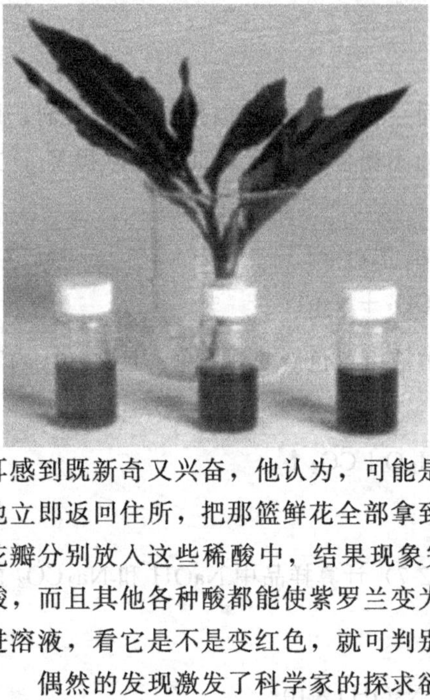

300 多年前，英国年轻的科学家罗伯特·波义耳在化学实验中偶然捕捉到一种奇特的实验现象。有一天清晨，波义耳正准备到实验室去做实验，一位花木工为他送来一篮非常鲜美的紫罗兰，喜爱鲜花的波义耳随手取下一些带进了实验室，把鲜花放在实验桌上开始了实验。

当他从大瓶里倾倒出盐酸时，一股刺鼻的气体从瓶口涌出，倒出的淡黄色液体冒着白雾，还有少许酸沫飞溅到鲜花上。他想“真可惜，盐酸弄到鲜花上了”。为洗掉花上的酸沫，他把花用水冲了一下，一会儿，他发现紫罗兰颜色变红了，当时波义耳感到既新奇又兴奋，他认为，可能是盐酸使紫罗兰颜色变红色，为进一步验证这一现象，他立即返回住所，把那篮鲜花全部拿到实验室，取了当时已知的几种酸的稀溶液，把紫罗兰花瓣分别放入这些稀酸中，结果现象完全相同，紫罗兰都变为红色。由此他推断，不仅盐酸，而且其他各种酸都能使紫罗兰变为红色。他想，这太重要了，以后只要把紫罗兰花瓣放进溶液，看它是不是变红色，就可判别这种溶液是不是酸。

偶然的发现激发了科学家的探求欲望，后来，他又弄来其他花瓣做试验，并制成花瓣的水或酒精的浸液，用来检验是否为酸溶液，同时用它来检验一些碱溶液，也产生了一些变色现象。波义耳还采集了药草、牵牛花、苔藓、月季花、树皮和各种植物的根，泡出了多种颜色的不同浸液，有些浸液遇酸变色，有些浸液遇碱变色。不过有趣的是，他从石蕊苔藓中提取的紫色浸液，酸能使它变红色，碱能使它变蓝色，这就是最早的石蕊试液，波义耳把它称作指示剂。为使用方便，波义耳用一些浸液把纸浸透、烘干制成纸片，使用时只要将小纸片放入被检测的溶液，纸片上就会发生颜色变化，从而显示出溶液是酸性还是碱性。

今天，我们使用的石蕊、酚酞试纸，pH 试纸，就是根据波义耳的发现原理研制而成的。

常用酸碱指示剂见表 2-2。

表 2-2 常用酸碱指示剂及其变色范围

指示剂名称	pH 变色范围	酸色	中性色	碱色
甲基橙	3.1～4.4	红	橙	黄
甲基红	4.4～6.2	红	橙	黄
溴百里酚蓝	6.0～7.6	黄	绿	蓝
酚酞	8.2～10.0	无色	浅红	红
紫色石蕊	5.0～8.0	红	蓝	紫

【想一想】 酸碱指示剂的用量是否越多越好？

基础知识 4 一元酸碱的滴定

酸碱滴定过程中，随着滴定剂不断地加入到被滴定溶液中，溶液的 pH 不断变化，根据滴定过程中溶液 pH 变化规律，选择适当的指示剂，就能正确的指示滴定终点。下面讨论一元酸碱滴定过程中的 pH 变化规律和指示剂的选择。

一、强碱滴定强酸

以 $0.1000mol \cdot L^{-1}$ NaOH 溶液滴定 20.00mL $0.1000mol \cdot L^{-1}$ HCl 溶液为例。

1. 滴定开始前

滴定前，加入滴定剂（NaOH）0.00mL 时，$0.1000mol \cdot L^{-1}$盐酸溶液的 pH＝1。

2. 滴定至化学计量点前

滴定中，加入滴定剂 18.00mL 时：

$$[H^+]=0.1000\times(20.00-18.00)/(20.00+18.00)$$
$$=5.3\times10^{-3}mol \cdot L^{-1}$$

溶液 pH＝2.28。

加入滴定剂体积为 19.98mL 时（离化学计量点差约半滴）：

$$[H^+]=cV(HCl)/V$$
$$=0.1000\times(20.00-19.98)/(20.00+19.98)$$
$$=5.0\times10^{-5}mol \cdot L^{-1}$$

溶液 pH＝4.3。

其他各点的 pH 均可按上述方法计算。

3. 化学计量点时

加入滴定剂体积为 20.00mL，反应完全，$[H^+]=10^{-7}mol \cdot L^{-1}$，溶液 pH＝7。

4. 化学计量点后

加入滴定剂体积为 20.02mL，即过量 0.02mL（约半滴）：

$$[OH^-]=n(NaOH)/V=(0.1000\times0.02)/(20.00+20.02)$$
$$=5.0\times10^{-5}mol\cdot L^{-1}$$

pOH＝4.3，pH＝14－4.3＝9.7。

化学计量点后各点的 pH 均可按上述方法计算。

滴加体积：0～19.98mL；ΔpH＝3.3

滴加体积：19.98～20.02mL；ΔpH＝5.4　滴定突跃

将上述计算值列于表 2-3，以 NaOH 加入量为横坐标，对应的 pH 为纵坐标，绘制 pH-V 关系曲线，如图 2-1 所示。

表 2-3　用 $0.1000mol\cdot L^{-1}$ NaOH 溶液滴定 20.00mL $0.1000mol\cdot L^{-1}$ HCl 溶液

加入 NaOH 溶液 mL	加入 NaOH 溶液 %	剩余 HCl 溶液的体积 V/mL	过量 NaOH 溶液的体积 V/mL	pH
0.00	0	20.00		1.00
18.00	90.0	2.00		2.28
19.80	99.0	0.20		3.30
19.98	99.9	0.92		4.31A（滴定突跃）
20.00	100.0	0.00		7.00（滴定突跃）
20.02	100.1		0.02	9.70B（滴定突跃）
20.20	101.0		0.20	10.70
22.00	110.0		2.00	11.70
40.00	200.0		20.00	12.50

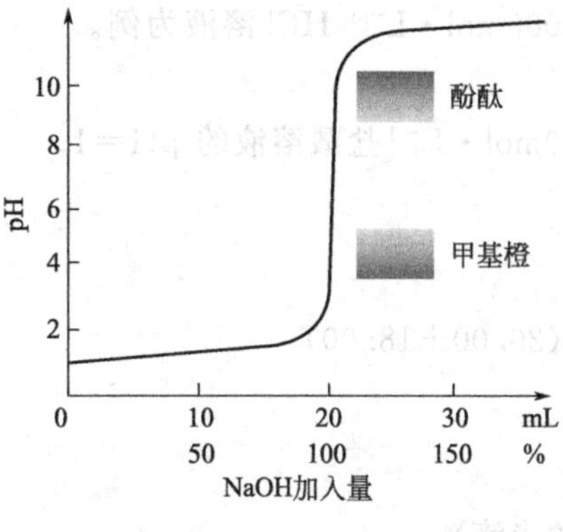

图 2-1　$0.1000mol\cdot L^{-1}$ NaOH 溶液滴定 20.00mL $0.1000mol\cdot L^{-1}$ HCl 溶液的滴定曲线

从表 2-3 和图 2-1 可见，滴定开始时曲线较平坦，这是因为溶液中还存在较多的 HCl，酸度较大。随着 NaOH 不断加入，HCl 的量逐渐减少，pH 逐渐增大，当滴定至只剩余 0.02mL HCl 时，pH 为 4.3，再继续加入一滴滴定剂（大约 0.04mL NaOH），即中和剩余的半滴 HCl 后，仅过量 0.02mL NaOH，溶液的 pH 从 4.31 急剧升高到 9.70。也就是说，一滴 NaOH 使溶液的 pH 增加了 5 个多 pH 单位，从图 2-1 滴定曲线上看出，化学计量点前后出现了一段近乎垂直的线段，这称为滴定突跃。

例如，当滴定至甲基橙由橙色突变为黄色时，溶液的 pH 约为 4.4，这时加入的 NaOH 的量与化学计量点时应该加入的量相差不足 0.02mL，终点误差小于－0.1%，符合滴定分析的要求。如果用酚酞作指示剂，溶液呈微红色时 pH 略大于 8.0，此时加入的 NaOH 的量超过化学计量点时应该加入的量也不足 0.02mL，终点误差小于＋0.1%，仍符合滴定分析的要求。因此，所选择指示剂的变色范围应处于或部分处于滴定突跃范围之内（这是选择指示剂的重要原则）。

【想一想】 选择哪些指示剂能够满足滴定误差小于±0.1%？

二、强碱滴定弱酸

以 0.1000mol·L^{-1} NaOH 溶液滴定 20.00mL 0.1000mol·L^{-1} HAc 溶液为例。

绘制滴定曲线时，通常用最简式来计算溶液的 pH。

1. 滴定开始前，一元弱酸（用最简式计算）

$$[H^+]=\sqrt{c_a K_a}=\sqrt{0.1000\times10^{-4.74}}=10^{-2.87}$$

$$pH=2.87$$

与强酸相比，滴定开始点的 pH 抬高。

2. 化学计量点前

开始滴定后，溶液即变为 HAc(c_a)－NaAc(c_b)缓冲溶液；按缓冲溶液的 pH 进行计算。加入滴定剂体积 19.98mL 时：

$$c_a=0.02\times0.1000/(20.00+19.98)=5.00\times10^{-5}\text{mol}\cdot\text{L}^{-1}$$

$$c_b=19.98\times0.1000/(20.00+19.98)=5.00\times10^{-2}\text{mol}\cdot\text{L}^{-1}$$

$$[H^+]=K_a c_a/c_b=10^{-4.74}\times[5.00\times10^{-5}/(5.00\times10^{-2})]=1.82\times10^{-8}$$

溶液 pH＝7.74。

3. 化学计量点时

生成 HAc 的共轭碱 NaAc(弱碱)，浓度为：

$$c_b=20.00\times0.1000/(20.00+20.00)=5.00\times10^{-2}\text{mol}\cdot\text{L}^{-1}$$

此时溶液呈碱性，需要用 pK_b 进行计算；

$$pK_b=14-pK_a=14-4.74=9.26$$

$$[OH^-]=(c_b K_b)^{1/2}=(5.00\times10^{-2}\times10^{-9.26})^{1/2}=5.24\times10^{-6}\text{mol}\cdot\text{L}^{-1}$$

溶液 pOH＝5.28；

pH＝14－5.28＝8.72。

4. 化学计量点后

加入滴定剂体积 20.02mL，$[OH^-]=(0.1000\times0.02)/(20.00+20.02)=5.00\times10^{-5}\text{mol}\cdot\text{L}^{-1}$

pOH＝4.30，pH＝14－4.30＝9.70

滴加体积：0～19.98mL；ΔpH＝7.74－2.87＝4.87

滴加体积：19.98～20.02mL；ΔpH＝9.70－7.70＝2.00

滴定开始点 pH 抬高，滴定突跃范围变小。

将上述计算值列于表 2-4，以 NaOH 加入量为横坐标，对应的 pH 为纵坐标，绘制 pH-V 关系曲线，如图 2-2 所示。

表 2-4 用 0.1000mol · L^{-1} NaOH 溶液滴定 20.00mL 0.1000mol · L^{-1} HAc 溶液

加入 NaOH 溶液		剩余 HAc 溶液的体积 V/mL	过量 NaOH 溶液的体积 V/mL	pH	
mL	%				
0.00	0	20.00		2.87	
10.00	50.0	10.00		4.74	
18.00	90.0	2.00		5.70	
19.80	99.0	0.20		6.74	
19.98	99.9	0.02		7.74A	滴定突跃
20.00	100.0	0.00		8.72	滴定突跃
20.02	100.1		0.02	9.70B	滴定突跃
20.20	101.0		0.20	10.70	
22.00	110.0		2.00	11.70	
40.00	200.0		20.00	12.50	

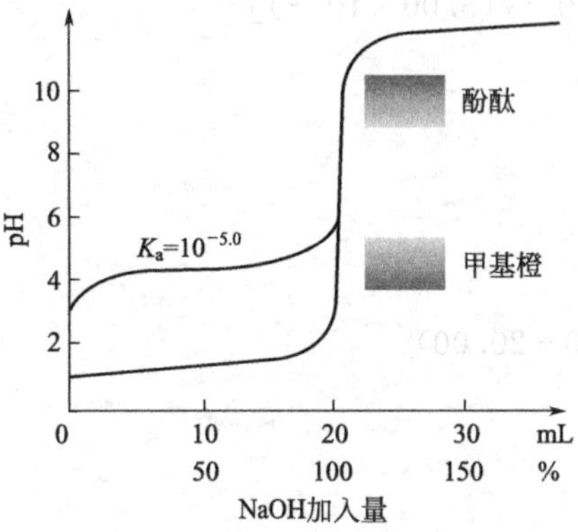

图 2-2 0.1000mol · L^{-1} NaOH 溶液滴定 20.00mL 0.1000mol · L^{-1} HAc 溶液的滴定曲线

弱酸滴定曲线的讨论：

（1）滴定前，弱酸在溶液中部分电离，与强酸相比，曲线开始点提高；

（2）滴定开始时，溶液 pH 升高较快，这是由于中和生成的 Ac$^-$ 产生同离子效应，使 HAc 更难解离，[H$^+$] 降低较快；

（3）继续滴加 NaOH，溶液形成缓冲体系，曲线变化平缓；

（4）接近化学计量点时，剩余的 HAc 已很少，pH 变化加快。

另外，强碱滴定弱酸时，滴定突跃范围较小，使指示剂的选择受到限制，只能选择在弱碱性范围内变色的指示剂，如酚酞、百里酚蓝等。若选在酸性范围内变色的指示剂，如甲基橙，溶液变色时 HAc 被中和的分数还不到 50%，显然，指示剂选择错误。滴定弱酸时，一般是先计算出化学计量点时的 pH，选择那些变色点尽可能接近化学计量点的指示剂来确定终点，而不必计算整个滴定过程的 pH 变化。

图 2-3 是 NaOH 溶液滴定不同弱酸溶液的滴定曲线。

强碱滴定弱酸时的滴定突跃大小，决定于弱酸溶液的浓度和它的解离常数 K_a 两个因素。若要求滴定误差小于±0.1%，必须使滴定突跃超过 0.3pH 单位，此时人眼才可以辨别出指示剂颜色的变化，滴定才可以顺利进行。通常，以 $cK_a \geqslant 10^{-8}$ 作为弱酸能被强碱溶液直接目视准确滴定的判据。

同理，强酸滴定弱碱时，只有当 $cK_b \geqslant 10^{-8}$ 时，弱碱才能用标准强酸溶液直接目视准确滴定。

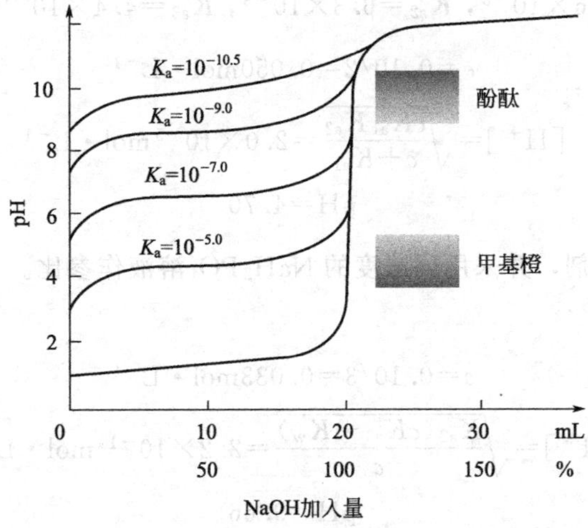

图 2-3　NaOH 溶液滴定不同弱酸溶液的滴定曲线

【想一想】 HAc 能被 NaOH 准确滴定，它的共轭碱能否被 HCl 准确滴定？

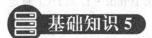

基础知识 5　多元酸碱的滴定

相对一元酸碱而言，滴定多元酸碱应考虑的问题要多一些。例如，多元酸碱是分步解离的，滴定反应也是分步进行吗？能准确滴定至哪一级？化学计量的 pH 如何计算？怎样选择指示剂？

一、多元酸的滴定

以 NaOH 溶液滴定 H_3PO_4 为例，H_3PO_4 的解离平衡如下：

$$H_3PO_4 \rightleftharpoons H^+ + H_2PO_4^- \qquad K_{a1}=10^{-2.12}$$
$$H_2PO_4^- \rightleftharpoons H^+ + HPO_4^{2-} \qquad K_{a2}=10^{-7.21}$$
$$HPO_4^{2-} \rightleftharpoons H^+ + PO_4^{3-} \qquad K_{a3}=10^{-12.7}$$

用 NaOH 溶液滴定 H_3PO_4 溶液时，滴定反应能否按下式分步进行，

第一步，NaOH 将 H_3PO_4溶液定量中和至 $H_2PO_4^-$：

$$H_3PO_4 + NaOH \rightleftharpoons NaH_2PO_4 + H_2O$$

第二步，NaOH 再将 $H_2PO_4^-$ 中和至 HPO_4^{2-}：

$$NaH_2PO_4 + NaOH \rightleftharpoons Na_2HPO_4 + H_2O$$

能否在第一步中和反应完成后才进行第二步反应，决定于 K_{a1} 和 K_{a2} 的比值。如果：

$c_aK_{a1} \geqslant 10^{-8}$ 且 $K_{a1}/K_{a2} > 10^4$，　第一级能准确分步滴定

$c_aK_{a2} \geqslant 10^{-8}$ 且 $K_{a2}/K_{a3} > 10^4$，　第二级能准确分步滴定

$c_aK_{a3} < 10^{-8}$，第三级不能被准确滴定

例如，用 0.1000mol·L^{-1}NaOH 标准溶液滴定 0.10mol·L^{-1} H_3PO_4溶液。

H_3PO_4 的 $K_{a1}=7.6\times10^{-3}$，$K_{a2}=6.3\times10^{-8}$，$K_{a3}=4.4\times10^{-13}$，第一计量点时：

$$c=0.10/2=0.050\text{mol}\cdot\text{L}^{-1}$$

$$[H^+]=\sqrt{\frac{cK_{a1}K_{a2}}{c+K_{a1}}}=2.0\times10^{-5}\text{mol}\cdot\text{L}^{-1}$$

$$\text{pH}=4.70$$

选择甲基橙作指示剂，并采用同浓度的 NaH_2PO_4 溶液作参比。

第二计量点时：

$$c=0.10/3=0.033\text{mol}\cdot\text{L}^{-1}$$

$$[H^+]=\sqrt{\frac{K_{a2}(cK_{a3}+K_w)}{c}}=2.2\times10^{-10}\text{mol}\cdot\text{L}^{-1}$$

$$\text{pH}=9.66$$

若用酚酞为指示剂，终点出现过早，有较大的误差。选用百里酚酞作指示剂时，误差约为+0.5%。滴定曲线如图 2-4 所示。

二、多元碱的滴定

多元碱用强酸滴定时，情况与多元酸的滴定相似。例如，用 $0.10\text{mol}\cdot\text{L}^{-1}$ HCl 滴定 $0.10\text{moL}\cdot\text{L}^{-1}$ Na_2CO_3 溶液。

$$c_{sp1}K_{b1}=0.050\times1.8\times10^{-4}>10^{-8}$$

$$c_{sp2}K_{b2}=0.10\div3\times2.4\times10^{-8}=0.08\times10^{-8}$$

$K_{b1}/K_{b2}\approx10^4$，第一级离解的 OH^- 不能准确滴定。

第一化学计量点时，$[OH^-]=(K_{b1}K_{b2})^{1/2}$，pOH=5.68，pH=8.32。

可用酚酞作指示剂，并采用同浓度的 $NaHCO_3$ 溶液作参比。

第二化学计量点时，溶液 CO_2 的饱和溶液，H_2CO_3 的浓度为 $0.040\text{moL}\cdot\text{L}^{-1}$

$$[H^+]=(cK_{a1})^{1/2}=1.3\times10^{-4}\text{moL}\cdot\text{L}^{-1}$$

pH=3.89，可选用甲基橙作指示剂。滴定曲线如图 2-5 所示。

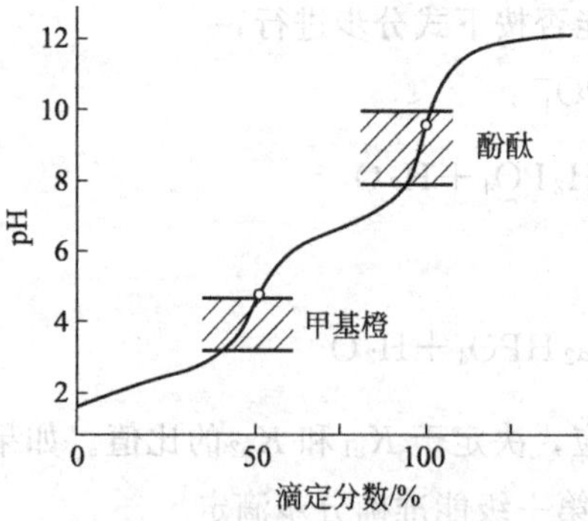

图 2-4 NaOH 溶液滴定 H_3PO_4 溶液的滴定曲线

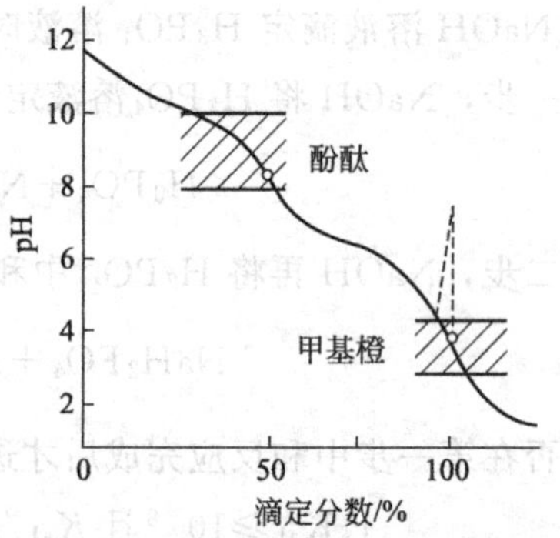

图 2-5 HCl 滴定 Na_2CO_3 的滴定曲线[$c(HCl)=c(Na_2CO_3)$]

但是，滴定中用甲基橙作指示剂时，因过多产生 CO_2 可能会使滴定终点出现过早，变色不敏锐，因此，快到第二化学计量点时应剧烈摇动，必要时可加热煮沸溶液以除去 CO_2，冷却后再继续滴定至终点，以提高分析的准确度。

阅读材料 1　碳酸氢钠简介

碳酸氢钠（化学式：$NaHCO_3$，相对分子质量 84.01），俗称小苏打、苏打粉、梳打粉（中国香港、中国台湾）、重曹、焙用碱等，为白色细小晶体，在水中的溶解度小于碳酸钠（苏打）。

一、性质

1. 物理性质

碳酸氢钠无臭、味咸，微溶于乙醇。其水溶液因水解而呈微碱性，受热易分解，在65℃以上迅速分解，在270℃时完全失去二氧化碳，在干燥空气中无变化，在潮湿空气中缓慢分解。

2. 化学性质

与 HCl 反应：$$NaHCO_3+HCl = NaCl+H_2O+CO_2\uparrow$$

与 NaOH 反应：$$NaHCO_3+NaOH = Na_2CO_3+H_2O$$

与 $AlCl_3$ 发生双水解反应：$$3NaHCO_3+AlCl_3 = Al(OH)_3\downarrow+3CO_2\uparrow+3NaCl$$

不同量的 $NaHCO_3$ 与碱反应：

$$NaHCO_3+Ca(OH)_2(过量) = CaCO_3\downarrow+NaOH+H_2O$$

$$2NaHCO_3+Ca(OH)_2(少量) = Na_2CO_3+CaCO_3\downarrow+2H_2O$$

加热：$$2NaHCO_3 = Na_2CO_3+H_2O+CO_2\uparrow$$

二、制法

1. 气相碳化法

将碳酸钠溶液在碳化塔中通过二氧化碳碳化后，再经分离干燥，即得成品。反应方程式：

$$Na_2CO_3+CO_2+H_2O \longrightarrow 2NaHCO_3$$

2. 气-固相碳化法

将碳酸钠置于反应床上，并用水拌好，由下部吹以二氧化碳，碳化后经干燥、粉碎和包装，即得成品。反应方程式：

$$Na_2CO_3+CO_2+H_2O \longrightarrow 2NaHCO_3$$

三、用途

1. 用于食品

用作食品工作的发酵剂、汽水和冷饮中二氧化碳的发生剂、黄油的保存剂。

碳酸氢钠与油脂直接混合时，也会产生皂化，强烈的肥皂味会影响糕点的香气和品质。

碳酸氢钠也经常被用来作为中和剂。例如，巧克力蛋糕中巧克力为酸性，大量使用时会使糕点带有酸味，因此可使用少量的碳酸氢钠作为膨大剂并且也中和其酸性。同时，碳酸氢钠也有使巧克力加深颜色的作用，使它看起来更黑亮。

西式糕点中加入过量碳酸氢钠，除了使西式糕点有上述破坏风味或导致碱味太重的结果外，食用后会使人有心悸、嘴唇发麻、短暂失去味觉等症状。

2. 用于家禽饲料

据英国 ICI 公司科研人员（1988 年）研究，将碳酸氢钠按 0.1%～1.0%的不同水平，在产蛋鸡饲料中连续添加 8 个月，结果表明，所有添加碳酸氢钠组的产蛋率都增加，蛋壳强度最大可提高 8%。在标准产蛋鸡饲料中添加 0.3%的碳酸氢钠，添加组鸡产蛋高峰后，随年龄增加产蛋率下降的进程得到了缓和，同时破蛋减少1%～2%。他们还研究了碳酸氢钠和磷的交互作用，饲料中以碳酸氢钠为钠源的钠含量为0.55%时，磷含量为0.30%，其产蛋率为75%；磷含量为0.75%时，产蛋率为77%。试验结果还表明，由于碳酸氢钠的添加，氮的利用率将提高3%。

3. 用于医药

本品为弱碱，为吸收性抗酸药。内服后，能迅速中和胃酸，作用迅速，且维持短暂，并有产生二氧化碳等多种缺点。作为抗酸药不宜单用，常与碳酸钙或氧化镁等一起组成西比氏散用。

此外，本品能碱化尿液，与磺胺药同服，以防磺胺在尿中结晶析出；与链霉素合用可增强泌尿道抗菌作用。静脉给药用以纠正酸血症。用5% 100～200mL滴注，小儿每1kg体重5mL。

妇科用于霉菌性阴道炎，用2%～4%溶液坐浴，每晚一次，每次500～1000mL，连用7日。

外用滴耳剂软化耵聍（3%溶液滴耳，每日3～4次）。

如遭蜜蜂或蚊虫叮咬，用小苏打和醋调成糊状，抹在伤处，可以止痒。

在洗澡水中放一点小苏打，可以缓解皮肤过敏。

在床单上撒一点小苏打，可预防儿童因湿热引起的皮疹。

双脚疲劳，在洗脚水里放2匙小苏打浸泡一段时间，有助于消除疲劳。

4. 用于家庭清洁

对洗涤剂过敏的人，不妨在洗碗水里加少许小苏打，既不烧手，又能把碗、盘子洗得很干净。

也可以用小苏打来擦洗不锈钢锅、铜锅或铁锅，小苏打还能清洗热水瓶内的积垢。方法是将50g的小苏打溶解在一杯热水中，然后倒入瓶中上下晃动，水垢即可除去。将咖啡壶和茶壶泡在热水里，放入3匙小苏打，污渍和异味就可以消除。

将装有小苏打的盒子敞口放在冰箱里可以排除异味，也可以用小苏打兑温水，清洗冰箱内部。在垃圾桶或其他任何可能发出异味的地方撒一些小苏打，会起到很好的除臭效果。

如果家里养了宠物，往地毯上撒些小苏打，可以去除尿骚味。若是水泥地面，可以撒上小苏打，再加一点醋，用刷子刷地面，然后用清水冲净即可。

在湿抹布上撒一点小苏打，擦洗家用电器的塑料部件、外壳，效果不错。

把小苏打均匀地撒在烧焦的铝锅底上，随后用水泡一泡，数小时后，锅底上的焦巴就容易擦去了。

5. 用于个人清洁和美容

将小苏打用作除味剂。将一杯小苏打和两勺淀粉混合起来，放在一个塑料容器内，抹在身上散发异味的部位，可以清除体味。

小苏打是有轻微磨蚀作用的清洁剂。加一点小苏打在牙膏里，可以中和异味，还可以充当增白剂。放一点小苏打在鞋子里可以吸收潮气和异味。

加一点小苏打在洗面奶里，或者用小苏打和燕麦片做面膜，有助于改善肌肤；在洗发香波里加少量小苏打，可以清除残留的发胶和定型膏。

游泳池里的氯会伤害头发，在洗发香波里加一点小苏打洗头，可修复受损头发。

刷牙时在牙膏上加上一点小苏打，能有效去牙锈和牙菌斑。反复几次，牙齿洁白如玉。

6. 用于化工原料

消防器材中用于生产酸碱灭火机和泡沫灭火机。

橡胶工业利用其与明矾、H发孔剂配合可起均匀发孔的作用，用于橡胶、海绵生产。

冶金工业用作浇铸钢锭的助熔剂。

机械工业用作铸钢（翻砂）砂型的成型助剂。

印染工业用作染色印花的固色剂、酸碱缓冲剂、织物染整的后处理剂。

四、存储注意事项

储于干燥通风的室内仓库，运输中小心防止袋破或散包。食用小苏打不得与有毒物品共储运，防止污染、防止受潮，与酸类产品隔离。

阅读材料 2

碳酸饮料

一、什么是碳酸饮料

碳酸饮料是在液体饮料中充入二氧化碳做成的，其主要成分为糖、色素、香料等，可以说，除热量外，没有任何营养。碳酸饮料是许多人，特别是青少年日常生活中必不可少的饮品。在炎热夏季，人们常用来消暑解热，在餐桌上也是必备之品。因它们口感甜美而深受大众欢迎。碳酸饮料含有大量的糖分、防腐剂、色素、香精。碳酸饮料中还含有极少量的维生素、矿物质；并且含有碳酸、磷酸等化学成分。碳酸饮料的最主要成分是水，饮用后可补充身体因运动和进行生命活动所消耗掉的水分和一部分糖、矿物质，对维持体内的水液电解质平衡有一定作用。

二、碳酸饮料的历史

碳酸饮料的历史由来已久，大约在 1767 年，约瑟夫·普莱斯特利在英国发明了人工碳酸，这为碳酸应用于饮料生产提供了基础。雅各布·史威士于 1783 年在瑞士开发了第一款矿泉水碳酸饮料并应用于商业。

1807 年本杰明·西利开始在美国销售瓶装德国赛尔脱兹天然气泡苏打水，这种苏打水生产于德国西南部，虽然水中的碳酸由自然生成，但是，它们仍像普通苏打水一样出售。

到了 19 世纪，碳酸冷饮开始在杂货店中流行，它们通常是橘子和葡萄口味。费城的药剂师查尔斯·埃尔默·希雷斯据说是希雷斯沙士的发明者，他于 1866 年发明了这种以墨西哥菝葜为主要原材料的碳酸饮料。

之后，雅各布·史威士又于 1870 年发明了史威士姜汁。1885 年，德克萨斯州的药剂师查尔斯·爱德顿发明一种名为 Dr. Pepper 的碳酸饮料，如今这种饮料仍然是德克萨斯州的特产。

随后，居住于佐治亚州亚特兰大市的另一位药剂师和专利药物发明者彭伯顿调配了具有古柯碱成分的“药物”，造就了后来鼎鼎有名的可口可乐。世界上第一杯可乐的面世应该是在 1886 年 5 月 8 日，彭伯顿在亚特兰大雅各布的药房的无意发明改变了整个世界的饮料历史。

三、碳酸饮料的危害

碳酸饮料在一定程度上影响人们的健康，主要表现在以下几个方面。

1. 磷酸导致骨质疏松

碳酸饮料的成分大部分都含有磷酸，这种磷酸会潜移默化地影响骨骼，常喝碳酸饮料骨骼健康就会受到威胁。因为人体对各种元素都是有要求的，大量磷酸的摄入就会影响钙的吸收，引起钙、磷比例失调。

一旦钙缺失，对于处在生长过程中的少年儿童身体发育损害非常大。缺钙无疑意味着骨骼发育缓慢、骨质疏松。有资料显示，经常大量喝碳酸饮料的青少年发生骨折的危险是其他青少年的 3 倍，所以应该尽量少喝碳酸饮料。

2. 影响人体免疫力

为了便于保存，为了富于诱人的口感，现在的饮料是离不开食品添加剂的。很多饮料厂家为了尽可能地降低成本，总是对添加剂情有独钟，甚至不惜超标准使用。尽管很多标签上并没有标注所含添加剂的名称，但检验结果表明它的存在是不争的事实。

营养学家认为，健康的人体血液应该呈碱性，但是目前饮料中添加碳酸、乳酸、柠檬酸等酸性物质较多，又由于人们摄入的肉、鱼、禽等动物性食物比重越来越大，许多人的血液呈酸性，如再摄入较多的酸性物质，使血液长期处于酸性状态，不利于血液循环，人容易疲劳，免疫力下降，各种致病的微生物乘虚而入，人容易感染各种疾病。

3. 影响消化功能

研究表明，足量的二氧化碳在饮料中能起到杀菌、抑菌的作用，还能通过蒸发带走体内热量，起到降温作用。

不过，如果碳酸饮料喝得太多对肠胃是没有好处的，而且还会影响消化。因为大量的二氧化碳在抑制饮料中细菌的同时，对人体内的有益菌也会产生抑制作用，所以消化系统就会受到破坏。

特别是年轻人，一次喝得太多，释放出的二氧化碳很容易引起腹胀，影响食欲，甚至造成肠胃功能紊乱。大量糖分有损脏器健康。

饮料中过多的糖分被人体吸收，就会产生大量热量，长期饮用非常容易引起肥胖。最重要的是会给肾脏带来很大的负担，这也是引起糖尿病的隐患之一。

4. 影响神经系统

碳酸饮料妨碍神经系统的冲动传导，容易引起儿童多动症。

人们在日常生活中，应尽量少喝碳酸饮料，一般最好选择具有特异活性的白开水饮用，也可以适量饮用些含维生素的果汁。患有高血压、糖尿病、高血脂疾病者，尽量不饮用碳酸饮料。另外儿童、孕妇、哺乳期妇女最好禁用。

5. 破坏人体细胞的“能量工厂”

英国一项研究结果显示，部分碳酸饮料可能会导致人体细胞严重受损。专家们认为碳酸饮料里的一种常见防腐剂能够破坏人体 DNA 的一些重要区域，严重威胁人体健康。

据悉，喝碳酸饮料造成的这种人体损伤一般都与衰老以及滥用酒精相关联，最终会导致肝硬化和帕金森病等疾病。此次研究的焦点在于苯甲酸钠的安全性。在过去数十年来，这种代号为 E211 的防腐剂一直被广泛应用于全球总价值 740 亿英镑的碳酸饮料产业。苯甲酸钠是苯甲酸的衍生物，天然存在于各种浆果之中，目前被大量用作许多知名碳酸饮料的防腐剂。

研究报告称，常喝碳酸饮料会令 12 岁青少年齿质腐损的概率增加 59%，令 14 岁青少年齿质腐损的概率增加 220%。如果每天喝 4 杯以上的碳酸饮料，这两个年龄段孩子齿质腐损的可能性将分别增加 252%和 513%。

6. 常喝易患肾结石

碳酸饮料中含有大量碳酸盐和磷酸盐，长期喝饮料会造成人体钙流失，形成碳酸钙和磷酸钙，聚集在肾内就形成了结石。此外，国内某医疗机构的调查显示，喝碳酸饮料导致结石的患者比例增加一倍，由原来的 5%～6%上升为 12%～13%，其中过半数的患者为 20～45 岁的男性。

夏季是结石病的高发季节，经常喝碳酸饮料有可能会出现腹痛、腰酸等症状，有的还会伴有尿痛等现象，这些都可能是肾结石的症状。

四、碳酸饮料——国家标准

根据国家标准 GB 2759.2—2003《碳酸饮料卫生标准》的规定，碳酸饮料应符合如下标准：

(1) 二氧化碳含量（20℃时体积倍数）不低于 2.0 倍。

(2) 果汁型碳酸饮料是原果汁含量不低于 2.5%的碳酸饮料。

(3) 果味型碳酸饮料是原果汁含量低于 2.5%的碳酸饮料。

(4) 低热量型碳酸饮料其能量不高于 $75kJ \cdot (100mL)^{-1}$。

本章小结

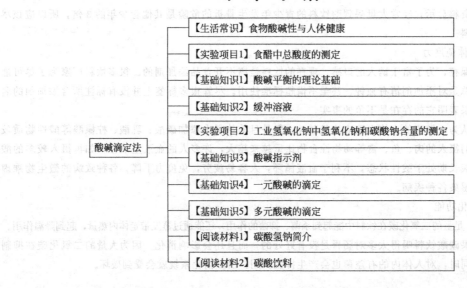

- 酸碱滴定法
  - 【生活常识】食物酸碱性与人体健康
  - 【实验项目1】食醋中总酸度的测定
  - 【基础知识1】酸碱平衡的理论基础
  - 【基础知识2】缓冲溶液
  - 【实验项目2】工业氢氧化钠中氢氧化钠和碳酸钠含量的测定
  - 【基础知识3】酸碱指示剂
  - 【基础知识4】一元酸碱的滴定
  - 【基础知识5】多元酸碱的滴定
  - 【阅读材料1】碳酸氢钠简介
  - 【阅读材料2】碳酸饮料

课后习题

1. 选择题

(1) 在 1.0×10^{-2} mol·L^{-1} HAc 溶液中，其水的离子积为（　　）。

A. 1.0×10^{-2}　　B. 2　　C. 10^{-14}　　D. 10^{-12}

(2) 一般成年人胃液的 pH 是 1.4，正常婴儿胃液的 pH 为 5.0，问成人胃液中［H^+］与婴儿胃液中［H^+］之比是（　　）。

A. 0.28　　B. 0.4∶5.0　　C. 4.0∶10　　D. 3980

(3) 下列叙述正确的是（　　）。

A. 同离子效应与盐效应的效果是相同的　　B. 同离子效应与盐效应的效果是相反的

C. 盐效应与同离子效应相比影响要大得多　　D. 以上说法都不正确

(4) 下列几组溶液具有缓冲作用的是（　　）。

A. H_2O-NaAc　　B. HCl-NaCl　　C. NaOH-Na_2SO_4　　D. $NaHCO_3$-Na_2CO_3

(5) 在氨水中加入少量固体 NH_4Ac 后，溶液的 pH 将（　　）。

A. 增大　　B. 减小　　C. 不变　　D. 无法判断

(6) 下列有关缓冲溶液的叙述，正确的是（　　）。

A. 缓冲溶液 pH 的整数部分主要由 pK_a 或 pK_b 决定，其小数部分由 $\lg\frac{c_{酸}}{c_{盐}}$或 $\lg\frac{c_{碱}}{c_{盐}}$决定

B. 缓冲溶液的缓冲能力是无限的

C. $\frac{c_{酸}}{c_{盐}}$ 或 $\frac{c_{碱}}{c_{盐}}$的值越大，缓冲能力越强

D. $\frac{c_{酸}}{c_{盐}}$或$\frac{c_{碱}}{c_{盐}}$ 的比值越小，缓冲能力越弱

(7) 下列论述中，有效数字位数正确的是（　　）。

A.［H^+］$=3.24\times10^{-2}$（3 位）　　B. pH＝3.24（3 位）

C. 0.420（2 位）　　D. 0.1000（5 位）

(8) 下列各组酸碱物质中，属于共轭酸碱对的是（　　）。

A. H_3PO_4-Na_2HPO_4　　B. H_2SO_4-SO_4^{2-}

C. H_2CO_3-CO_3^{2-}　　D. $NH_3^+CHCOOH$-$NH_2CH_2COO^-$

E. H_2Ac^+-Ac^-　　F. $(CH_2)_6N_4H^+$-$(CH_2)_6N_4$

G. NH_2CH_2COOH-$NH_3^+CH_2COOH$　　H. $C_8H_5O_4$-$C_8H_6O_4$

I. H_2O-H_3O^+　　J. H_2Ac^+-HAc

2. 填空题

(1) 一同学测得某溶液的 pH＝6.24，则该数据的有效数字为__________位。

(2) 欲配制 1mol·L^{-1}的氢氧化钠溶液 250mL，完成下列步骤：

① 用天平称取氢氧化钠固体__________g。

② 将称好的氢氧化钠固体放入__________中加__________蒸馏水将其溶解，待__________后将溶液沿__________移入__________mL 的容量瓶中。

③ 用少量蒸馏水冲洗__________次，将冲洗液移入__________中，在操作过程中不能损失点滴液体，否则会使溶液的浓度偏__________（高或低）。

④ 向容量瓶内加水至刻度线__________时，改用__________小心地加水至溶液凹液面与刻度线相切，若加水超过刻度线，会造成溶液浓度偏__________，应该__________。

⑤ 最后盖好瓶盖，__________，将配好的溶液移入__________中并贴好标签。

(3) 某同学测得某试样中含铁量为0.923%，此数据的有效数字为__________位。

3. 问答题

(1) 怎样配制不同浓度的HAc溶液？

(2) 测定食醋中总酸度时为什么要用酚酞作指示剂？可否用甲基橙或甲基红？

(3) $NaHCO_3$-Na_2CO_3的混合物能不能采用“双指示剂法”测定其含量？测定结果的计算公式如何表示？

(4) 差减法称量过程中，若称量瓶内的样品容易吸湿，对结果有什么影响？如何降低影响？

第三章

沉淀滴定法和重量分析

知识目标

1. 掌握溶度积与溶解度的关系
2. 掌握沉淀溶解平衡的有关简单计算
3. 理解分步沉淀、沉淀的溶解及沉淀的转化方法

能力目标

1. 能运用溶度积规则判断沉淀的生成与溶解
2. 会进行有关沉淀溶解平衡的简单计算

生活常识　含氟牙膏为何能预防龋齿

人体牙齿主要的无机成分是羟基磷灰石[$Ca_5(PO_4)_3(OH)$]，是一种难溶的磷酸钙类沉积物。在口腔中，牙齿表面的羟基磷灰石存在着以下的沉淀溶解平衡：

$$Ca_5(PO_4)_3(OH) \underset{沉淀}{\overset{溶解}{\rightleftharpoons}} 5Ca^{2+} + 3PO_4^{3-} + OH^-$$

口腔中残留的食物在酶的作用下，会分解产生有机酸——乳酸。乳酸是酸性物质，能与氢氧根反应，使羟基磷灰石的沉淀溶解平衡向溶解的方向移动，从而导致龋齿的发生。但如果饮用水或者牙膏中含有氟离子，氟离子就能与牙齿表面的 Ca^{2+} 和 $PO_4{}^{3-}$ 反应生成更难溶的氟磷灰石[$Ca_5(PO_4)_3F$]，沉积在牙齿表面。氟磷灰石比羟基磷灰石更能抵抗酸的侵蚀，并能抑制口腔细菌产生酸。因而能有效保护我们的牙齿，降低龋齿的发生率。

实验项目1 氯化物中氯离子含量的测定

【任务描述】

掌握沉淀滴定法中以 K_2CrO_4 为指示剂测定氯离子的方法和原理；学习容量瓶的使用；学习规范的滴定基本操作。

【教学器材】

分析天平、滴定台、酸式滴定管、移液管、容量瓶、锥形瓶、量筒、烧杯、试剂瓶、称量瓶、干燥器。

【教学药品】

NaCl 基准试剂、K_2CrO_4 指示剂、$AgNO_3$ 溶液。

【组织形式】

三个同学为一实验小组，根据教师给出的引导步骤和要求，自行完成实验。

【注意事项】

(1) 实验完毕后，将装 $AgNO_3$ 溶液的滴定管先用蒸馏水冲洗 2～3 次后，再用自来水洗净，以免 $AgNO_3$ 残留于管内；

(2) 滴定必须在中性或弱碱性溶液中进行，最适宜的 pH 范围为 6.5～10.5。如果有铵盐存在，溶液的 pH 需控制在 6.5～7.2 之间；

(3) 指示剂用量大小对测定有影响，必须定量加入，一般以 $5\times10^{-3}mol\cdot L^{-1}$ 为宜。

【实验步骤】

一、配制 $0.1mol\cdot L^{-1}$ $AgNO_3$ 溶液

称取 5.1g $AgNO_3$，用少量不含 Cl^- 的蒸馏水溶解后转入棕色试剂瓶中，稀释至 300mL，摇匀，将溶液置暗处保存，以防止光照分解。

二、$AgNO_3$ 溶液的标定

准确称取 0.50～0.60g NaCl 基准物于小烧杯中，用蒸馏水溶解后，定量转入 100mL 容量瓶中，稀释至刻度，摇匀，计算 NaCl 标准溶液的准确浓度。

用移液管移取 20.00mL NaCl 标准溶液于 250mL 锥形瓶中，加入 20mL 水，加 1mL K_2CrO_4 溶液，在不断摇动的条件下，用 $AgNO_3$ 溶液滴定至呈现砖红色，即为终点。平行标定 3 份。计算 $AgNO_3$ 溶液的浓度。

三、试样中 NaCl 含量的测定

准确称取 1.2～1.3g 含氯试样于烧杯中，加水溶解后，定量转入 200mL 容量瓶中，用水稀释至刻度，摇匀。移取 20.00mL 试液于 250mL 锥形瓶中，加 20mL 水，加 1mL K_2CrO_4 溶液，用 $AgNO_3$ 标准溶液滴定至溶液出现砖红色，即为终点。平行测定 3 份，并做空白试验。

【任务解析】

一、实验原理

某些可溶性氯化物中氯含量的测定常采用莫尔法。

莫尔法是在中性或弱碱性溶液中，以 K_2CrO_4 为指示剂，以 $AgNO_3$ 标准溶液进行滴定。由于 AgCl 沉淀的溶解度比 Ag_2CrO_4 小，因此，溶液中首先析出 AgCl 沉淀。当 AgCl 定量沉淀后，稍过量的 $AgNO_3$ 溶液即与 CrO_4^{2-} 生成砖红色 Ag_2CrO_4 沉淀，指示达到终点。主要反应式如下：

$$Ag^+ + Cl^- \rightleftharpoons AgCl\downarrow(\text{白色}) \qquad K_{sp}^{\ominus}=1.8\times10^{-10}$$

$$2Ag^+ + CrO_4^{2-} \rightleftharpoons Ag_2CrO_4\downarrow(\text{砖红色}) \qquad K_{sp}^{\ominus}=2.0\times10^{-12}$$

二、$AgNO_3$ 溶液的标定

$$c(NaCl)=\frac{m(NaCl)}{M(NaCl)V}$$

$$c(NaCl)V(NaCl)=c(AgNO_3)V(AgNO_3)$$

三、试样中 NaCl 含量的测定

$$\rho(Cl)=\frac{\bar{c}(AgNO_3)V(AgNO_3)M(NaCl)}{m\times\dfrac{20.00}{200.00}}\times100\%$$

基础知识 1　沉淀和溶解平衡

根据溶解度的大小，大体上把电解质分为易溶电解质和难溶电解质，但它们之间没有明显的界线。一般把溶解度小于 $0.01g\cdot(100gH_2O)^{-1}$ 的电解质称为难溶电解质。在含有难溶电解质固体的饱和溶液中存在着固体电解质与由它溶解所生成的离子之间的平衡，这是涉及固相与液相离子两相间的平衡，称为多相离子平衡。下面仍以平衡原理为基础，讨论难溶电解质的沉淀-溶解之间的平衡及其应用。

一、沉淀和溶解平衡溶度积

AgCl 虽是难溶物，如将它的晶体放入水中，或多或少仍有所溶解。这是由于晶体表面的 Ag^+ 及 Cl^- 在水分子的作用下，逐渐离开晶体表面进入水中，成为自由运动的水合离子，此时

$$K_{sp}^{\ominus}=c'(Ag^+)c'(Cl^-)$$

式中，$K_{sp}^{\ominus}$ 称为**溶度积常数**，简称**溶度积**。它反映了物质的溶解能力。

现用通式来表示难溶电解质的溶度积常数：

$$A_mB_n(s)\rightleftharpoons mA^{n+}+nB^{m-}$$

$$K_{sp}^{\ominus}(A_mB_n)=[c(A^{n+})/c^{\ominus}]^m[c(B^{m-})/c^{\ominus}]^n$$

$$=[c(A^{n+})]^m[c(B^{m-})]^n$$

式中，m、n 分别代表沉淀溶解方程式中 A、B 的化学计量数。例如，

$$Ag_2CrO_4(s)\rightleftharpoons 2Ag^+ + CrO_4^{2-};$$

$$K_{sp}^{\ominus}(Ag_2CrO_4)=[c'(Ag^+)]^2[c'(CrO_4^{2-})] \qquad m=2,\ n=1;$$

$$Ca_3(PO_4)_2(s) \rightleftharpoons 3Ca^{2+} + 2PO_4^{3-}$$

$$K_{sp}^{\ominus}[Ca_3(PO_4)_2] = [c'(Ca^{2+})]^3[c'(PO_4^{3-})]^2 \qquad m=3, n=2$$

溶度积常数可用实验方法测定。一些常见难溶电解质的溶度积常数见本书附录表2。和其他平衡常数一样，$K_{sp}^{\ominus}$也受温度的影响，但影响不太大，通常可采用常温下测得的数据。溶度积常数仅适用于难溶电解质的饱和溶液，对中等或易溶的电解质不适用。

二、溶解度与溶度积的相互换算

溶解度和溶度积的大小都能表示难溶电解质的溶解能力。因此，它们之间必然有某种联系，可以进行相互换算。换算时应注意溶度积中所采用的浓度单位为 $mol \cdot L^{-1}$，而溶解度常以 $g \cdot (100gH_2O)^{-1}$表示，所以首先需要进行换算。计算时考虑到难溶电解质饱和溶液中溶质的量很少，溶液很稀，溶液的密度近似等于纯水的密度($1g \cdot cm^{-3}$)，可使计算简化。

例 3-1 已知 25℃时，AgCl 的溶解度为 $1.92 \times 10^{-3} g \cdot L^{-1}$，试求该温度下 AgCl 的溶度积。

解： 首先需将溶解度单位由 $g \cdot L^{-1}$换算成 $mol \cdot L^{-1}$。

已知 AgCl 的摩尔质量为 $143.4 g \cdot mol^{-1}$，设 AgCl 溶解度为 x ($mol \cdot L^{-1}$)，则：

$$x = \frac{1.92 \times 10^{-3}}{143.4} = 1.34 \times 10^{-5}$$

AgCl 饱和溶液的沉淀-溶解平衡如下：

$$AgCl(s) \rightleftharpoons Ag^+ + Cl^-$$

平衡浓度 $c(mol \cdot L)^{-1}$ $\qquad x \qquad x$

$$K_{sp}^{\ominus}(AgCl) = c'(Ag^+)c'(Cl^-)$$

$$= x^2 = (1.34 \times 10^{-5})^2 = 1.8 \times 10^{-10}$$

例 3-2 已知室温下 Ag_2CrO_4的溶度积为 1.1×10^{-12}，求 Ag_2CrO_4在水中的溶解度(以 $mol \cdot L^{-1}$表示)。

解： 设 Ag_2CrO_4的溶解度为 $x(mol \cdot L^{-1})$，且溶解的部分全部离解，因此：

$$Ag_2CrO_4(s) \rightleftharpoons 2Ag^+ + CrO_4^{2-}$$

平衡浓度 $c/mol \cdot L^{-1}$ $\qquad 2x \qquad x$

$$K_{sp}^{\ominus}(Ag_2CrO_4) = [c'(Ag^+)]^2[c'(CrO_4^{2-})] = (2x)^2 x = 4x^3$$

$$x = \sqrt[3]{K_{sp}^{\ominus}/4} = \sqrt[3]{1.1 \times 10^{-12}/4} = 6.5 \times 10^{-5}$$

Ag_2CrO_4溶解度为 $6.5 \times 10^{-5} mol \cdot L^{-1}$。

例 3-3 已知室温下 $Mn(OH)_2$的溶解度为 $3.6 \times 10^{-5} mol \cdot L^{-1}$，求室温时 $Mn(OH)_2$的溶度积。

解： 溶解的 $Mn(OH)_2$的全部离解，溶液中 $c(OH^-)$是 $c(Mn^{2+})$的 2 倍，因此：

$$c(Mn^{2+}) = 3.6 \times 10^{-5} mol \cdot L^{-1}$$

$$c(OH^-) = 7.2 \times 10^{-5} mol \cdot L^{-1}$$

$$K_{sp}^{\ominus}[Mn(OH)_2] = c'(Mn^{2+})[c'(OH^-)]^2$$

$$= (3.6 \times 10^{-5}) \times (7.2 \times 10^{-5})^2$$

$$= 1.87 \times 10^{-13}$$

将以上三例中 AgCl、Ag_2CrO_4、$Mn(OH)_2$ 及 AgBr 的溶解度和溶度积列于表 3-1，其中 AgCl、AgBr 中阴、阳离子的个数比为 1∶1，称为 AB 型难溶电解质。Ag_2CrO_4、$Mn(OH)_2$ 阴、阳离子数之比分别为 2∶1 及 1∶2，称为 A_2B 型和 AB_2 型难溶电解质，它们类型相同。

表 3-1　几种难溶电解质的溶度积与溶解度（298K）

电解质类型	难溶物	溶解度/mol·L⁻¹	$K_{sp}^{\ominus}$	溶度积表达式
AB	AgCl	1.3×10^{-5}	1.8×10^{-10}	$K_{sp}^{\ominus}=c'(Ag^+)c'(Cl^-)$
	AgBr	7.1×10^{-7}	5.0×10^{-13}	$K_{sp}^{\ominus}=c'(Ag^+)c'(Br^-)$
A_2B	Ag_2CrO_4	6.5×10^{-5}	1.1×10^{-12}	$K_{sp}^{\ominus}=[c'(Ag^+)]^2c'(CrO_4^{2-})$
AB_2	$Mn(OH)_2$	3.6×10^{-5}	1.9×10^{-13}	$K_{sp}^{\ominus}=c'(Mn^{2+})[c'(OH^-)]^2$

从表 3-1 中数据看出，对于相同类型的电解质，溶度积大的溶解度也大。因此，通过溶度积数据可以直接比较溶解度的大小。对于不同类型的电解质如 AgCl 与 Ag_2CrO_4，前者溶度积大而溶解度反而小，因此不能通过溶度积的数据直接比较它们溶解度的大小。

必须指出，上述溶解度与溶度积之间的简单换算，在某些情况下往往会出现偏差，甚至完全不适用。

(1) 不适用于难溶的弱电解质和某些在溶液中易形成离子对的难溶电解质。难溶电解质并非都是强电解质，某些难溶弱电解质如 MA 在溶液中还有不少未离解的分子存在，故有下列平衡关系：

$$MA(s) \rightleftharpoons MA(aq) \rightleftharpoons M^+ + A^-$$

此外，在此饱和溶液中，还可能存在离子对（M^+,A^-）。例如，实验测得在 $CaSO_4$ 饱和溶液中有 40%以上是以离子对（Ca^{2+},SO_4^{2-}）的形式存在。显然 $CaSO_4$ 的溶解度并不等于溶液中 Ca^{2+}、SO_4^{2-} 的浓度。

(2) 不适用于显著水解的难溶物。例如 PbS 溶于水时，溶解的部分虽然完全离解，由于 Pb^{2+} 和 S^{2-}，特别是 S^{2-} 会发生显著的水解：

$$S^{2-} + H_2O \rightleftharpoons HS^- + OH^- \qquad \text{（忽略二级水解）}$$

致使 S^{2-} 的浓度大大低于溶解度。

总之，溶解度与溶度积的关系是很复杂的。为了简便起见，在本书的计算中对上述影响都未予考虑。

三、溶度积规则

应用化学平衡移动原理可以判断沉淀-溶解反应进行的方向。下面以 $CaCO_3$ 为例说明。

在一定温度下，把过量的 $CaCO_3$ 固体放入纯水中，溶解达到平衡时，在 $CaCO_3$ 的饱和溶液中

$$c(Ca^{2+})=c'(CO_3^{2-}),c'(Ca^{2+})c'(CO_3^{2-})=K_{sp}^{\ominus}(CaCO_3)$$

(1) 在上述平衡系统中，如果再加入 Ca^{2+} 或 CO_3^{2-}，此时 $c'(Ca^{2+})c'(CO_3^{2-}) > K_{sp}^{\ominus}(CaCO_3)$，沉淀-溶解平衡被破坏，平衡向生成 $CaCO_3$ 的方向移动，故有 $CaCO_3$ 析出。与此同时，溶液中 CO_3^{2-} 或 Ca^{2+} 浓度不断减少，直至 $c'(Ca^{2+})c'(CO_3^{2-})=K_{sp}^{\ominus}(CaCO_3)$ 时，沉淀不再析出，在新的条件下重新建立起平衡，注意此时 $c(Ca^{2+})\neq c(CO_3^{2-})$：

$$CaCO_3 \rightleftharpoons Ca^{2+} + CO_3^{2-}$$

$$\longleftarrow$$

平衡移动方向

(2) 在上述平衡系统中，设法降低Ca^{2+}或CO_3^{2-}的浓度，或者两者都降低，使$c(Ca^{2+})c(CO_3^{2-}) < K_{sp}^{\ominus}(CaCO_3)$，平衡将向溶解方向移动。如在平衡系统中加入 HCl，则H^+与CO_3^{2-}生成H_2CO_3，H_2CO_3立即分解为H_2O和CO_2，从而大大降低了CO_3^{2-}的浓度，致使$CaCO_3$逐渐溶解，并重新建立起平衡，但$c(Ca^{2+}) \neq c(CO_3^{2-})$：

$$CaCO_3 \rightleftharpoons Ca^{2+} + CO_3^{2-}$$

$$\longrightarrow$$

平衡移动方向

根据上述的沉淀与溶解情况，可以归纳出沉淀的生成和溶解规律。将溶液中阳离子和阴离子的浓度（不管它们的来源）与标准浓度$c^{\ominus}$相比后，代入K表达式，得到的乘积称为离子积，用Q表示。把Q和$K_{sp}^{\ominus}$相比较，有以下三种情况：

① $Q > K_{sp}^{\ominus}$，溶液呈过饱和状态，有沉淀从溶液中析出，直到溶液呈饱和状态。

② $Q < K_{sp}^{\ominus}$，溶液是不饱和状态，无沉淀析出。若系统中原来有沉淀，则沉淀开始溶解，直到溶液饱和。

③ $Q = K_{sp}^{\ominus}$，溶液为饱和状态，沉淀和溶解处于动态平衡。

此即溶度积规则，它是判断沉淀的生成和溶解的重要依据。

四、沉淀的生成

（一）生成沉淀的条件

根据溶度积规则，在难溶电解质溶液中生成沉淀的条件是离子积大于溶度积。

例 3-4 根据溶度积规则，判断将 0.020mol·L^{-1}的$CaCl_2$溶液与等体积、同浓度的Na_2CO_3溶液混合，是否有沉淀生成？

解： 两种溶液等体积混合后，体积增大一倍，浓度各自减小至原来的 1/2。

$$c(Ca^{2+}) = 0.020/2 = 0.010 \text{mol} \cdot \text{L}^{-1}$$

$$c(CO_3^{2-}) = 0.020/2 = 0.010 \text{mol. L}^{-1}$$

$CaCO_3$的沉淀-溶解平衡为：

$$CaCO_3 \rightleftharpoons Ca^{2+} + CO_3^{2-}$$

$$Q = c'(CO_3^{2-})c'(Ca^{2+}) = 0.010 \times 0.010 = 1.0 \times 10^{-4}$$

查表得$K_{sp}^{\ominus}(CaCO_3) = 6.7 \times 10^{-9}$

则$Q \gg K_{sp}^{\ominus}$，故有$CaCO_3$沉淀生成。

（二）沉淀的完全程度

当用沉淀反应制备产品或分离杂质时，沉淀完全与否是人们最关心的问题。严格地说，由于溶液中沉淀-溶解平衡总是存在的，一定温度下$K_{sp}^{\ominus}$为常数，故溶液中没有哪一种离子的浓度会等于零。换句话说，没有一种沉淀反应是绝对完全的。通常认为残留在溶液中的离子浓度小于1×10^{-5}mol·L^{-1}时，沉淀就达完全，即该离子被认为已除尽。

（三）同离子效应

在已达沉淀-溶解平衡的系统中，加入含有相同离子的易溶强电解质而使沉淀的溶解度降低的效应，叫做沉淀-溶解平衡中的同离子效应。

（四）盐效应

实验证明，当含有其他易溶强电解质（无共同离子）时，难溶电解质的溶解度比在纯水中的要大。如 $BaSO_4$ 和 AgCl 在 KNO_3 溶液中的溶解度都大于在纯水中的，而且 KNO_3 的浓度越大，其溶解度越大。这种由于加入易溶强电解质而使难溶电解质溶解度增大的效应称为盐效应。

产生盐效应的原因是由于易溶强电解质的存在，使溶液中阴、阳离子的浓度大大增加，离子间的相互吸引和相互牵制的作用加强，妨碍了离子的自由运动，使离子的有效浓度减小，因而沉淀速率变慢。这就破坏了原来的沉淀-溶解平衡，使平衡向溶解方向移动。当建立起新的平衡时溶解度必然有所增加。

不难理解，在沉淀操作中利用同离子效应的同时也存在盐效应。故应注意所加沉淀剂不要过量太多，否则由于盐效应反而会使溶解度增大。

（五）分步沉淀

以上讨论的是溶液中只有一种能生成沉淀的离子。实际上溶液中往往含有多种离子，随着沉淀剂的加入，各种沉淀会相继生成，这种现象称为分步沉淀。运用溶度积规则可以判断沉淀生成的次序，或使混合离子达到分离。

例 3-5　工业上分析水中氯的含量，常用 $AgNO_3$ 作滴定剂，K_2CrO_4 作为指示剂。在水样中逐滴加入 $AgNO_3$ 时，有白色 AgCl 沉淀析出。继续滴加 $AgNO_3$，当开始出现砖红色 Ag_2CrO_4，沉淀时，即为滴定的终点。

(1) 试解释为什么 AgCl 比 Ag_2CrO_4 先沉淀；

(2) 假定开始时水样中 $c(Cl^-)=7.1\times10^{-3}\,mol\cdot L^{-1}$，$c(CrO_4^{2-})=5.0\times10^{-3}\,mol\cdot L^{-1}$，计算当 Ag_2CrO_4 开始沉淀时，水样中的 Cl^- 是否已沉淀完全？

解：(1) 欲使 AgCl 或 Ag_2CrO_4 沉淀生成，溶液中离子积应大于溶度积。设生成 AgCl 和 Ag_2CrO_4 沉淀所需的最低 Ag^+ 的浓度分别为 $c_1(Ag^+)$ 和 $c_2(Ag^+)$，AgCl 和 Ag_2CrO_4 的沉淀-溶解平衡式为：

$$AgCl\ (s) \rightleftharpoons Ag^+ + Cl^-;\qquad K_{sp}^{\ominus}(AgCl)=1.8\times10^{-10}$$

$$Ag_2CrO_4(s) \rightleftharpoons 2Ag^+ + CrO_4^{2-};\qquad K_{sp}^{\ominus}(Ag_2CrO_4)=1.1\times10^{-12}$$

$$c_1'(Ag^+)=K_{sp}^{\ominus}(AgCl)/c'(Cl^-)=1.8\times10^{-10}/7.1\times10^{-3}=2.5\times10^{-8}$$

$$c_1(Ag^+)=2.5\times10^{-8}\,mol\cdot L^{-1}$$

$$c_2'(Ag^+)=\sqrt{K_{sp}^{\ominus}(Ag_2CrO_4)/c'(CrO_4^{2-})}=\sqrt{1.1\times10^{-12}/5.0\times10^{-3}}=1.5\times10^{-5}$$

$$c_2(Ag^+)=1.5\times10^{-5}\,mol\cdot L^{-1}$$

从计算得知，沉淀 Cl^- 所需 Ag^+ 最低浓度比沉淀 CrO_4^{2-} 小得多，故加入 $AgNO_3$ 时，AgCl 应先沉淀。随着 Ag^+ 的不断加入，溶液中 Cl^- 的浓度逐渐减少，Ag^+ 的浓度逐渐增加。当达到 $1.5\times10^{-5}\,mol\cdot L^{-1}$，时，$Ag^+$ 与 CrO_4^{2-} 的离子积达到了 Ag_2CrO_4 的 $K_{sp}^{\ominus}$，随即析出砖红色 Ag_2CrO_4 的沉淀。

(2) Ag_2CrO_4 沉淀开始析出时，溶液中 Cl^- 浓度为：

$$c'(Cl^-)=K_{sp}^{\ominus}(AgCl)/c'(Ag^+)=1.8\times10^{-10}/1.5\times10^{-5}=1.2\times10^{-5}$$

$$c(Cl^-)=1.2\times10^{-5}\,mol\cdot L^{-1}$$

Cl^-浓度接近 $10^{-5}\,mol\cdot L^{-1}$，故 Ag_2CrO_4开始析出时，可认为溶液中 Cl^-已基本沉淀完全。

例 3-6 已知某溶液中含有 $0.10\,mol\cdot L^{-1}$ Ni^{2+}和 $0.10\,mol\cdot L^{-1}$ Fe^{3+}，试问能否通过控制 pH 的方法达到分离二者的目的？

解： 查附录表 2 得 $K_{sp}^{\ominus}[Ni(OH)_2]=2.0\times10^{-15}$，$K_{sp}^{\ominus}[Fe(OH)_3]=4\times10^{-33}$，欲使 Ni^{2+}沉淀所需 OH^-的最低浓度为：

$$c'(OH^-)=\sqrt{K_{sp}^{\ominus}[Ni(OH)_2/c(Ni^{2+})]}=\sqrt{2.0\times10^{-15}/0.10}=1.4\times10^{-7}$$

$$c(OH^-)=1.4\times10^{-7}\,mol\cdot L^{-1},\ pH=7.15$$

欲使 Fe^{3+}沉淀所需 OH^-的最低浓度为：

$$c_2'(OH^-)=\sqrt[3]{K_{sp}^{\ominus}[Fe(OH)_3]/c'(Fe^{3+})}=\sqrt[3]{4\times10^{-33}/0.10}=3.42\times10^{-11}$$

$$c_2'(OH^-)=3.42\times10^{-11}\,mol\cdot L^{-1},\ pH=12.63$$

可见当混合溶液中加入 OH^-时，Fe^{3+}首先沉淀。

设当 Fe^{3+}的浓度降为 $1.0\times10^{-5}\,mol\cdot L^{-1}$时，它已被沉淀完全，此时溶液中 OH^-的浓度为：

$$c_3'=\sqrt[3]{K_{sp}^{\ominus}[Fe(OH)_3]/c'(Fe^{3+})}=\sqrt[3]{4\times10^{-33}/1.0\times10^{-5}}=7.37\times10^{-10}$$

$$c_3(OH^-)=7.37\times10^{-10}\,mol\cdot L^{-1},\ pH=4.87$$

pH=4.87 时，$Ni(OH_2)$沉淀尚不致生成。因此只要控制在 $4.87<pH<7.15$，就能使二者达到分离的目的。

从上面两例看出：当一种试剂能沉淀溶液中几种离子时，生成沉淀所需试剂离子浓度最小者首先沉淀。即是说，离子积首先达到其溶度积的难溶物先沉淀，这就是分步沉淀的基本原理。如果各离子沉淀所需试剂离子的浓度相差较大，借助分步沉淀就能达到分离的目的。

化工生产中，常利用控制溶液 pH 的方法对金属氢氧化物进行分离，就是分步沉淀原理的重要应用。

（六）沉淀的溶解

根据溶度积规则，要使沉淀溶解，需降低该难溶电解质饱和溶液中离子的浓度，使离子积小于溶度积，即 $Q<K_{sp}^{\ominus}$，为了达到这个目的，有以下几种途径。

1. 转化成弱电解质

（1）生成弱酸 一些难溶的弱酸盐，如碳酸盐、醋酸盐、硫化物，由于它们能与强酸作用生成相应的弱酸，降低了平衡系统中弱酸根离子的浓度，致使 $Q<K_{sp}^{\ominus}$。例如，FeS 溶于盐酸的反应可表示如下：

$$\begin{array}{rcl} FeS(s) \rightleftharpoons Fe^{2+} & + & S^{2-} \\ & & + \\ 2HCl \longrightarrow 2Cl^- & + & 2H^+ \\ & & \Downarrow \\ & & H_2S \end{array}$$

H^+与 S^{2-}结合生成的弱酸 H_2S，又易于挥发，有利于 S^{2-}浓度的降低，结果使 FeS 溶解。

（2）生成弱碱 $Mg(OH)_2$能溶于铵盐是由于生成了难离解的弱碱，降低了 OH^-的浓度，使平衡向右移动。

$$\begin{array}{l} Mg(OH)_2(s) \rightleftharpoons Mg^{2+} + 2OH^- \\ \qquad\qquad\qquad\qquad\qquad\quad + \\ \qquad 2NH_4Cl \longrightarrow 2Cl^- + 2NH_4^+ \\ \qquad\qquad\qquad\qquad\qquad\quad \Updownarrow \\ \qquad\qquad\qquad\qquad\quad 2NH_3 \cdot H_2O \end{array}$$

即　$$Mg(OH)_2(s) + 2NH_4Cl \longrightarrow MgCl_2 + 2NH_3 \cdot H_2O$$

（3）生成水　一些难溶金属氢氧化物和酸作用，因生成水而溶解。例如，$Mg(OH)_2$溶于盐酸，即：

$$Mg(OH)_2(s) + 2HCl \longrightarrow MgCl_2 + 2H_2O$$

分析溶解反应的平衡常数，可对上述反应有进一步的认识。以 FeS 溶于 HCl 为例，该系统中同时存在着两种平衡，即 FeS 的沉淀-溶解平衡及 H_2S 的离解平衡：

$$FeS(s) \rightleftharpoons Fe^{2+} + S^{2-} \qquad ①K_1^{\ominus} = K_{sp}^{\ominus}$$

$$S^{2-} + 2H^+ \rightleftharpoons H_2S \qquad ②K_2^{\ominus} = 1/(K_{a1}^{\ominus}K_{a2}^{\ominus})$$

溶解反应　$FeS(s) + 2H^+ \rightleftharpoons Fe^{2+} + H_2S$　③$K_3^{\ominus}$

因为溶解反应平衡实际是一多重平衡，即①＋②＝③，所以：

$$K_3^{\ominus} = K_1^{\ominus}K_2^{\ominus} = K_w^{\ominus}/(K_{a1}^{\ominus}K_{a2}^{\ominus})$$

溶解反应的平衡常数与难溶电解质的溶度积及弱电解质的离解常数有关。难溶电解质的溶度积越大，或所生成弱电解质的离解常数 $K_a^{\ominus}$ 或 $K_b^{\ominus}$ 越小，越易溶解。例如，FeS 和 CuS 虽然同是弱酸盐，因 CuS 的 K 比 FeS 小得多，故 FeS 能溶于 HCl，而 CuS 不溶。又如，溶度积很小的金属氢氧化物 $Fe(OH)_3$、$Al(OH)_3$ 不能溶于铵盐，但能溶于酸。这是因为加酸后生成水，加 NH_4^+ 后生成 $NH_3 \cdot H_2O$，而水是比氨水更弱的电解质。

2. 发生氧化还原反应

上面提到的 CuS 不能溶于盐酸，但能溶于硝酸。因为 HNO_3 能将 S^{2-} 氧化成单质 S，S^{2-} 的浓度降得更低，使 $Q < K_{sp}^{\ominus}$。溶解反应式为：

$$3CuS + 8HNO_3 \longrightarrow 3Cu(NO_3)_2 + 3S\downarrow + 2NO\uparrow + 4H_2O$$

同理，Ag_2S 也能用硝酸溶解。

3. 生成难离解的配离子

当简单离子生成配离子后，由于配离子具有一定的稳定性，使离解出来的简单离子的浓度远低于原来的浓度，从而达到 $Q < K_{sp}^{\ominus}$ 的目的（关于配合理论见本书第七章）。如 AgBr 不溶于水，也不溶于强酸和强碱，却能溶于硫代硫酸钠溶液。这是由于 Ag^+ 与 $S_2O_3^{2-}$ 结合，生成了稳定的配离子 $[Ag(S_2O_3)_2]^-$，从而大大降低了 Ag^+ 的浓度之故。

$$AgBr + 2S_2O_3^{2-} \longrightarrow [Ag(S_2O_3^{2-})]^- + Br^-$$

该反应广泛应用于照相技术中。

4. 转化为另一种沉淀再行溶解

某些难溶盐如 $BaSO_4$、$CaSO_4$ 用上述方法都不能溶解，这时可采用沉淀转化的方法。以 $CaSO_4$ 转化成 $CaCO_3$ 为例，在 $CaSO_4$ 饱和溶液中加入 Na_2CO_3 的反应式如下：

$$CaSO_4 \rightleftharpoons Ca^{2+} + SO_4^{2-}$$
$$+$$
$$Na_2CO_3 \rightleftharpoons CO_3^{2-} + 2Na^+$$
$$\Downarrow$$
$$CaCO_3$$

由于 $K_{sp}^{\ominus}(CaCO_3)$ 小于 $K_{sp}^{\ominus}(CaSO_4)$，Ca^{2+} 与 CO_3^{2-} 能生成 $CaCO_3$ 沉淀，从而使溶液中 Ca^{2+} 的浓度降低。这时，溶液对 $CaSO_4$ 来说变为不饱和，故逐渐溶解。只要加入足够量的 Na_2CO_3 提供所需要的 CO_3^{2-} 浓度，就能使 $CaSO_4$ 全部转化成 $CaCO_3$，而 $CaCO_3$ 是一种弱酸盐，极易溶于强酸中。当然要完成上述反应，$CaSO_4$ 沉淀还要足够细，反应时间也要足够长，且要不断搅拌，使反应充分。

【想一想】 哪些方法可使沉淀溶解？

实验项目 2　钢铁中镍含量的测定

【任务描述】

了解有机沉淀剂丁二酮肟与 Ni 形成沉淀的条件；学会微孔玻璃过滤器的使用方法与抽滤操作技术；掌握丁二酮肟重量法测定钢铁及合金中镍含量的原理和方法。

【教学器材】

电子分析天平、电烘箱、微孔玻璃过滤器（P_{16} 或 G_4 型号）、烧杯、表面皿、抽滤装置、加热设备、干燥器、玻璃棒。

【教学药品】

1%丁二酮肟乙醇溶液、HCl-HNO_3 混合酸溶液（HCl、HNO_3 和 H_2O 的体积比为 3∶1∶2）、$HClO_4$、1∶1 HCl 溶液、50%酒石酸溶液、1∶1 $NH_3 \cdot H_2O$ 溶液、20%Na_2SO_3 溶液（新鲜配制）、20% $Na_2S_2O_3$ 溶液（新鲜配制）、50% CH_3COONH_4 缓冲溶液（pH 6.0～6.4）。

【组织形式】

根据教师给出的引导步骤和要求，每个同学独立完成实验。

【注意事项】

（1）调节 pH 过程中，试液加入一定要做到边滴边摇，不可过快；

（2）沉淀洗涤时不要有损失。

【实验步骤】

一、试样称取

按下表准确称取待测试样（试样中含 Ni 量控制在 100mg 内）：

镍含量/%	试样量/g	镍含量/%	试样量/g
2.00～4.00	2.000	>15.00～30.00	0.2000
>4.00～8.00	1.000	>30.00～50.00	0.1500
>8.00～15.00	0.5000	>50.00	0.1000

二、试样溶解

按上表准确称取试样，置于 400mL 烧杯中，加入 20mL 左右的 HCl-HNO_3 混合酸溶液，盖上表面皿，缓慢加热至试样溶解（为确保试样溶解完全，可再加入 10mL $HClO_4$ 加热蒸发至其烟冒尽）。取下稍冷，加入 10mL HCl 和 100mL 热水。加热溶解盐类，冷却。

三、试液制备

向上述试液中，加入 25mL 50%酒石酸溶液，边搅拌边滴加 1∶1 $NH_3 \cdot H_2O$ 溶液，调节试液至 pH 约等于 9，放置片刻。用慢速滤纸过滤，滤液置于 600mL 烧杯中，用热水洗净烧杯，并洗涤沉淀 7～8 次，使滤液总体积控制在 250mL 以内。

四、沉淀与分离

在不断搅拌下，用 1∶1 HCl 溶液酸化上述滤液至 pH 约等于 3.5，加入 20mL 20% Na_2SO_3 溶液，搅拌片刻，用 1∶1 $NH_3 \cdot H_2O$ 溶液，调节试液至 pH 约等于 4.5，加热至 45～50℃时，加入 15mL 20% $Na_2S_2O_3$ 溶液，搅拌片刻，放置 5min。加入 100mL 1%丁二酮肟乙醇溶液，在不断搅拌下，加入 20mL 50% CH_3COONH_4 缓冲溶液，控制试液酸度在 pH 6.0～6.4 范围（若低于此值，可用 1∶1 $NH_3 \cdot H_2O$ 溶液调节）。调定试液总体积在 400mL 左右，静置陈化 30min。冷却至室温，用已恒重的 P_{16} 或 G_4 型微孔玻璃过滤器负压下抽滤（速度不宜太快，切不可将沉淀吸干），用冷水洗涤烧杯和沉淀（以少量多次并使沉淀冲散为佳，也应防止沉淀吸干），洗涤用水总量控制在 200mL 左右。

五、恒重与称量

将载有丁二酮肟镍沉淀的微孔玻璃过滤器置于电烘箱中，于(140±5)℃烘干 2h 左右，置于干燥器中冷却、称量，直至恒重。

【任务解析】

镍是钢铁及合金中的重要元素之一，它可增强金属的弹性、延展性和抗蚀性，使金属具有较高的力学性能。

多数含镍的金属材料能溶于酸，生成的 Ni^{2+} 在微酸性、中性、弱碱性溶液中都可与丁二酮肟（$C_4H_8N_2O_2$）反应，生成鲜红色的丁二酮肟镍：

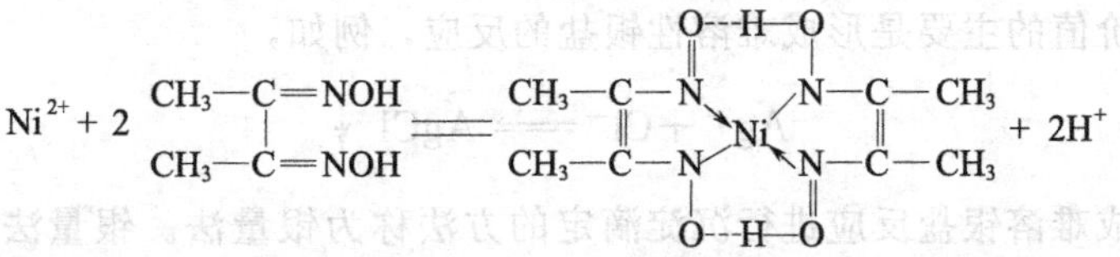

此配合物组成恒定，具有疏水性质，水中溶解度较小，易溶于乙醇、氯仿、四氯化碳等有机溶剂，故可用水相沉淀法或萃取分离后用分光光度法来测定物料中的 Ni 含量。本实验采用水相沉淀丁二酮肟重量法。

在 CH_3COONH_4 缓冲溶液中，用 Na_2SO_3 将铁还原为二价，用酒石酸作掩蔽剂，在

pH 6.0～7.0 的条件下，Ni^{2+} 与丁二酮肟生成疏水性沉淀，与铁、钴、铜等元素分离，所得丁二酮肟镍经烘干、恒重，即可计算出试样中 Ni 的质量分数。

【想一想】 1. 溶解试样时加氨水起什么作用？
2. 用丁二酮肟沉淀应控制的条件是什么？

基础知识 2 重量分析法

一、重量分析法简介

1. 定义

重量分析法是通过称量生成物的质量来测定物质含量的定量分析方法。重量法通常以沉淀反应为基础，也可利用挥发、萃取等手段来进行分析。

2. 基本步骤

重量分析法的过程包括了分离和称量两个过程，一般先采用适当的方法，使被测组分以单质或化合物的形式从试样中与其他组分分离。根据分离的方法不同，重量分析法又可分为沉淀法、挥发法和萃取法等。

3. 分析方法介绍

(1) 沉淀法　沉淀法是利用沉淀反应使待测组分以难溶化合物的形式沉淀出来。

(2) 挥发法　挥发法是利用物质的挥发性质，通过加热或其他方法使被测组分从试样中挥发逸出。

(3) 萃取法　萃取法是利用被测组分与其他组分在互不相溶的两种溶剂中的分配系数不同，使被测组分从试样中定量转移至提取剂中而与其他组分分离。

4. 重量分析法的特点

常量分析准确度较高，但是操作复杂，对低含量组分的测定误差较大。

二、沉淀滴定分析法概述

沉淀法是以沉淀反应为基础的一种滴定分析方法。虽然沉淀反应很多，但能用于沉淀滴定法的反应并不多。能用于滴定分析的沉淀反应必须符合下列几个条件。

(1) 沉淀反应必须迅速，并按一定的化学计量关系进行；

(2) 生成的沉淀应具有恒定的组成，而且溶解度必须很小；

(3) 有确定化学计量点的简单方法；

(4) 沉淀的吸附现象不影响滴定终点的确定。

目前有实用价值的主要是形成难溶性银盐的反应，例如，

$$Ag^+ + Cl^- \rightleftharpoons AgCl\downarrow$$

这种利用生成难溶银盐反应进行沉淀滴定的方法称为银量法。银量法可用于测定 Cl^-、Br^-、I^-、Ag^+、CN^-、SCN^- 等离子及含卤素的有机化合物。

根据滴定方式的不同，银量法可分为直接法和间接法。直接法是用 $AgNO_3$ 标准溶液直接滴定待测组分的方法。间接法是先在待测试液中加入一定量的 $AgNO_3$ 标准溶液，再用 NH_4SCN 标准溶液来滴定剩余的 $AgNO_3$。

根据确定滴定终点所采用的指示剂不同，银量法分为莫尔法、佛尔哈德法和法扬司法。

1. 莫尔法

莫尔法是以 K_2CrO_4 为指示剂，在中性或弱碱性介质中用 $AgNO_3$ 标准溶液测定卤素混合物含量的方法。

(1) 指示剂的作用原理　本法以 K_2CrO_4 作指示剂，在中性或弱碱性溶液中用 $AgNO_3$ 标准溶液直接滴定 Cl^- 或 Br^-。

由于 AgCl 的溶解度小于 Ag_2CrO_4 的溶解度，因此在含有 Cl^-（或 Br^-）和 CrO_4^{2-} 的溶液中，用 $AgNO_3$ 标准溶液进行滴定过程中，AgCl 首先沉淀出来，当滴定到化学计量点附近时，溶液中 Cl^- 浓度越来越小，Ag^+ 浓度增加，直至 $[Ag^+]^2[CrO_4^{2-}]>K_{sp(Ag_2CrO_4)}$，此时立即生成砖红色的 Ag_2CrO_4 沉淀，指示滴定终点。其反应为：

$$Ag^+ + Cl^- \rightleftharpoons AgCl\downarrow(白色)$$
$$2Ag^+ + CrO_4^{2-} \rightleftharpoons Ag_2CrO_4\downarrow(砖红色)$$

(2) 滴定条件

① 溶液的酸度　滴定应在中性或弱碱性介质中进行，因酸性溶液中 CrO_4^{2-} 转化为 $Cr_2O_7{}^{2-}$，使 CrO_4^{2-} 浓度降低，影响 Ag_2CrO_4 沉淀的形成，降低了指示剂的灵敏度。

$$2H^+ + 2CrO_4^{2-} \rightleftharpoons 2HCrO_4{}^- \rightleftharpoons Cr_2O_7{}^{2-} + H_2O$$

如果溶液的碱性太强，将析出 Ag_2O 沉淀：

$$2Ag^+ + 2OH^- \rightleftharpoons 2AgOH\downarrow \longrightarrow Ag_2O\downarrow + H_2O$$

同样不能在氨性溶液中进行滴定，因为易生成 $Ag(NH_3)_2{}^+$，使 AgCl 沉淀溶解：

$$AgCl + 2NH_3 \rightleftharpoons Ag(NH_3)_2{}^+ + Cl^-$$

因此，莫尔法合适的酸度条件是 pH＝6.5～10.5。若试液为强酸性或强碱性，可先用酚酞作指示剂以稀 NaOH 或稀 H_2SO_4 调节酸度，然后再滴定。

② 指示剂用量　要严格控制 K_2CrO_4 的用量，K_2CrO_4 的浓度过高或过低，Ag_2CrO_4 沉淀析出就会提前或滞后。已知 AgCl 和 Ag_2CrO_4 的溶度积分别是：

$[Ag^+][Cl^-]=1.56\times10^{-10}$　　$[Ag^+]^2[CrO_4^{2-}]=9.0\times10^{-12}$

根据溶度积原理，当滴定到达化学计量点时要有 Ag_2CrO_4 沉淀生成，则：

$$[Ag^+]=[Cl^-]=\sqrt{1.56\times10^{-10}}=1.25\times10^{-5}\,mol\cdot L^{-1}$$

$$[CrO_4^{2-}]=\frac{K_{sp}(Ag_2CrO_4)}{[Ag^+]^2}=\frac{9.0\times10^{-12}}{1.56\times10^{-10}}=5.8\times10^{-1}\,mol\cdot L^{-1}$$

以上的计算说明在滴定到达化学计量点时，刚好生成 Ag_2CrO_4 沉淀所需 K_2CrO_4 的浓度较高，由于 K_2CrO_4 溶液呈黄色，当浓度高时，在实际操作过程中会影响终点判断，所以指示剂浓度还是略低一些为好，一般滴定溶液中所含指示剂 K_2CrO_4 浓度约为 5×10^{-3} $mol\cdot L^{-1}$为宜。但当试液浓度较低时，还需做指示剂空白值校正，以减小误差。

指示剂空白校正的方法是量取与实际滴定到终点时等体积的蒸馏水，加入与实际滴定时相同体积的 K_2CrO_4 指示剂溶液和少量纯净 $CaCO_3$ 粉末，配成与实际测定类似的状况，用 $AgNO_3$ 标准溶液滴定至同样的终点颜色，记下读数，为空白值，测定时要从试液所消耗的 $AgNO_3$ 体积中扣除此数。

③ 干扰的消除　莫尔法可用于测定 Cl^- 或 Br^-，但不能用于测定 I^- 和 SCN^-，因为 AgI、AgSCN 的吸附能力太强，滴定到终点时有部分 I^- 或 SCN^- 被吸附，将引起较大的负

误差。AgCl沉淀也容易吸附Cl^-，在滴定过程中，应剧烈振荡溶液，可以减少吸附，以获得正确的终点。

在试液中如有能与CrO_4^{2-}生成沉淀的Ba^{2+}、Pb^{2+}等阳离子，能与Ag^+生成沉淀的PO_4^{3-}、AsO_4^{3-}、SO_3^{2-}、S^{2-}、CO_3^{2-}、$Cr_2O_4^{2-}$等酸根，以及在中性或弱碱性溶液中能发生水解的Fe^{3+}、Al^{3+}、Bi^{3+}、Sn^{4+}等离子存在，都应预先分离。大量Cu^{2+}、Ni^{2+}、Co^{2+}等有色离子存在，也会影响滴定终点的观察。由此可知莫尔法的选择性是较差的。

(3) 莫尔法的应用　水中氯离子含量的测定。在中性或弱碱性溶液中，以K_2CrO_4为指示剂，用$AgNO_3$标准溶液进行滴定。由于AgCl的溶解度小于Ag_2CrO_4的溶解度，所以，当AgCl定量沉淀后，即生成砖红色的Ag_2CrO_4沉淀，指示达到终点。

2. 佛尔哈德法

佛尔哈德法是在酸性介质中，以铁铵矾[$NH_4Fe(SO_4)_2 \cdot 12H_2O$]作指示剂来确定滴定终点的一种银量法。根据滴定方式的不同，佛尔哈德法分为直接滴定法和返滴定法两种。

(1) 基本原理

① 直接滴定法测定Ag^+　在含有Ag^+的HNO_3介质中，以铁铵矾作指示剂，用NH_4SCN标准溶液直接滴定，当滴定到化学计量点时，微过量的SCN^-与Fe^{3+}结合生成红色的$[FeSCN]^{2+}$即为滴定终点。其反应是：

$$Ag^+ + SCN^- \rightleftharpoons AgSCN\downarrow\text{（白色）}$$

$$Fe^{3+} + SCN^- \rightleftharpoons [FeSCN]^{2+}\text{（红色）}$$

② 返滴定法测定卤素离子　佛尔哈德法测定卤素离子（如Cl^-、Br^-、I^-和SCN^-）时应采用返滴定法。即在酸性（HNO_3介质）待测溶液中，先加入已知过量的$AgNO_3$标准溶液，再用铁铵矾作指示剂，用NH_4SCN标准溶液回滴剩余的Ag^+（HNO_3介质）。反应如下：

$$\underset{\text{（过量）}}{Ag^+} + Cl^- \rightleftharpoons AgCl\downarrow\text{（白色）}$$

$$\underset{\text{（剩余量）}}{Ag^+} + SCN^- = AgSCN\downarrow\text{（白色）}$$

终点指示反应　$Fe^{3+} + SCN^- = [FeSCN]^{2+}$（红色）

(2) 滴定条件

① 溶液的酸度　直接滴定法测定Ag^+中，由于指示剂中的Fe^{3+}在中性或碱性溶液中将形成$Fe(OH)^{2+}$、$Fe(OH)_2^+$等深色配合物，碱度更大还会产生$Fe(OH)_3$沉淀，因此滴定应在酸性($0.3\sim1mol \cdot L^{-1}$)溶液中进行。

② 指示剂用量　指示剂用量大小对滴定准确度有影响，一般控制Fe^{3+}浓度为$0.0155mol \cdot L^{-1}$。

③ 减小吸附　用NH_4SCN溶液滴定Ag^+时，生成的AgSCN沉淀能吸附溶液中的Ag^+，使Ag^+浓度降低，以致红色的出现略早于化学计量点。因此在滴定过程中需剧烈摇动，使被吸附的Ag^+释放出来。

④ 分离沉淀　用佛尔哈德法测定Cl^-，滴定到临近终点时，经摇动后形成的红色会褪去，这是因为AgSCN的溶解度小于AgCl的溶解度，加入的NH_4SCN将与AgCl发生沉淀转化反应：

$$AgCl + SCN^- = AgSCN\downarrow + Cl^-$$

沉淀的转化速率较慢，滴加 NH_4SCN 形成的红色随着溶液的摇动而消失。这种转化作用将继续进行到 Cl^- 与 SCN^- 浓度之间建立一定的平衡关系，才会出现持久的红色，无疑滴定已多消耗了 NH_4SCN 标准滴定溶液。为了避免上述现象的发生，通常采用以下措施：

a. 试液中加入一定过量的 $AgNO_3$ 标准溶液之后，将溶液煮沸，使 AgCl 沉淀凝聚，以减少 AgCl 沉淀对 Ag^+ 的吸附。滤去沉淀，并用稀 HNO_3 充分洗涤沉淀，然后用 NH_4SCN 标准滴定溶液回滴滤液中的过量 Ag^+。

b. 在滴入 NH_4SCN 标准溶液之前，加入有机溶剂硝基苯或邻苯二甲酸二丁酯或 1,2-二氯乙烷。用力摇动后，有机溶剂将 AgCl 沉淀包住，使 AgCl 沉淀与外部溶液隔离，阻止 AgCl 沉淀与 NH_4SCN 发生转化反应。此法方便，但硝基苯有毒。

c. 提高 Fe^{3+} 的浓度以减小终点时 SCN^- 的浓度，从而减小上述误差［实验证明，一般溶液中 $c(Fe^{3+})=0.2mol\cdot L^{-1}$ 时，终点误差将小于 0.1%］。

佛尔哈德法在测定 Br^-、I^- 和 SCN^- 时，滴定终点十分明显，不会发生沉淀转化，因此不必采取上述措施。但是在测定碘化物时，必须加入过量 $AgNO_3$ 溶液之后再加入铁铵矾指示剂，以免 I^- 对 Fe^{3+} 的还原作用而造成误差。强氧化剂和氮氧化物以及铜盐、汞盐都与 CN^- 作用，因而干扰测定，必须预先除去。

(3) 佛尔哈德法的应用　银合金中银含量的测定。准确称取的银合金试样，经 HNO_3 溶解完全后，以铁铵矾为指示剂，用 NH_4SCN(或 KSCN) 滴定 Ag^+，当 AgSCN 定量沉淀后，稍过量的 SCN^- 与 Fe^{3+} 生成红色配合物，即为终点。

滴定反应　$SCN^- + Ag^+ \rightleftharpoons AgSCN\downarrow$(白色)　$K_{sp}=1.0\times10^{-12}$

指示反应　$SCN^- + Fe^{3+} \rightleftharpoons FeSCN^{2+}$(红色)　$K_{稳}=138$

为防止 Fe^{3+} 水解成深色络合物，影响终点观察，酸度应控制在 $0.1\sim1mol\cdot L^{-1}$，由于 AgSCN 沉淀吸附 Ag^+，使终点提前，结果偏低。所以滴定时应充分摇动溶液，及时释放出吸附的 Ag^+。

3. 法扬司法

(1) 基本原理　法扬司法是以吸附指示剂确定滴定终点的一种银量法。吸附指示剂是一类有机染料，它的阴离子在溶液中易被带正电荷的胶状沉淀吸附，吸附后结构改变，从而引起颜色的变化，指示滴定终点的到达。

现以 $AgNO_3$ 标准溶液滴定 Cl^- 为例，说明指示剂荧光黄的作用原理。

荧光黄是一种有机弱酸，用 HFI 表示，在水溶液中可离解为荧光黄阴离子 FI^-，呈黄绿色：

$$HFI \rightleftharpoons FI^- + H^+$$

化学计量点前，生成的 AgCl 沉淀在过量的 Cl^- 溶液中，AgCl 沉淀吸附 Cl^- 而带负电荷，形成的 (AgCl) · Cl^- 不吸附指示剂阴离子 FI^-，溶液呈黄绿色。达化学计量点时，微过量的 $AgNO_3$ 可使 AgCl 沉淀吸附 Ag^+ 形成 (AgCl) · Ag^+ 而带正电荷，此带正电荷的 (AgCl) · Ag^+ 吸附荧光黄阴离子 FI^-，结构发生变化呈现粉红色，使整个溶液由黄绿色变成粉红色，指示终点的到达。

$$(AgCl)\cdot Ag^+ + FI^- \xrightarrow{\text{吸附}} (AgCl)\cdot Ag\cdot FI$$

(黄绿色)　　　　(粉红色)

(2) 滴定条件　为了使终点变色敏锐，应用吸附指示剂时需要注意以下几点。

① 保持沉淀呈胶体状态　由于吸附指示剂的颜色变化发生在沉淀微粒表面上，因此，应尽可能使卤化银沉淀呈胶体状态，具有较大的表面积。为此，在滴定前应将溶液稀释，并加糊精或淀粉等高分子化合物作为保护剂，以防止卤化银沉淀凝聚。

② 控制溶液酸度　常用的吸附指示剂大多是有机弱酸，而起指示剂作用的是它们的阴离子。酸度大时，H^+ 与指示剂阴离子结合成不被吸附的指示剂分子，无法指示终点。酸度的大小与指示剂的离解常数有关，离解常数大，酸度可以大些。例如，荧光黄 $pK_a \approx 7$，适用于 pH＝7～10 的条件下进行滴定，若 pH＜7，荧光黄主要以 HFI 形式存在，不被吸附。

③ 避免强光　卤化银沉淀对光敏感，易分解析出银使沉淀变为灰黑色，影响滴定终点的观察，因此在滴定过程中应避免强光照射。

④ 指示剂吸附性能适中　沉淀胶体微粒对指示剂离子的吸附能力，应略小于对待测离子的吸附能力，否则指示剂将在化学计量点前变色。但不能太小，否则终点出现过迟。卤化银对卤化物和几种吸附指示剂的吸附能力的次序如下：

$$I^- > SCN^- > Br^- > \text{曙红} > Cl^- > \text{荧光黄}$$

因此，滴定 Cl^- 不能选曙红，而应选荧光黄。表 3-2 中列出了几种常用的吸附指示剂及其应用。

表 3-2　常用吸附指示剂

指示剂	被测离子	滴定剂	滴定条件	终点颜色变化
荧光黄	Cl^-、Br^-、I^-	$AgNO_3$	pH 7～10	黄绿→粉红
二氯荧光黄	Cl^-、Br^-、I^-	$AgNO_3$	pH 4～10	黄绿→红
曙红	Br^-、SCN^-、I^-	$AgNO_3$	pH 2～10	橙黄→红紫
溴酚蓝	生物碱盐类	$AgNO_3$	弱酸性	黄绿→灰紫
甲基紫	Ag^+	NaCl	酸性溶液	黄红→红紫

（3）法扬司法的应用　法扬司法可用于测定 Cl^-、Br^-、I^- 和 SCN^- 及生物碱盐类（如盐酸麻黄碱）等。测定 Cl^- 常用荧光黄或二氯荧光黄作指示剂，而测定 Br^-、I^- 和 SCN^- 常用曙红作指示剂。此法终点明显，方法简便，但反应条件要求较严，应注意溶液的酸度、浓度及胶体的保护等。

阅读材料　人体肾结石的成因

肾结石（calculus of kidney）指发生于肾盏、肾盂及肾盂与输尿管连接部的结石。多数位于肾盂、肾盏内，肾实质结石少见，平片显示肾区有单个或多个圆形、卵圆形或钝三角形致密影，密度高而均匀，边缘多光滑，但也有不光滑呈桑葚状。肾是泌尿系形成结石的主要部位，其他任何部位的结石都可以原发于肾脏，输尿管结石几乎均来自肾脏，而且肾结石比其他任何部位结石更易直接损伤肾脏，因此明确肾结石的形成原因，及早预防是非常必要的。

肾结石的形成过程是：某些因素造成尿中晶体物质浓度升高或溶解度降低，呈过饱和状态，析出结晶并在局部生长、聚集，最终形成结石，在这一过程中，尿晶体物质过饱和状态的形成和尿中结晶形成抑制物含量减少是最重要的两个因素。

一、尿晶体物质过饱和状态的形成

过饱和状态的形成见于尿量过少，尿中某些物质的绝对排泄量过多，如钙、草酸、尿酸、胱氨酸和磷酸盐等；尿 pH 变化，尿 pH 下降（＜5.5）时，尿酸溶解度下降；尿 pH 升高时，磷酸钙、磷酸铵镁和尿酸钠溶解度下降；尿 pH 变化对草酸钙饱和度影响不大。有时过饱和状态是短暂的，可由短时间内尿量减少或餐后某些物质尿排量一过性增多所致，故测定 24h 尿量及某些物质尿排量不能帮助判断是否存在短暂的过饱和状态。

二、尿中结晶形成抑制物含量减少

正常尿液中含有某些物质能抑制结晶的形成和生长，如焦磷酸盐抑制磷酸钙结晶形成；黏蛋白和枸橼酸则抑制草酸钙结晶形成，尿中这类物质减少时就会形成结石。

同质成核指一种晶体的结晶形成，以草酸钙为例，当出现过饱和状态时这两种离子形成结晶，离子浓度越高，结晶越多、越大，较小结晶体外表的离子不断脱落，研究提示只有当含 100 个以上离子的结晶才有足够的亲和力使结晶体外表离子不脱落，结晶得以不断增长，此时所需离子浓度低于结晶刚形成时。异质成核指如两种结晶体形状相似，则一种结晶能作为核心促进另一种结晶在其表面聚集，如尿酸钠结晶能促进草酸钙结晶形成和增长，尿中结晶形成后如停留在局部增长则有利于发展为结石，很多结晶和小结石可被尿液冲流而排出体外，当某些因素如局部狭窄、梗阻等导致尿流被阻断或缓慢时，有利于结石形成。

三、尿液中其他成分对结石形成的影响

（1）尿 pH　尿 pH 改变对肾结石的形成有重要影响，尿 pH 降低有利于尿酸结石和胱氨酸结石形成；而 pH 升高有利于磷酸钙结石（pH＞6.6）和磷酸铵镁结石（pH＞7.2）形成。

（2）尿量　尿量过少则尿中晶体物质浓度升高，有利于形成过饱和状态，约见于 26％肾结石患者，且有 10％患者除每日尿量少于 1L 外无任何其他异常。

（3）镁离子　镁离子能抑制肠道草酸的吸收以及抑制草酸钙和磷酸钙在尿中形成结晶。

（4）枸橼酸　能显著增加草酸钙的溶解度。

（5）低枸橼酸尿　枸橼酸与钙离子结合而降低尿中钙盐的饱和度，抑制钙盐发生结晶，尿中枸橼酸减少，有利于含钙结石尤其是草酸钙结石形成，低枸橼酸尿见于任何酸化状态，如肾小管酸中毒，慢性腹泻，胃切除术后，噻嗪类利尿药引起低钾血症（细胞内酸中毒），摄入过多动物蛋白以及尿路感染（细菌分解枸橼酸）。另有一些低枸橼酸尿病因不清楚，低枸橼酸尿可作为肾结石患者的唯一生化异常（10％）或与其他异常同时存在（50％）。

四、尿路感染

持续或反复尿路感染可引起感染性结石，含尿素分解酶的细菌如变形杆菌、某些克雷白杆菌、沙雷菌、产气肠杆菌和大肠杆菌，能分解尿中尿素生成氨，使尿 pH 升高，促使磷酸铵镁和碳酸磷石处于过饱和状态。另外，感染时的脓块和坏死组织等也促使结晶聚集在其表面形成结石。在一些肾脏结构异常的疾病如异位肾、多囊肾、马蹄肾等，可由于反复感染及尿流不畅而发生肾结石。

五、饮食与药物

饮用硬化水；营养不良、缺乏维生素 A 可造成尿路上皮脱落，形成结石核心；服用氨苯蝶啶（作为结石基质）和醋唑磺胺（乙酰唑胺），另外约 5％肾结石患者不存在任何生化异常，其结石成因不清楚。

本 章 小 结

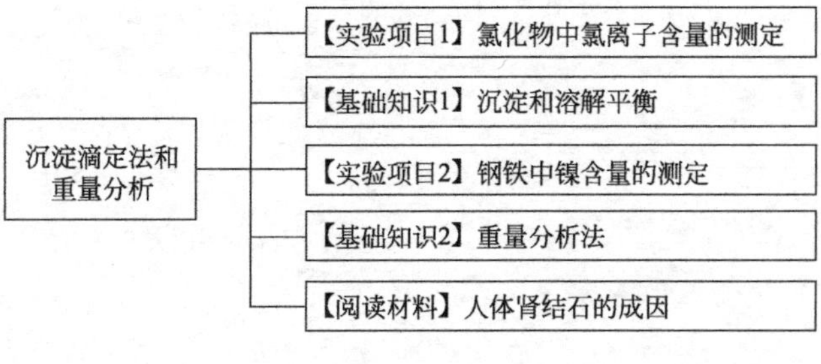

课后习题

1. 简答题

(1) 莫尔法测定氯离子时，为什么溶液的 pH 需控制在 6.5～10.5?

(2) 以 K_2CrO_4 作指示剂时，指示剂浓度过大或过小对测定有何影响?

(3) 银量法可以分为哪些方法? 分类依据是什么?

(4) 莫尔法测定氯离子时为什么要充分摇动锥形瓶?

2. 选择题

(1) 下面关于重量分析法不正确的操作是（　　）。

A. 过滤时，漏斗的颈应贴着烧杯内壁，使滤液沿杯壁流下，不致溅出。

B. 沉淀的灼烧是在洁净并预先经过两次以上灼烧至恒重的坩埚中进行。

C. 坩埚从电炉中取出后应立即放入干燥器中。

D. 灼烧空坩埚的条件必须与以后灼烧沉淀时的条件相同。

(2) 在重量法测定硫酸根实验中，恒重要求两次称量的绝对值之差为（　　）。

A. 0.2～0.4g　　B. 0.2～0.4mg　　C. 0.02～0.04g　　D. 0.02～0.04mg

(3) 用 SO_4^{2-} 沉淀 Ba^{2+} 时，加入过量的 SO_4^{2-} 可使 Ba^{2+} 沉淀更加完全，这是利用（　　）。

A. 络合效应　　B. 同离子效应　　C. 盐效应　　D. 酸效应

(4) 莫尔法能用于测定的组分是（　　）。

A. F^-　　B. Br^-　　C. I^-　　D. SCN^-

(5) 佛尔哈德法的滴定剂是（　　），指示剂是（　　）。

A. NH_4SCN　　B. $AgNO_3$　　C. Fe^{3+}　　D. Fe^{2+}

(6) 佛尔哈德法的滴定介质是（　　）。

A. HCl　　B. HNO_3　　C. H_2SO_4　　D. HAc

(7) 洗涤 $Fe(OH)_3$ 沉淀应选择稀（　　）作洗涤剂。

A. $NH_3 \cdot H_2O$　　B. H_2O　　C. NH_4Cl　　D. NH_4NO_3

3. 写出下列微溶化合物在纯水中的溶度积表达式。

$AgCl$、Ag_2S、CaF_2、Ag_2CrO_4

4. 已知下列各难溶电解质的溶解度，计算它们的溶度积。

(1) CaC_2O_4 的溶解度为 $5.07\times10^{-5}mol \cdot L^{-1}$；

(2) PbF_2 的溶解度为 $2.1\times10^{-3}mol \cdot L^{-1}$；

(3) 每升碳酸银饱和溶液中含 Ag_2CO_3 0.035g。

第四章

氧化还原滴定法

知识目标

1. 了解氧化还原滴定过程中的电极电位和离子浓度的变化规律及其计算方法
2. 掌握高锰酸钾法、重铬酸钾法和碘量法的原理、滴定条件和应用范围
3. 掌握氧化还原滴定分析结果的计算

能力目标

1. 能解释氧化还原滴定曲线的滴定突跃
2. 能正确选择、使用指示剂
3. 能解释氧化还原滴定条件
4. 能应用氧化还原滴定法测定实际试样，给出正确分析结果

生活常识　血　糖

血液中的糖称为血糖，绝大多数情况下都是葡萄糖。体内各组织细胞活动所需的能量大部分来自葡萄糖，所以血糖必须保持一定的水平才能维持体内各器官和组织的需要。正常人在清晨空腹血糖浓度为80～120mg/dL，空腹血糖浓度超过130mg/dL称为高血糖。如果血糖浓度超过160～180mg/dL，就有一部分葡萄糖随尿排出，这就是糖尿。血糖浓度低于70mg/dL称为低血糖。

实验项目1　水中溶解氧的测定

【任务描述】

掌握水中溶解氧的测定原理和测定方法。

【教学器材】

溶解氧瓶（250mL）、锥形瓶（250mL）、碱式滴定管（50mL）、移液管（50mL）、吸耳球。

【教学药品】

水样、0.01mol·L^{-1} $Na_2S_2O_3$、340g·L^{-1} $MnSO_4$、1∶1 H_2SO_4 溶液、10g·L^{-1}淀粉指示液（新鲜配制）、碱性碘化钾溶液（35g NaOH 和 KI 溶于 50mL 水中，保存在棕色瓶中）。

【组织形式】

在教师指导下，每位同学根据实验步骤独立完成实验。

【注意事项】

（1）离心机工作时千万不能打开盖子；

（2）注意强酸、强碱的腐蚀性；

（3）溶解氧测定过程一般在取样现场进行，若取样后的试样需要带回实验室进行测定，应避光保存并且在 24h 内测定。

【实验步骤】

一、0.01mol·L^{-1} $Na_2S_2O_3$ 标准溶液配制与标定

二、溶解氧的固定

水样取好后，用细尖头的移液管向盛有试样的溶解氧瓶中，加入 1mL 340g·L^{-1} $MnSO_4$溶液和 2mL 碱性 KI 溶液（试剂应加入液面以下），小心盖上瓶盖，避免将空气泡带入。颠倒转动几次溶解氧瓶，使内部组分充分混合，静止沉淀至少 5min，再重新颠倒混合，保证混合均匀。

三、游离 I_2

将游离出 I_2后的瓶内组分或其部分体积转移到烧杯或锥形瓶中，用 0.01mol·L^{-1} $Na_2S_2O_3$ 标准溶液滴定至溶液呈淡黄色，临近终点时，加 1mL 10g·L^{-1}淀粉指示液，继续滴定至溶液由蓝色变无色，即为终点。根据 $Na_2S_2O_3$ 标准溶液的消耗量，计算水中溶解氧的质量浓度（结果以 mg·L^{-1}表示）。

平行测定结果的算术平均值作为测定结果，平行测定结果的相对偏差不大于 2%。

【任务解析】

溶解在水中的分子态氧称为**溶解氧**，用 DO 表示，它以每升水中氧气的毫克数表示。水中溶解氧量是水质重要指标之一，其含量高低与大气中氧的平衡、温度、气压、盐分有关。通常未受污染水质的溶解氧在 8～9mg·L^{-1}间，当水体受到有机、无机还原性物质（如硫化物、亚硝酸根、亚铁离子等）污染后，溶解氧下降，会造成鱼类呼吸困难，再低甚至会造成鱼类窒息死亡。溶解氧是水体污染程度的综合指标，污水中溶解氧的含量取决于污水排出前的工艺过程。

上述实验采用锰盐-碘量法测定溶解氧：

$$Mn^{2+} + 2OH^- \xlongequal{\quad} Mn(OH)_2 \downarrow (白色)$$

$$2Mn(OH)_2 + O_2 \xlongequal{\quad} 2MnO(OH_2) \downarrow (棕色)$$

$$2I^- + MnO(OH)_2 + 4H^+ = I_2 + Mn^{2+} + 3H_2O$$

$$I_2 + 2S_2O_3^{2-} = 2I^- + S_4O_6^{2-}$$

在KI碱性溶液中，Mn^{2+}首先生成$Mn(OH)_2$白色沉淀，然后被水中溶解的O_2氧化后，继而定量转化为Mn^{4+}，形成$2MnO(OH)_2$白色沉淀。

【想一想】 1. 所取水样为什么不能与空气接触？如何操作才能避免与空气接触？

2. 碘量法测定溶解氧的原理是什么？淀粉指示液为什么不能在滴定开始就加入？

基础知识1　氧化还原滴定基本原理

氧化还原滴定法是应用十分广泛的滴定分析法之一，可用于无机物和有机物含量的直接或间接测定。根据所用的氧化剂和还原剂不同，可将氧化还原滴定法分为高锰酸钾法、重铬酸钾法、碘量法等。

氧化还原滴定中，随着标准溶液的不断滴入，氧化型和还原型的浓度不断发生改变，体系的电势也不断发生变化。通常是以加入滴定剂的体积或百分数为横坐标，以反应电对的电极电势为纵坐标所绘制的曲线称为氧化还原滴定曲线（见图4-1）。

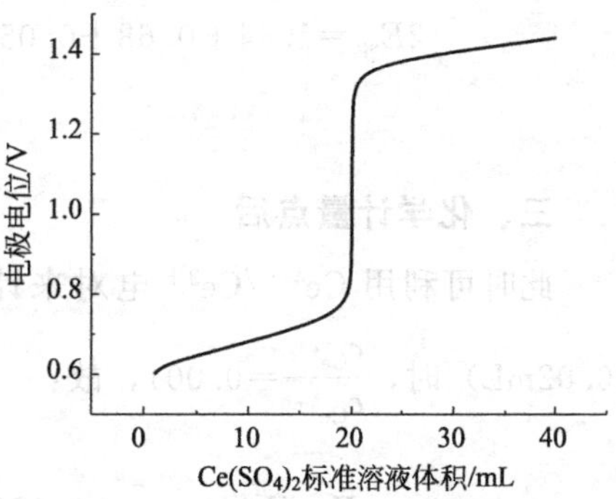

图4-1　Ce^{4+}测定Fe^{2+}滴定曲线

对于不可逆的氧化还原体系，测定曲线通过实验方法测得，理论计算与实验值相差较大；对于可逆氧化还原体系，可根据能斯特公式由理论计算得出氧化还原滴定曲线。

下面以0.1000mol·L^{-1} $Ce(SO_4)_2$溶液滴定在1mol·L^{-1} H_2SO_4介质中的20.00mL 0.1000mol·L^{-1}的$FeSO_4$溶液为例说明滴定曲线的理论计算方法，滴定反应为：

$$Ce^{4+} + Fe^{2+} \xrightleftharpoons[1mol \cdot L^{-1}]{H_2SO_4} Ce^{3+} + Fe^{3+}$$

该滴定反应的两个电对在1mol·L^{-1} H_2SO_4介质中的条件电极电势分别为：

$$Ce^{4+} + e^- \longrightarrow Ce^{3+} \qquad E^{\ominus\prime}_{Ce^{4+}/Ce^{3+}} = 1.44V$$

$$Fe^{3+} + e^- \longrightarrow Fe^{2+} \qquad E^{\ominus\prime}_{Fe^{3+}/Fe^{2+}} = 0.68V$$

在滴定过程中，每加入一滴滴定剂，反应很快达到新的平衡，两个电对的电极电位是相等的。因此，可以根据计算的方便，选择某一电对来计算体系的电极电位值。

$$E = E^{\ominus\prime}_{Fe^{3+}/Fe^{2+}} + 0.059\lg\frac{c_{Fe^{3+}}}{c_{Fe^{2+}}}$$

$$= E^{\ominus\prime}_{Ce^{4+}/Ce^{3+}} + 0.059\lg\frac{c_{Ce^{4+}}}{c_{Ce^{3+}}}$$

一、滴定开始至化学计量点前

该阶段加入的Ce^{4+}几乎全部反应生成Ce^{3+}，未反应的Ce^{4+}浓度极少，不易直接求得，利用被测物Fe^{3+}/Fe^{2+}电对的能斯特方程式计算滴定曲线比较方便。

当加入 19.98mL 的 Ce^{4+} 标准溶液时：$\frac{c_{Fe^{3+}}}{c_{Fe^{2+}}}=\frac{19.98}{0.02}=999$

$$E=E^{\ominus\prime}_{Fe^{3+}/Fe^{2+}}+0.059\lg\frac{c_{Fe^{3+}}}{c_{Fe^{2+}}}=0.68+0.059\lg999=0.86V$$

二、化学计量点时

滴定到化学计量点时，溶液中 Ce^{4+} 和 Fe^{2+} 的浓度都极小，均不易直接求得，故不便直接利用反应电对的能斯特方程式计算化学计量点的电极电势。但根据滴定反应的计量关系知道，此时 $c_{Ce^{4+}}=c_{Fe^{2+}}$、 $c_{Ce^{3+}}=c_{Fe^{3+}}$，所以电极电势可以分别表示为：

$$E=E^{\ominus\prime}_{Ce^{4+}/Ce^{3+}}+0.059\lg\frac{c_{Ce^{4+}}}{c_{Ce^{3+}}}=1.44+0.059\lg\frac{c_{Ce^{4+}}}{c_{Ce^{3+}}}$$

$$E=E^{\ominus\prime}_{Fe^{3+}/Fe^{2+}}+0.059\lg\frac{c_{Fe^{3+}}}{c_{Fe^{2+}}}=0.68++0.059\lg\frac{c_{Fe^{3+}}}{c_{Fe^{2+}}}$$

将以上两式相加，整理后得到：

$$2E_{sp}=1.44+0.68+0.059\lg\frac{c_{Ce^{4+}}c_{Fe^{3+}}}{c_{Ce^{3+}}c_{Fe^{2+}}}=2.12+0.059\lg1=2.12(V)$$

$$E_{sp}=1.06V$$

三、化学计量点后

此时可利用 Ce^{4+}/Ce^{3+} 电对来计算电位值。例如，当加入过量 0.1% Ce^{4+}（即加入 20.02mL）时，$\frac{c_{Ce^{4+}}}{c_{Ce^{3+}}}=0.001$，故：

$$E=E^{\ominus\prime}_{Ce^{4+}/Ce^{3+}}+0.059\lg\frac{c_{Ce^{4+}}}{c_{Ce^{3+}}}=1.44+0.059\lg10^{-3}=1.26V$$

化学计量点前后电位突跃的位置由 Fe^{2+} 剩余 0.1% 和 Ce^{4+} 过量 0.1% 时两点的电极电位所决定，即电位突跃范围为 0.86～1.26V。

氧化还原反应滴定突跃的大小取决于反应中两电对的电极电位值的差，相差越大，突跃越大。根据滴定突跃的大小可选择指示剂。

按上述方法将不同滴定点所计算的电极电位值列于表 4-1 中，并绘制滴定曲线，如图 4-1 所示。

表 4-1 以 0.1000mol·L⁻¹ $Ce(SO_4)_2$ 标准溶液滴定 20.00mL 的 0.1000mol·L⁻¹ $FeSO_4$ 溶液时电极电位的变化

加入 $Ce(SO_4)_2$ 标准溶液的体积/mL	滴定分数/%	c_{Ox}/c_{Red}	电极电位/V
		$c_{Fe(Ⅲ)}/c_{Fe(Ⅱ)}$	
1.00	5	0.0526	0.60
1.80	9	0.1	0.62
4.00	20	0.25	0.64
10.00	50	1	0.68
18.20	91	10	0.74
19.80	99	100	0.80
19.98	99.9	1000	0.86
20.00	100		1.06

续表

加入 $Ce(SO_4)_2$ 标准溶液的体积/mL	滴定分数/%	c_{Ox}/c_{Red}	电极电位/V
		$c_{Ce(IV)}/c_{Ce(III)}$	
20.02	100.1	0.001	1.26
20.20	101	0.01	1.32
22.00	110	0.1	1.38
40.00	200	1	1.44

从表 4-1 可以看出：对于可逆、对称的氧化还原电对，滴定分数为 50%处的电位就是还原剂（Fe^{2+}）的条件电极电位；滴定分数为 200%的电位就是氧化剂（Ce^{4+}）的条件电极电位。Ce^{4+} 滴定 Fe^{2+} 的反应，两电对电子转移数为 1，在该体系中化学计量点的电位（1.06V）正好处于滴定突跃的中间，化学计量点前后的曲线基本对称。

【想一想】 氧化还原反应滴定突跃范围的影响因素是什么？

基础知识 2　碘量法

一、基本原理

碘量法是利用 I_2 的氧化性和 I^- 的还原性来进行滴定的方法。

$$I_2 + 2e^- \longrightarrow 2I^- \qquad E^\ominus = 0.535V$$

由于固体 I_2 在水中溶解度很小（$0.00133mol \cdot L^{-1}$），通常将 I_2 溶解在 KI 溶液中，形成 I_3^-（为方便起见，一般简写为 I_2）：

$$I_3^- + 2e^- \longrightarrow 3I^- \qquad E^\ominus = 0.535V$$

I_2 是一较弱的氧化剂，以 I_2 为滴定剂，能直接滴定一些较强的还原剂[Sn(Ⅱ)、Sb(Ⅲ)、As_2O_3、S^{2-}]，如：

$$I_2 + SO_2 + 2H_2O \longrightarrow 2I^- + SO_4^{2-} + 4H^+$$

这种方法称为**直接碘量法**。由于 I_2 的氧化能力不强，能被 I_2 氧化的物质有限，而且受溶液中 H^+ 浓度的影响较大，所以直接碘量法的应用受到一定的限制。

I^- 为一中等强度的还原剂，能被一般氧化剂（$K_2Cr_2O_7$、$KMnO_4$、H_2O_2、KIO_3 等）氧化而析出 I_2，例如：

$$2MnO_4^{2-} + 10I^- + 16H^+ \longrightarrow 2Mn^{2+} + 5I_2 + 8H_2O$$

析出的 I_2 可用 $Na_2S_2O_3$ 标准溶液滴定：

$$I_2 + 2S_2O_3^{2-} \longrightarrow 2I^- + S_4O_6^{2-}$$

这种方法称为**间接碘量法**。凡能与 KI 作用定量地析出 I_2 的氧化性物质及能与过量 I_2 在碱性介质中作用的有机物质，都可用间接碘量法测定。

间接碘量法的基本原理为：

$$2I^- - 2e^- \longrightarrow I_2$$

$$I_2 + 2S_2O_3^{2-} \longrightarrow 2I^- + S_4O_6^{2-}$$

应该注意，I_2 和 $Na_2S_2O_3$ 的反应必须在中性或弱酸性溶液中进行。因为在碱性溶液中，会同时发生如下反应：

$$Na_2S_2O_3+4I_2+10NaOH \longrightarrow 2Na_2SO_4+8NaI+5H_2O$$

在较强的碱性溶液中，I_2 会发生如下歧化反应，给测定带来误差：

$$3I_2+6OH^- \longrightarrow IO_3^-+5I^-+3H_2O$$

碘量法的优点：指示剂用淀粉，或者 I_2 可作为自身指示剂。

碘量法的缺点：①I_2易挥发，不易保存；②I_2 易发生歧化反应，滴定时需控制酸度；③I^-易被 O_2 氧化。

二、滴定条件

在碘量法中，为了消除误差，获得准确结果，必须注意以下滴定条件：

（1）酸度　酸度应控制在中性或弱酸性。

（2）防止 I_2 的挥发　在 I_2 析出后，立即用 $Na_2S_2O_3$ 滴定，不能放置过久，且滴定应在室温下（一般低于 30℃）的碘量瓶中进行，并防止剧烈振荡；必须要加入过量的 KI（比理论量大 2～3 倍），降低 I_2 的挥发。

（3）避免阳光直射　光照会促进 I^- 被空气氧化，也会促进 $Na_2S_2O_3$ 的分解，因此要避免阳光直接照射。

三、碘量法的应用

（1）测定 H_2S 或 S^{2-}（直接滴定法）　在弱酸性溶液中，I_2 能氧化 H_2S 或 S^{2-}：

$$H_2S+I_2 \longrightarrow S\downarrow+2H^++2I^-$$

以淀粉作为指示剂，用标准溶液滴定 H_2S。

（2）Cu 合金中铜含量的测定（间接滴定法）　在弱酸性溶液中，铜与过量的 KI 作用析出相应量的 I_2，用 $Na_2S_2O_3$ 标准溶液滴定析出的 I_2，即可求出铜的含量：

$$2Cu^{2+}+4I^- \longrightarrow 2CuI+I_2$$

$$I_2+I^- \longrightarrow I_3^-$$

$$I_2+2S_2O_3^{2-} = 2I^-+S_4O_6^{2-}$$

加入过量 KI，使 Cu^{2+} 的还原趋于完全。由于 CuI 沉淀强烈地吸附 I_2，使测定结果偏低，故在近终点时，加入适量 KSCN，使 CuI 转化为溶解度更小的 CuSCN，转化过程中释放出 I_2，反应生成的 I^- 又可以利用，这样就可以使用较少的 KI 而使反应进行得更完全。其反应式如下：

$$CuI+KSCN \longrightarrow CuSCN+KI$$

（3）某些有机物的测定（返滴定法）　碘量法在有机分析中应用广泛，凡是能被碘直接氧化的物质，只要有足够快的反应速率，就可以用碘量法直接测定。例如，维生素 C（抗坏血酸）、巯基乙酸、四乙基铅、安乃近等均可以用 I_2 标准溶液直接滴定。

【想一想】 碘量法的基本原理是什么？有什么优缺点？

实验项目 2　污水或废水中化学需氧量的测定

【任务描述】

通过实验掌握污水或废水中化学需氧量的测定原理和方法。

【教学器材】

500mL 全玻璃回流装置（见图 4-2）、加热装置（电炉或电热板）、酸式滴定管（50mL）、锥形瓶（250mL）、移液管（50mL）、容量瓶（250mL）等。

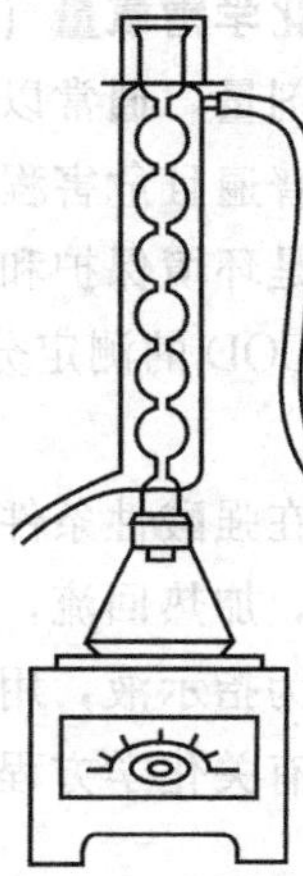

图 4-2　COD 测定回流装置

【教学药品】

重铬酸钾标准溶液 [$c(1/6K_2Cr_2O_7)$ = 0.2500mol · L^{-1}]、硫酸亚铁铵标准溶液 [$c(NH_4)_2Fe(SO_4)_2$ = 0.1mol · L^{-1}，已标定]、Ag_2SO_4-H_2SO_4 溶液（75mL H_2SO_4 中含有 1g Ag_2SO_4）、15g · L^{-1} 试亚铁灵指示剂。

【组织形式】

两名同学一组，在教师指导下根据实验步骤协作完成实验。

【注意事项】

（1）水样中加酸时，应慢加、摇匀后再进行回流。

（2）每次实验时，应对硫酸亚铁铵标准滴定溶液进行标定，室温较高时尤其注意其浓度的变化。

【实验步骤】

一、氧化有机质

取 20.0mL 混合均匀的水样（体积为 V_0）置于 250mL 磨口的回流锥形瓶中，准确加入 10.00mL 的 $c(1/6K_2Cr_2O_7)$ = 0.2500mol · L^{-1} 标准溶液以及数粒小玻璃珠或沸石，连接磨口回流冷凝管，再从冷凝管上口慢慢加入 30mL Ag_2SO_4-H_2SO_4 溶液，轻轻摇动锥形瓶使溶液混匀，加热回流 2h（自开始沸腾时计时），冷却，用水冲洗冷凝管内壁，并入锥形瓶中。

二、剩余氧化剂的测定

从回流装置上取下锥形瓶，用水稀释至 140mL 左右，加入 2～3 滴 15g · L^{-1} 试亚铁灵指示剂，用 0.1mol · L^{-1} $(NH_4)_2Fe(SO_4)_2$ 标准溶液滴定到试液由黄色经蓝绿色至红褐色即为终点，记录硫酸亚铁铵标准溶液的用量 V_2。

同时做空白试验（取 50mL 水如上法进行对应操作），此时消耗的 $(NH_4)_2Fe(SO_4)_2$ 的体积记为 V_1。

三、实验数据处理

$$\text{COD}=\frac{c\ (V_1-V_2)\ \times 8000}{V_0}$$

式中　c——硫酸亚铁铵标准溶液的浓度，mol · L^{-1}；

V_1——滴定空白时硫酸亚铁铵标准溶液的用量，mL；

V_2——滴定水样时硫酸亚铁铵标准溶液的用量，mL；

V_0——水样的体积，mL；

COD——处理水样的化学需氧量，mg · L^{-1}；

8000——氧(1/2O) 摩尔质量，mg · mol^{-1}。

平行测定结果的算术平均值作为测定结果，平行测定结果的相对偏差不大于 4.0%。

【任务解析】

化学需氧量（COD）是指在一定的条件下，采用一定的强氧化剂处理水样时，所消耗的氧化剂量，通常以相应的氧量（单位为 $mg \cdot L^{-1}$）来表示。由于水体受有机质污染的倾向较为普遍且危害程度严重，因此 COD 是表示水体或污水的污染程度的重要综合性指标之一，是环境保护和水质控制中经常需要测定的项目。

COD 的测定分为酸性高锰酸钾法、碱性高锰酸钾法和重铬酸钾法，本实验采用重铬酸钾法。

在强酸性条件下，向被测水样中加入准确过量的 $K_2Cr_2O_7$ 标准溶液，以 Ag_2SO_4 为催化剂，加热回流，将水样中的还原性物质（主要为有机物）氧化，过量的 $K_2Cr_2O_7$ 以试亚铁灵为指示液，用 $(NH_4)_2Fe(SO_4)_2$ 标准溶液回滴，滴定终点试液呈试亚铁灵-Fe 的红褐色，有关化学方程式如下：

$$Cr_2O_7^{2-} + 6Fe^{2+} + 14H^+ = 2Cr^{3+} + 6Fe^{3+} + 7H_2O$$

$K_2Cr_2O_7$ 法的优点：

① $K_2Cr_2O_7$ 易提纯，含量达 99.99%，在 120℃干燥至恒重后，可直接称量配制标准溶液。

② $K_2Cr_2O_7$ 溶液非常稳定，保存在密闭容器中，其浓度可长期不变。

$K_2Cr_2O_7$ 法的缺点：

① 自身不能作为指示剂，常用二苯胺磺酸钠。

② 六价铬是致癌物，废水污染环境，应加以处理。

【想一想】 1. 水样加入时，为什么必须慢加、摇匀后才能进行回流？

2. 测定水样的 COD_{Cr} 时，加入 Ag_2SO_4 的作用是什么？

基础知识 3 重铬酸钾法

一、基本原理

$K_2Cr_2O_7$ 是一种较强的氧化剂，能测定许多无机物和有机物。在酸性条件下与还原剂作用，$Cr_2O_7^{2-}$ 被还原成 Cr^{3+}：

$$Cr_2O_7^{2-} + 14H^+ + 6e^- \longrightarrow 2Cr^{3+} + 7H_2O \qquad E^{\ominus} = 1.33V$$

二、重铬酸钾法的特点

① 重铬酸钾法只能在酸性条件下使用。

② $K_2Cr_2O_7$ 易于提纯，是基准物质，可以直接准确称取一定质量干燥纯净的 $K_2Cr_2O_7$ 准确配制成一定浓度的标准溶液。

③ $K_2Cr_2O_7$ 溶液相当稳定，只要保存在密闭容器中，浓度可长期保持不变。

④ 不受 Cl^- 还原作用的影响，可在盐酸溶液中进行滴定。

⑤ $K_2Cr_2O_7$ 的还原产物 Cr^{3+} 呈绿色，终点时无法辨别出过量的 $K_2Cr_2O_7$ 的黄色，因而需加入指示剂，常用二苯胺磺酸钠作指示剂。

三、重铬酸钾法的应用

（1）铁的测定（直接滴定法）　$K_2Cr_2O_7$ 法常用于测定铁，是铁矿石中全铁量测定的标准溶液。

$$Fe_2O_3^{2-}+6H^+ \longrightarrow 2Fe^{3+}+3H_2O$$

$$2Fe^{3+}+Sn^{2+}(过量) \longrightarrow 2Fe^{2+}+Sn^{4+}$$

$$Cr_2O_7^{2-}+6Fe^{2+}+14H^+ \longrightarrow 2Cr^{3+}+6Fe^{3+}+7H_2O$$

铁矿石用 HCl 溶解后，加入还原剂将 Fe^{3+} 被还原成 Fe^{2+}，在 H_2SO_4-H_3PO_4 的混合酸介质中，以二苯胺磺酸钠为指示剂，以 $K_2Cr_2O_7$ 标准溶液滴定，溶液由浅绿色变成紫色或紫蓝色即为终点。H_2SO_4 的作用是调节足够的酸度，H_3PO_4 的作用使 Fe^{3+} 生成无色稳定的 $Fe(PO_4)_2^{3-}$，掩蔽 Fe^{3+} 的黄色，有利于终点的观察；Fe^{3+} 生成 $Fe(PO_4)_2^{3-}$，降低了 Fe^{3+}/Fe^{2+} 电对的条件电极电位，相当于扩大了滴定突跃范围，减少滴定误差。

（2）化学需氧量的测定 COD_{Cr}　见实验项目2。

【想一想】　重铬酸钾法的基本原理是什么？有什么优缺点？

实验项目 3　药片、水果中维生素 C 含量的测定

【任务描述】

（1）通过实验了解直接碘量法测定维生素 C 含量的原理，掌握其方法。

（2）复习巩固溶液配制及滴定操作。

【教学器材】

钵体、榨汁器、电子分析天平、锥形瓶（250mL）、量筒、酸式滴定管（50mL）、移液管（25mL）、碘量瓶（250mL）。

【教学药品】

维生素 C 药片、富含维生素 C 的水果、0.05mol・L^{-1} $1/2I_2$ 标准溶液、10% H_2SO_4 溶液、0.5%淀粉指示液。

【组织形式】

两名同学一组，在教师指导下根据实验步骤协作完成实验。

【注意事项】

（1）由于维生素 C（Vc）的还原能力强而易被空气氧化，特别是在碱性溶液中更易被氧化，所以在测定中须保持足够的酸度，试液制备与滴定操作应迅速进行。

（2）必须用新煮沸过并冷却的蒸馏水溶解样品，目的是为了减少蒸馏水中的溶解氧。

【实验步骤】

一、药片中维生素 C 含量的测定

1. 试样溶解与试液制备

准确称取 10g 维生素 C 药片，研细、混匀后准确称取 0.2g 置于 250mL 锥形瓶中，加入 45mL 新煮沸并冷却的蒸馏水溶解，再加入 25mL 10% H_2SO_4 溶液，轻摇使之溶解、混匀。

2. 维生素 C 含量的测定

立即用 0.05mol·L^{-1} 1/2 I_2 标准溶液滴定上述溶液，近终点时，加 2mL 0.5%淀粉指示液，继续滴定至试液出现稳定的蓝色，30s 内不褪色，即为终点，记录消耗 I_2 标准溶液的体积。

二、水果中维生素 C 含量的测定

1. 汁液制备

准确称取适量维生素含量丰富的水果（柚子、橙子、橘子），去皮、榨汁、混匀，确定汁液容量（必要时外加容积稀释或过滤）。

2. 维生素 C 含量的测定

迅速分取上述汁液 25.0mL 于 250mL 碘量瓶中，用 20mL 新煮沸并冷却的蒸馏水洗涤量具，将洗液一并转入瓶中，加入 25mL 10% H_2SO_4 溶液，摇匀，立即用 $c(1/2I_2)$ = 0.05mol·L^{-1}标准溶液滴定，近终点时加入 2mL 0.5%淀粉指示液，滴定至溶液显稳定的蓝色，30s 内不褪色即为终点。平行滴定 3 次，计算维生素 C 的含量。

3. 实验数据记录与处理

项　目	试样 1	试样 2	试样 3
维生素 C 的质量/g			
滴定前液面读数/mL			
滴定后液面读数/mL			
$V(I_2)$/mL			
维生素 C 的含量/%			
维生素 C 的平均含量/%			

计算公式：

$$维生素C的含量=\frac{c(I_2)V(I_2)M(C_6H_8O_6)}{W(C_6H_8O_6)\times 1000}\times 100\%$$

式中　$c(I_2)$ ——标准溶液的浓度，mol·L^{-1}；

$V(I_2)$——滴定时所用 I_2 标准溶液的体积，mL；

$M(C_6H_8O_6)$——维生素 C 的摩尔质量，g·mol^{-1}；

$W(C_6H_8O_6)$——称取维生素 C 的质量，g。

【任务解析】

用 I_2 标准溶液可以直接测定维生素 C 等一些还原性的物质。维生素 C 分子中含有还原性的二烯醇基，能被 I_2 定量氧化成二酮基，反应式如下：

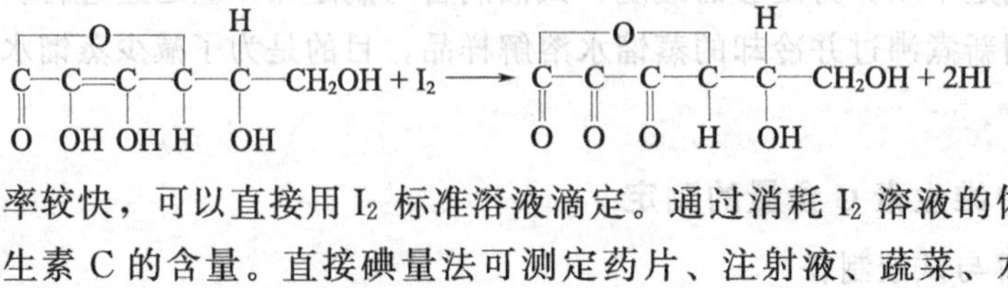

由于反应速率较快，可以直接用 I_2 标准溶液滴定。通过消耗 I_2 溶液的体积及其浓度即可计算试样中维生素 C 的含量。直接碘量法可测定药片、注射液、蔬菜、水果中维生素 C 的含量。

物质的量关系：$n(Vc)=n(I_2)$

即
$$\frac{m_{试样}Vc\%}{176}=c(I_2)V(I_2)\times10^{-3}$$

所以
$$Vc\%=\frac{0.176c(I_2)V(I_2)}{m_{试样}}$$

【查一查】 维生素C对人体起什么作用？哪些食品中维生素C含量丰富？

基础知识4　高锰酸钾法

一、基本原理

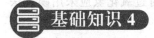

高锰酸钾滴定法是以高锰酸钾标准溶液作为滴定剂的一种氧化还原滴定法。$KMnO_4$ 在不同介质中的还原产物是不同的。

在强酸溶液中与还原剂作用，MnO_4^- 被还原为 Mn^{2+}：

$$MnO_4^-+8H^++5e^-\longrightarrow Mn^{2+}+4H_2O\qquad E^{\ominus}=1.51V$$

在弱酸性、中性或弱碱性溶液中，MnO_4^- 则被还原为 MnO_2：

$$MnO_4^-+2H_2O+3e^-\longrightarrow MnO_2+4OH^-\qquad E^{\ominus}=0.59V$$

在强碱溶液中，MnO_4^- 被还原为 MnO_4^{2-}：

$$MnO_4^-+e^-\longrightarrow MnO_4^{2-}\qquad E^{\ominus}=0.56V$$

$KMnO_4$ 氧化能力强，可直接或间接地测定多种无机物和有机物；在强碱条件下（大于 $2mol\cdot L^{-1}$ NaOH），$KMnO_4$ 与有机物反应比在酸性条件下更快，所以用 $KMnO_4$ 法测定有机物时，一般都在强碱性溶液中进行。

二、滴定条件

（1）温度　在室温下此反应的速度缓慢，因此应将溶液加热至75～85℃；但温度不宜过高，否则在酸性溶液中会使部分 $H_2C_2O_4$ 发生分解：

$$H_2C_2O_4\longrightarrow CO_2\uparrow+CO\uparrow+H_2O$$

（2）酸度　溶液保持足够的酸度，一般在开始滴定时，溶液的酸度约为 $0.5\sim1mol\cdot L^{-1}$。酸度不够时，往往容易生成 MnO_2 沉淀；酸度过高又会促使 $H_2C_2O_4$ 发生分解。

（3）滴定速度　先慢后快。

（4）指示剂　一般情况下，$KMnO_4$ 自身可作为滴定时的指示剂无需另加指示剂。但当 $KMnO_4$ 标准溶液浓度低于 $0.002mol\cdot L^{-1}$ 时，则需采用指示剂，如二苯胺磺酸钠或1,10-邻二氮菲-Fe(Ⅱ）来确定终点。

（5）滴定终点　高锰酸钾法滴定终点的确定，滴定时溶液中出现的粉红色如在0.5～1min内不褪色，就可以认为已经到达滴定终点。因为空气中的还原性物质及尘埃能使 $KMnO_4$ 缓慢分解。

三、高锰酸钾法的应用

$KMnO_4$ 法除了采用直接滴定法测定许多还原性物质，如 Fe^{2+}、As(Ⅲ)、Sb(Ⅲ)、W(Ⅴ)、U(Ⅳ)、H_2O_2、$Na_2C_2O_4$、$NaNO_2$ 等，还可以用返滴定法测定 MnO_2、PbO_2 等物质。此外，也可以通过 $KMnO_4$ 与草酸根离子反应间接测定一些非氧化还原性物质，如 Ca^{2+}、Th^{4+} 等。

1. H_2O_2 的测定（直接滴定法）

市售双氧水中过氧化氢含量的测定常采用高锰酸钾法，其反应方程式为：

$$2MnO_4^- + 5H_2O_2 + 6H^+ \longrightarrow 2Mn^{2+} + 5O_2\uparrow + 8H_2O$$

此反应在刚滴定开始时进行得比较慢，而后反应产生的 Mn^{2+} 可起催化作用，使以后的反应加速，也可以先加入少量 Mn^{2+} 为催化剂。

H_2O_2 试样若是工业产品，用高锰酸钾法测定不合适，因为产品中常加入少量的乙酰苯胺等有机化合物作稳定剂，滴定时也将被 $KMnO_4$ 氧化，引起误差，此时过氧化氢应采用碘量法或硫酸铈法进行测定。

2. 化学耗氧量(COD)的测定(返滴定法)

测定时在水样中加入 H_2SO_4 及一定量的 $KMnO_4$ 溶液，置沸水浴中加热，使其中的还原性物质氧化，剩余的 $KMnO_4$ 用定量且过量的 $Na_2C_2O_4$ 还原，再以 $KMnO_4$ 标准溶液返滴定过量的 $Na_2C_2O_4$，其主要反应为：

$$4MnO_4^- + 5C + 12H^+ \longrightarrow 4Mn^{2+} + 5CO_2\uparrow + 6H_2O$$

$$2MnO_4^- + 5C_2O_4^{2-} + 16H^+ \longrightarrow 2Mn^{2+} + 10CO_2\uparrow + 8H_2O$$

由于 Cl^- 对此有干扰，因而本法仅适用于地表水、地下水、饮用水和生活用水中的 COD 的测定，含较高 Cl^- 的工业废水应采用 $K_2Cr_2O_7$ 法测定。

3. Ca^{2+} 的测定(间接滴定法)

某些金属离子能与 $C_2O_4^{2-}$ 生成难溶草酸盐沉淀，如果将生成的草酸盐沉淀溶于酸中，然后用 $KMnO_4$ 标准溶液来滴定 $C_2O_4^{2-}$，就可间接测定这些金属离子。钙离子的测定就可采用此法，其主要反应如下：

$$Ca^{2+} + C_2O_4^{2-} \longrightarrow CaC_2O_4\downarrow$$

$$CaC_2O_4 + H^+ \longrightarrow C_2O_4^{2-} + Ca^{2+}$$

$$2MnO_4^- + 5C_2O_4^{2-} + 16H^+ \longrightarrow 2Mn^{2+} + 10CO_2\uparrow + 8H_2O$$

【想一想】 高锰酸钾法的基本原理是什么？有什么缺点？

基础知识 5 氧化还原反应指示剂

在氧化还原滴定中，通常是用指示剂来指示滴定终点的，氧化还原滴定中常用的指示剂有以下三类。

一、自身指示剂

有些标准溶液或被测的物质本身的颜色变化起着指示剂的作用。例如，以 $KMnO_4$ 标准溶液滴定 $FeSO_4$ 溶液：

$$MnO_4^- + 5Fe^{2+} + 8H^+ = Mn^{2+} + 5Fe^{3+} + 4H_2O$$

$KMnO_4$ 的浓度约为 $2\times10^{-6}mol\cdot L^{-1}$ 时，就可以观察到溶液的粉红色。

二、淀粉指示剂

可溶性淀粉与游离碘生成深蓝色配合物的反应是专属反应。

当 $I_2\rightarrow I^-$，蓝色消失；当 $I^-\rightarrow I_2$ 时，蓝色出现。

当 I_2 的浓度为 $2\times10^{-6}mol\cdot L^{-1}$ 时即能看到蓝色，反应极灵敏，因而淀粉是碘量法的专属指示剂。

三、氧化还原指示剂

一些重要的氧化还原指示剂的 $E_{In}^{\ominus\prime}/V$ 及颜色变化如表 4-2 所示。

表 4-2　一些重要的氧化还原指示剂的 $E_{In}^{\ominus\prime}/V$ 及颜色变化

指示剂	$E_{In}^{\ominus\prime}/V$ $[H^+]=1mol\cdot L^{-1}$	颜色变化	
		氧化态	还原态
亚甲基蓝	0.36	蓝	无色
二苯胺	0.76	紫	无色
二苯胺磺酸钠	0.84	紫红	无色
邻苯氨基苯甲酸	0.89	紫红	无色
邻二氮菲-亚铁	1.06	浅蓝	红
硝基邻二氮菲-亚铁	1.25	浅蓝	紫红

这类指示剂能发生氧化还原反应，氧化态和还原态具有不同的颜色，因而可指示氧化还原滴定终点。

随着滴定体系电位的改变，指示剂氧化态和还原态的浓度比也发生变化，因而使溶液的颜色发生变化。

【想一想】 氧化还原反应指示剂与酸碱指示剂有什么异同？

阅读材料　人体血糖的预防与控制

糖是我们身体必不可少的营养之一。人们摄入谷物、蔬果等，经过消化系统转化为单糖（如葡萄糖等）进入血液，运送到全身细胞，作为能量的来源。如果一时消耗不了，则转化为糖原储存在肝脏和肌肉中，肝脏可储糖 70～120g，约占肝重的 6%～10%。细胞所能储存的肝糖是有限的，如果摄入的糖分过多，多余的糖即转变为脂肪。

人类的大脑和神经细胞必须要糖来维持生存，必要时人体将分泌激素，把人体的某些部分（如肌肉、皮肤甚至脏器）摧毁，将其中的蛋白质转化为糖，以维持生存。像过去在图片上看到的那些难民个个骨瘦如柴，就是这个原因。

一、低血糖（血糖浓度低于 70mg/dL）

1. 低血糖的原因

(1) 降糖药物过度　胰岛素或磺脲类药治疗病人或新近饮酒者，即在治疗期间，患者原血糖较高，经用降糖药（尤其是胰岛素）后在短时间内血糖下降过快或下降幅度过大，出现低血糖症状，但测血糖仍在正常范围。糖尿病初期及应用降糖药的患者尤为明显。

(2) 严重饥饿　长期不给予摄食。

2. 危害

低血糖给患者带来极大的危害，轻者引起记忆力减退、反应迟钝，重者痴呆、昏迷，直至危及生命。部分患者诱发脑血管意外、心律失常及心肌梗塞。

3. 低血糖的预防

① 按时进食，生活规律；

② 不可随便增加药量；

③ 每次用胰岛素均应仔细核对剂量；

④ 运动量恒定；

⑤ 常测血糖；

⑥ 随身带糖果以备用。

二、高血糖（空腹血糖浓度超过 130mg/dL）

高血糖的预防措施如下：

① 不可随意停药；

② 按医护人员及营养师的指示进食；

③ 平日要注意血糖的控制，常检查血糖值；

④ 尽量避免出入公共场所，以防感染；

⑤ 如有恶心、呕吐或发烧时，不可任意停药，应立即求医诊治；

⑥ 找出高血糖发生之原因，避免下次再发生。

三、降血压、血糖食物

（1）蔬菜　有洋葱、南瓜、黄瓜、苦瓜。

（2）水果　有甜瓜、荔枝、柑、橘、李子、梨、石榴、猕猴桃。

本章小结

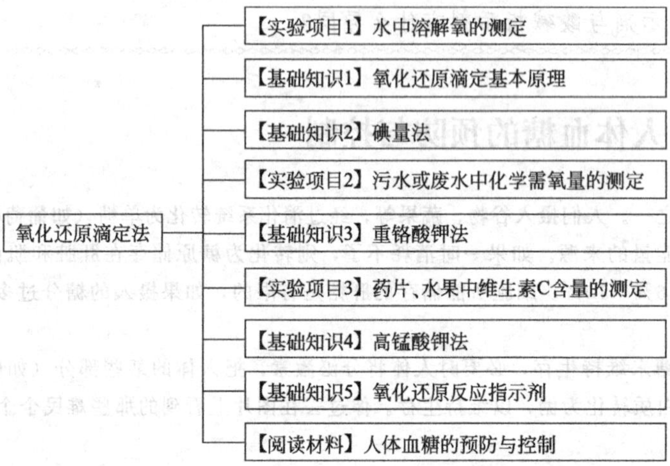

课后习题

1. 选择题

（1）在酸性介质中，用 $KMnO_4$ 溶液滴定草酸溶液，滴定应（　　）。

A. 在室温下进行　　B. 将溶液煮沸后即进行

C. 将溶液煮沸，冷至 80℃进行　　D. 将溶液加热到 70～80℃时进行

（2）在 $1mol \cdot L^{-1} H_2SO_4$ 溶液中，$E^{\ominus'}_{Ce^{4+}/Ce^{3+}}=1.44V$；$E^{\ominus'}_{Fe^{3+}/Fe^{2+}}=0.68V$；以 Ce^{4+} 滴定 Fe^{2+} 时，最适宜的指示剂为（　　）。

A. 二苯胺磺酸钠（$E^{\ominus'}_{In}=0.84V$）　　B. 邻苯氨基苯甲酸（$E^{\ominus'}_{In}=0.89V$）

C. 邻二氮菲-亚铁（$E^{\ominus'}_{In}=1.06V$）　　D. 硝基邻二氮菲-亚铁（$E^{\ominus'}_{In}=1.25V$）

（3）在氧化还原滴定法中，对于 1∶1 类型的反应，一般氧化剂和还原剂条件电位差值至少应大于

（　　），才可用氧化还原指示剂指示滴定终点。

A. 0.2V　B. 0.2～0.3V　C. 0.3～0.4V　D. 0.6V

(4) 重铬酸钾法与高锰酸钾法相比，其优点是（　　）。

A. 应用范围广　B. $K_2Cr_2O_7$ 溶液稳定　C. $K_2Cr_2O_7$ 无公害　D. $K_2Cr_2O_7$ 易于提纯

(5) 用碘量法测定 Cu^{2+} 时，加入 KI 是作为（　　）。

A. 氧化剂　B. 还原剂　C. 络合剂　D. 沉淀剂

(6) 配制 I_2 标准溶液时，是将 I_2 溶解在（　　）中。

A. 水　B. KI 溶液　C. HCl　D. KOH

(7) 间接碘量法中加入淀粉指示剂的适宜时间是（　　）。

A. 滴定开始前　B. 滴定开始后　C. 滴定至近终点时　D. 滴定至红棕色褪尽至无色

(8) 在间接碘量法中，滴定终点颜色变化时（　　）。

A. 蓝色恰好消失　B. 出现蓝色　C. 出现浅黄色　D. 黄色恰好消失

2. 简答题

(1) 酸碱滴定法和氧化还原滴定法的主要区别。

(2) 请设计两种滴定方法测定 Ca^{2+} 含量，试写出化学反应方程式，并注明反应条件。

3. 计算题

(1) 在 100mL 溶液中：①含有 1.158g $KMnO_4$；②含有 0.4900g $K_2Cr_2O_7$。问在酸性条件下作氧化剂时，$KMnO_4$ 和 $K_2Cr_2O_7$ 的浓度分别是多少（$mol \cdot L^{-1}$）？

(2) 计算 $1mol \cdot L^{-1}$ 的 HCl 溶液中 $c_{Ce^{4+}}=1.00\times10^{-2}mol \cdot L^{-1}$ 和 $c_{Ce^{3+}}=1.00\times10^{-3}mol \cdot L^{-1}$ 时 Ce^{4+}/Ce^{3+} 电对的电位。（已知 $\varphi^{\ominus\prime}_{Ce^{4+}/Ce^{3+}}=1.28V$）

(3) 称取含有 MnO_2 的试样 1.0000g，在酸性溶液中加入 0.4020g $Na_2C_2O_4$，其反应为：

$$MnO_2 + C_2O_4^{2-} + 4H^+ = Mn^{2+} + 2CO_2\uparrow + 2H_2O$$

过量的 $Na_2C_2O_4$ 用 $0.02000mol \cdot L^{-1}$ $KMnO_4$ 标准溶液进行滴定，到达滴定终点时消耗 20.00mL，计算试样中 MnO_2 的质量分数。

(4) 称取铁矿石试样 0.2000 g，用 $0.008400mol \cdot L^{-1}$ $K_2Cr_2O_7$ 标准溶液滴定，到达滴定终点时消耗 $K_2Cr_2O_7$ 溶液 26.78mL，计算 Fe_3O_4 的质量分数。

(5) 称取 0.5085g 某含铜试样，溶解后加入过量 KI，以 $0.1034mol \cdot L^{-1}$ $Na_2S_2O_3$ 溶液滴定释放出来的 I_2，耗去 27.16mL。试求该试样中 Cu^{2+} 的质量分数。[$M(Cu)=63.54$]

第五章

配位滴定法

知识目标

1. 了解 EDTA 的性质、EDTA 与金属离子形成配合物的特点
2. 掌握配位滴定法的基本原理
3. 了解金属指示剂的作用原理
4. 掌握提高配位滴定选择性的方法原理

能力目标

1. 能正确计算滴定不同金属离子的最小 pH、适宜的 pH 范围
2. 能正确使用金属指示剂
3. 会合理选择不同的配位滴定方法，测定不同金属离子

科学知识　配位化学的发展

1893 年瑞士化学家维尔纳（A. Werner）提出的配位化合物理论被视为化学历史上的重要里程碑，然而在很长时间内，建立在配位平衡基础上的配位滴定法并未得到很大发展。直到 1945 年后，化学家许伐巴赫（G. Schwazenbarch）提出了以乙二胺四乙酸（简称 EDTA）为代表的一系列羧基配位剂，配位化合物才得到迅速发展和广泛应用。目前，配位化学已经深入到了工业、农业、生命科学、自然科学等诸多领域。

实验项目　水样总硬度的测定

【任务描述】

(1) 学习 EDTA 标准溶液的标定方法；

(2) 掌握配位滴定法测定水的硬度的原理和方法；

(3) 了解铬黑 T 和钙指示剂的应用及金属指示剂的特点。

【教学器材】

锥形瓶（250mL）、酸式滴定管（50mL）、移液管（25mL）、烧杯（250mL）、容量瓶（250mL）、表面皿、量筒。

【教学药品】

$CaCO_3$ 基准物、0.01mol·L^{-1} EDTA 标准溶液、钙指示剂、铬黑 T 指示剂、盐酸(1∶1)、1mol·L^{-1} NaOH、NH_3-NH_4Cl 缓冲溶液。

【组织形式】

在教师指导下，每位同学根据实验步骤独立完成实验。

【注意事项】

(1) 钠与水反应非常剧烈，按要求切下绿豆大小即可，不可过多；

(2) EDTA 标准溶液应保存在聚乙烯瓶中；

(3) 测定钙、镁离子总量时，取水样的量应视水的硬度而定，硬度大可少取。

【实验步骤】

一、0.01mol·L^{-1} EDTA 标准溶液的标定

准确称取 0.2～0.25g $CaCO_3$ 于 250mL 烧杯中，先用少量水润湿，盖上表面皿，从杯嘴边滴加 HCl（1∶1）溶液至完全溶解（控制速度防止飞溅），转入 250mL 容量瓶中，用水稀释到刻度，摇匀。

移取 25.00mL 上述溶液于 250mL 锥形瓶中，加入约 25mL 蒸馏水、5mL 1mol·L^{-1} NaOH 溶液、约 0.1g 钙指示剂，用 EDTA 溶液滴定，滴至溶液由酒红色变纯蓝色，即为终点。记录消耗 EDTA 溶液的体积。平行滴定三次，同时做空白试验。

二、水中钙、镁离子总量的测定

吸取待测水样 50mL 于 250mL 锥形瓶中，加入三乙醇胺溶液（1∶2）3mL，摇匀后再加入 $NH_3 \cdot H_2O$-NH_4Cl 缓冲溶液 10mL 及少许铬黑 T 指示剂，摇匀，用 EDTA 标准溶液滴定至溶液由酒红色变纯蓝色，即为终点，平行滴定 3 份，同时做空白试验。

三、数据处理

1. EDTA 标准溶液的配制与标定

根据 Ca^{2+} 的质量和消耗 EDTA 标准溶液的体积，计算 EDTA 标准溶液的浓度（见表 5-1），并求出平均值。

$$c(\mathrm{EDTA})=\frac{m(\mathrm{CaCO_3})\times\frac{25}{250}}{M(\mathrm{CaCO_3})[V(\mathrm{EDTA})-V_0]}$$

式中 $M(\mathrm{CaCO_3})$——$CaCO_3$ 的摩尔质量，100.09g·mol^{-1}。

2. 水中钙、镁离子总量的测定

水中钙、镁离子总量的测定如表 5-2 所示。

表 5-1 EDTA（0.05mol·L⁻¹）标准溶液标定

项目＼测定次数		1	2	3
基准物称量	$m_{倾样前}$/g			
	$m_{倾样后}$/g			
	$m_{基准物}$/g			
滴定管初读数/mL				
滴定管终读数/mL				
滴定消耗 EDTA 体积/mL				
实际消耗 EDTA 体积/mL				
空白/mL				
c/mol·L^{-1}				
$\bar{c}$/mol·L^{-1}				
相对极差/%				

表 5-2 水中钙、镁离子总量的测定

c（EDTA）＝________ mol·L^{-1}

项目＼次数	1	2	3
V(水样)/mL			
EDTA 初读数/mL			
EDTA 终读数/mL			
V(EDTA)/mL			
V(空白)/mL			
ρ(CaO)/mg·L^{-1}			
ρ(CaO)平均值/mg·L^{-1}			
极差相对值/%			

水硬度按 CaO 含量（以 mg·L^{-1}计）表示，按下式计算：

$$\rho(\text{CaO})=\frac{c(\text{EDTA})[V(\text{EDTA})-V(\text{空白})]M(\text{CaO})\times 1000}{V(\text{水样})}$$

式中 ρ(CaO)——硬度以 CaO 计，mg·L^{-1}。

M(CaO)——CaO 的摩尔质量，56.08 g·mol^{-1}。

取平行测定结果的算术平均值为试样的含量。

3. 计算极差的相对值

$$极差相对值=\frac{\rho_{max}-\rho_{min}}{\bar{\rho}}\times 100\%$$

式中 ρ_{max}——最大测定值；

ρ_{min}——最小测定值；

$\bar{\rho}$——测定值的平均值。

【任务解析】

本实验采用 $CaCO_3$ 为基准物质标定 EDTA 标准溶液的浓度，将 $CaCO_3$ 溶解制成钙标准溶液，吸取一定量的钙标准溶液，调节 pH ≥12，用钙指示剂（用 InCl 表示），以 EDTA 标准溶液滴定至溶液由酒红色变为纯蓝色即为终点，其变色原理如下。

当用 EDTA 溶液滴定时，由于 EDTA 能与 Ca^{2+} 形成比 $CaInd^-$ 更稳定的配离子，因此在滴定终点附近，$CaInd^-$ 不断转化为较稳定的 CaY^{2-}，钙指示剂被游离出来，溶液的颜色也由酒红色变为纯蓝色，其反应如下：

$$\underset{\text{酒红色}}{CaInd^-} + H_2Y^{2-} + OH^- \rightleftharpoons \underset{\text{纯蓝色}}{CaY^{2-} + HInd^{2-}} + H_2O$$

水的总硬度通常是指水中 Ca^{2+}、Mg^{2+} 的总量，通常用水中 $CaCO_3$ 的含量（$mg \cdot L^{-1}$）或 CaO 的含量（$mg \cdot L^{-1}$）表示，即 1L 水中含有 10mg CaO 为 1°（$1° = 10mg \cdot L^{-1}$ CaO）。水的硬度是衡量生活用水和工业用水水质的一项重要指标。

总硬度的测定是以铬黑 T 为指示剂（用 In 表示），加入 NH_3-NH_4Cl 缓冲溶液控制溶液的酸度为 pH≈10，以 EDTA 标准溶液滴定，溶液由酒红色变为纯蓝色，即为终点。

滴定前加入的铬黑 T 指示剂首先同 Mg^{2+} 反应 [$K'(MgIn) > K'(CaIn)$]：

$$Mg^{2+} + In \rightleftharpoons MgIn$$

由于 $K'(MgY) > K'(CaY)$，所以用 EDTA 标准溶液滴定时，EDTA 先与 Ca^{2+} 反应，再与 Mg^{2+} 反应，到达滴定终点时，EDTA 夺取 MgIn 中的 Mg^{2+}，使指示剂游离出来，溶液由酒红色变为纯蓝色 [$K'(MgY) < K'(MgIn)$]：

$$Y + MgIn \rightleftharpoons In + MgY$$

根据 EDTA 标准溶液的用量计算水的总硬度：

$$\text{总硬度}(CaO) = \frac{c(EDTA)V(EDTA)M(CaO)}{V(\text{水})} \times 1000, \ mol \cdot L^{-1}$$

水样中含有少量 Fe^{3+}、Al^{3+}、Ni^{2+}、Cu^{2+} 等干扰离子时，会封闭指示剂铬黑 T，Fe^{3+}、Al^{3+} 可用三乙醇胺封闭；Ni^{2+}、Cu^{2+} 等需要在碱性条件下加 KCN 予以掩蔽。当水样中含有较多的 CO_3^{2-} 时，会形成碳酸盐沉淀而影响滴定，需要在水样中加酸煮沸，去除 CO_2 后，再进行滴定。

【想一想】 1. 以 $CaCO_3$ 为基准物标定 EDTA 标准溶液浓度时溶液的酸度为多少？为什么？如何控制？

2. 测水中总硬度时，用什么作指示剂？终点颜色如何变化？测定条件是什么？如何控制？

基础知识 1　配位滴定基本原理

配位滴定法是以生成配位化合物的反应为基础的滴定分析法。能用于滴定分析的配位反应必须具备下列条件：

（1）生成的配合物要足够稳定，以保证配位反应能够进行完全；

（2）反应必须按一定的比例定量进行，即生成的配合物的配位数要恒定；

（3）配位反应速率要快；

（4）有适当的方法确定滴定终点。

由于大多数无机配位化合物的稳定性不高，配位数不固定，因而无法应用于滴定分析。许多有机配位剂能与金属离子形成稳定性较高、组成恒定的螯合物，而且反应条件容易控制，能符合滴定分析的要求，因而在分析化学中的应用得到迅速的发展。

在与金属离子配合的多齿配位剂中，氨羧配位剂是一类十分重要的化合物，它们可与金属离子形成稳定而且组成一定的配合物。目前配位滴定中最重要、应用最广的氨羧配位剂是乙二胺四乙酸（EDTA）。

一、EDTA的结构、性质

乙二胺四乙酸（通常用 H_4Y 表示，简称 EDTA），其结构如下：

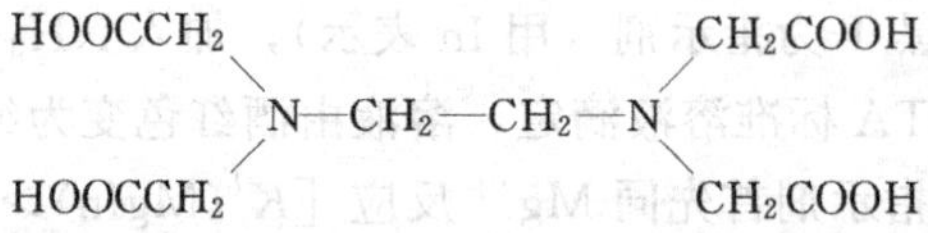

乙二胺四乙酸分子中含有六个配位原子，是目前应用最多的有机配位剂。由于室温时乙二胺四乙酸在水中的溶解度较小，通常用的二钠盐（$Na_2H_2Y \cdot 2H_2O$，一般也称 EDTA，它的溶解度较大）作滴定剂。

二、EDTA配合物的特点

EDTA 可以和绝大多数金属离子形成稳定的螯合物。MY 配合物具有以下特点：

（1）配位比简单，绝大多数为 1∶1，没有逐级配位现象存在。

（2）大多数水溶性好，使滴定可以在水溶液中进行。

（3）在水溶液中的稳定性好，滴定反应进行的完全程度高。

（4）EDTA 与无色金属离子反应时形成无色螯合物，便于使用指示剂确定终点。

EDTA 与有色金属离子反应时，一般形成颜色更深的配合物。如：

CuY^{2-}	NiY^{2-}	CoY^{2-}	MnY^{2-}	CrY^{-}	FeY^{-}
深蓝	蓝色	紫红	紫红	深紫	黄

上述特点使 EDTA 完全符合滴定分析的要求，因此被广泛使用。

三、EDTA配合物的稳定常数

对于 1∶1 型的配合物 MY，反应通式如下：

$$M^{n+} + Y^{4-} \rightleftharpoons MY^{4-n}$$

可简写为：

$$M + Y \rightleftharpoons MY$$

在溶液中达到平衡时，其平衡常数为：

$$K^{\ominus}_{MY} = \frac{c(MY)}{c(M)c(Y)}$$

式中 $K^{\ominus}_{MY}$——配合物 MY 的稳定常数。

对于同类型的配合物来说，$K^{\ominus}_{MY}$越大，配合物在水溶液中就越稳定。

$K^{\ominus}_{MY}$的大小主要取决于金属离子及其配位剂的性质，一般来说对于同一种配位剂，碱金属离子的配合物最不稳定，而过渡金属离子、稀土元素金属离子、高价金属离子的配合物稳定性比较高。EDTA 与常见金属离子配合物的稳定常数见表 5-3。

表 5-3 EDTA 与常见金属离子配合物的稳定常数

阳离子	$\lg K^{\ominus}_{MY}$	阳离子	$\lg K^{\ominus}_{MY}$	阳离子	$\lg K^{\ominus}_{MY}$
Na^{+}	1.66	Al^{3+}	16.3	Cu^{2+}	18.80
Li^{+}	2.79	Co^{2+}	16.31	Ti^{3+}	21.3
Ba^{2+}	7.86	Pt^{2+}	16.31	Hg^{2+}	21.8
Mg^{2+}	8.69	Cd^{2+}	16.49	Sn^{2+}	22.1
Sr^{2+}	8.73	Zn^{2+}	16.50	Cr^{3+}	23.4
Ca^{2+}	10.69	Pb^{2+}	18.04	Fe^{3+}	25.1
Mn^{2+}	13.87	Y^{3+}	18.09	Bi^{3+}	27.94
Fe^{2+}	14.33	Ni^{2+}	18.60	Co^{3+}	36.0

上述稳定常数 $K^{\ominus}_{MY}$是描述在没有任何副反应时，配合物的稳定性，因此又称为**绝对稳定常数**。实际上，溶液的酸度、其他配位剂或干扰离子的存在等反应条件的变化，对配合物的稳定性影响较大，是在滴定分析中必须考虑的。

四、配位滴定法的应用

选择并控制反应条件，直接用 EDTA 标准溶液进行滴定，来测定金属离子含量的方法，即为直接滴定法。在多数情况下，直接滴定法引入的误差较小，操作简便、快速。只要金属离子与 EDTA 的配位反应能满足滴定分析的要求，应尽可能地采用直接滴定法。

例如：pH＝1 时，滴定 Bi^{3+}；pH＝1.5～2.5，滴定 Fe^{3+}；pH＝2.5～3.5，滴定 Th^{4+}；pH＝5～6，滴定 Zn^{2+}、Pb^{2+}、Cd^{2+} 及稀土元素金属离子；pH＝9～10，滴定 Zn^{2+}、Mn^{2+}、Cd^{2+}和稀土元素金属离子；pH＝10，滴定 Mg^{2+}；pH＝12～13，滴定 Ca^{2+} 等等。

1. 水的总硬度测定（直接滴定法）

测定水的总硬度的方法是：在一定体积的水样中加入 NH_3-NH_4Cl 缓冲溶液，控制水样的 pH＝10，以铬黑 T 作指示剂，用 EDTA 标准溶液滴定至溶液由酒红色变为蓝色，即为滴定终点。

2. 钙、镁硬度的测定（直接滴定法）

用 NaOH 调节水样的 pH＝12，Mg^{2+} 形成 $Mg(OH)_2$ 沉淀，以钙指示剂为指示剂，用 EDTA 标准溶液滴定，溶液由酒红色变为纯蓝色，即为滴定终点。由总硬度减去钙硬度，即为镁硬度。钙、镁硬度的计算及表示方法与总硬度相同。

3. 溶液中的 Al^{3+} 含量的测定（返滴定法）

当被测金属离子不具备直接进行滴定的条件，如与 EDTA 的反应速率缓慢，在测定 pH 条件下易水解，对指示剂封闭或无适合的指示剂等，可采用返滴定法。例如，用返滴定法测定溶液中的 Al^{3+}，具体步骤如下：

调节试液的 pH 在 3.5 左右（避免 Al^{3+} 水解），准确加入过量的 EDTA 标准溶液并加热至沸，使 Al^{3+} 与 EDTA 完全反应，溶液中含有 AlY^-、Y^{4-}（过量）。

冷却后调节试液的 pH＝5～6，加入二甲酚橙指示剂，用 Zn^{2+}（Pb^{2+}）标准溶液返滴定过量的 EDTA 标准溶液，溶液由黄色变为紫红色，即为终点。

根据 EDTA 标准溶液、Zn^{2+}（Pb^{2+}）标准溶液的用量计算试样中 Al^{3+} 的含量。

【想一想】 配位滴定法的优点是什么？

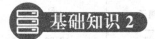

基础知识 2　金属指示剂

一、金属指示剂的作用原理

金属指示剂是一类有机配位剂，它可以同被测金属离子形成有色配合物，其颜色与游离指示剂本身的颜色不同，在滴定过程中借助于这种颜色的突变来确定终点，故称为金属离子指示剂（简称金属指示剂）。

现以 EDTA 滴定 Mg^{2+}，铬黑 T（以 In 表示）作指示剂为例，说明其作用原理。

滴定前在被测液（pH＝10）中加入少量的铬黑 T，铬黑 T 与少部分 Mg^{2+} 反应生成红色配合物：

$$Mg^{2+} + \underset{\text{蓝色}}{In} \rightleftharpoons \underset{\text{红色}}{MgIn}$$

随着 EDTA 的逐滴加入，EDTA 首先与游离的 Mg^{2+} 反应生成配合物 MgY，随着滴定的进行，溶液中 Mg^{2+} 的浓度会不断降低；当滴定至计量点附近时，稍过量的 EDTA 就争夺 MgIn 中的 Mg^{2+}，使 MgIn 中的 In 释放出来，溶液的颜色发生了突变：

$$Y + \underset{\text{红色}}{MgIn} \rightleftharpoons \underset{\text{蓝色}}{In} + MgY$$

二、金属指示剂的选择与使用

为使金属指示剂能够准确、敏锐地指示滴定终点，在选择使用时要注意以下问题。

（1）使用金属指示剂，必须有适宜的酸度。许多金属指示剂为有机弱酸（碱），在不同的 pH 范围内，显示不同的颜色。例如，铬黑 T 在溶液中有如下平衡：

$$\underset{\substack{\text{紫红色} \\ pH<6}}{H_2In^-} \rightleftharpoons \underset{\substack{\text{蓝色} \\ pH=8\sim11}}{HIn^{2-}} \rightleftharpoons \underset{\substack{\text{橙色} \\ pH>12}}{In^{3-}}$$

铬黑 T 能与 Ca^{2+}、Mg^{2+}、Zn^{2+}、Cd^{2+} 等金属离子形成红色配合物，显然适宜的使用酸度范围是 pH＝8～11。

（2）在滴定条件下，指示剂与被测金属离子配合物 MIn 的颜色与指示剂 In 本身的颜色应显著差别。

（3）指示剂与被测金属离子的反应必须灵敏、迅速，而且要具有良好的变色可逆性。

（4）指示剂与被测金属离子的配合物 MIn 要有适当的稳定性。

（5）指示剂及其配合物 MIn 的水溶性要好

另外，金属指示剂大多数是分子中含有双键结构的有机染料，易受日光、空气和氧化剂等作用而分解，有些在水溶液中不稳定，有些日久会变质。因此，有的指示剂需要配成固体混合物使用，有的可在指示剂溶液中加入可防止变质的试剂，如在铬黑 T 溶液中加入三乙醇胺等。一般指示剂都不宜久放，最好现用现配。

三、常用的金属指示剂

常用的金属指示剂见表 5-4。

表 5-4 常用的金属指示剂

指示剂	适用 pH 条件	颜色变化		直接滴定离子	备 注
		In	MIn		
铬黑 T(EBT)	8～10	蓝	红	Mg^{2+}、Zn^{2+}、Pb^{2+}、Cd^{2+}、Mn^{2+}、稀土元素离子	Fe^{3+}、Al^{3+}、Ni^{2+}、Cu^{2+} 等封闭 EBT
钙指示剂(NN)	12～13	蓝	红	Ca^{2+}	Ti^{4+}、Fe^{3+}、Al^{3+}、Ni^{2+}、Cu^{2+}、Co^{2+}、Mn^{2+} 等封闭 NN
二甲酚橙(XO)	<6	亮黄	红	ZrO^{2+}、Bi^{3+}、Th^{4+}、Tl^{3+}、Zn^{2+}、Pb^{2+}、Cd^{2+}、Hg^{2+}、稀土元素离子	Co^{2+}、Ni^{2+}、Cu^{2+}、Fe^{3+}、Al^{3+}、Ti^{4+} 等封闭 XO
磺基水杨酸(SSA)	1.5～2.5	无色	紫红	Fe^{3+}	

阅读材料 镉对动、植物生长发育的影响

在工业生产中的重金属污染物很容易从水中转移到底泥中（被吸附生成沉淀），而重金属在水中含量也不高。表面上看，虽然水未受到污染，但从水环境着眼，很可能受到了严重污染，这种转移也可能造成长期的次生污染。其中镉（Cd）是我国实施排放总量控制的指标之一。镉的主要污染源有电镀、采矿、冶炼、燃料、电池和化学工业等排放的废水。

一、金属镉对动植物生长的影响

镉不是人体必需的元素，毒性很大，可通过食物链进入动物和人体，在体内蓄积，主要蓄积在肾脏，引起泌尿系统的功能变化，镉在人体内形成镉硫蛋白，它与含羟基、氨基、巯基的蛋白质分子结合，影响酶的功能，导致蛋白尿和糖尿等；镉还能影响维生素 D_3 的活性，使骨质疏松、萎缩、变形等。

微量元素镉是植物生长发育所必需的，缺乏镉元素会影响作物的正常发育，但体内积累过量又会引起毒害作用。镉对植物的危害表现在其破坏叶绿素，从而降低光合作用，还能使花粉败育，影响植物生长、发育和繁殖。水中含镉 $0.1mol \cdot L^{-1}$ 时，可轻度抑制地表水的自净作用。用含镉 $0.04mol \cdot L^{-1}$ 的水进行农业灌溉时，土壤和稻米就会受到明显的污染。研究表明，当土壤中三价镉离子为 $(20\sim40)\times10^{-6}$ 时，对玉米苗生长有明显的刺激作用，但达到 320×10^{-6} 时，则对玉米生长有抑制；六价镉离子为 20×10^{-6} 时，对玉米苗生长具有刺激作用，80×10^{-6} 时有明显的抑制作用。

高浓度镉离子对植物产生严重的毒害作用，当土壤溶液中镉浓度大于 10×10^{-6} 时，生长稍受影响，浓度大于 25×10^{-6} 时植物出现褪绿现象，无分蘖（水稻），叶鞘灰绿色，细胞组织开始溃烂，生长受严重影响。

二、土壤镉污染防治对策

对金属镉严重污染的土壤一般可采取物理或生物措施加以修复，从而恢复土壤的可耕性。研究表明，土壤中施磷酸盐类肥料可以改良土壤，致使 pH 升高至 7 以上，此时镉转化为难溶性磷酸盐形式而被固定，

因而减少植物对镉的吸收，同时起到增加土壤肥力的作用。另外有些植物对镉有很强的吸收和蓄积能力，表现出植物对镉的选择性吸收。这类植物有苋菜、芫荽、烟草、菠菜、向日葵、蕨菜等。利用蕨菜植物除镉是一种净化土壤的优良途径。向日葵也可以，但它较敏感，可以高密度种植，一个月后拔除。王慧忠等（2002，2003）指出匍匐翦股颖等草坪植物对镉胁迫具有较强的适应能力，通过在污染土壤上种植绿化草坪达到植林绿化与污染防治的双重功效。

本章小结

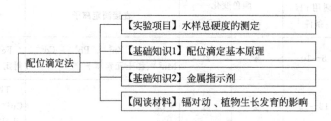

配位滴定法
- 【实验项目】水样总硬度的测定
- 【基础知识1】配位滴定基本原理
- 【基础知识2】金属指示剂
- 【阅读材料】镉对动、植物生长发育的影响

课后习题

1. 选择题

（1）在 pH＞10.5 的溶液中，EDTA 的主要存在型体是（　　）。

A. H_6Y^{2+}　　B. H_4Y　　C. H_3Y^-　　D. Y^{4-}

（2）0.025mol·L^{-1} Cu^{2+} 溶液 10.00mL 与 0.30mol·L^{-1} $NH_3 \cdot H_2O$ 10.00mL 混合达到平衡后，溶液中 NH_3 的浓度是（　　）mol·L^{-1}。

A. 0.30　　B. 0.20　　C. 0.15　　D. 0.10

（3）用含有少量 Ca^{2+} 的蒸馏水配制 EDTA 溶液，于 pH＝5.0 时，用锌标准溶液标定 EDTA 浓度，然后用此 EDTA 溶液于 pH＝10.0 滴定试样中 Ca^{2+}，对测定结果的影响为（　　）。

A. 基本无影响　　B. 偏高　　C. 偏低　　D. 不能确定

（4）返滴定法测定溶液中金属离子的浓度，进行定量计算的依据有（　　）。

① EDTA 标准溶液的浓度与体积②金属离子标准溶液的浓度与体积③被测溶液的体积

A. ①　　B. ②　　C. ①②　　D. ①②③

（5）用 EDTA 标准溶液测定水的总硬度，以铬黑 T 作指示剂，若溶液中存在 Fe^{3+}、Al^{3+}，滴定时的现象可能是（　　）。

A. 终点颜色突变提前　　B. 终点颜色变化迟缓，无突变

C. 对终点颜色突变无影响　　D. 有沉淀生成

2. 解释下列实验现象，并写出有关反应式。

（1）在$[Cu(NH_3)_4]^{2+}$溶液中加入少量稀 NaOH 溶液无沉淀；加入同量的浓度相同的 Na_2S 溶液则产生黑色沉淀。

（2）在深蓝色的$[Cu(NH_3)_4]^{2+}$溶液中加入 H_2SO_4，溶液变为浅蓝色。

（3）在 Fe^{3+} 溶液中加入 KSCN 溶液，溶液变为血红色；再加入过量的 NH_4F 溶液，溶液变为无色。

（4）在 Zn^{2+} 溶液（pH＝5～6）中加入二甲酚橙指示剂，溶液为紫红色，再加入过量的 EDTA 溶液，变为亮黄色。

3. 计算题

（1）试求以 EDTA 滴定浓度各为 0.01mol·L^{-1}的 Fe^{3+} 和 Fe^{2+} 溶液时所允许的最小 pH。

（2）用 0.01060mol·L^{-1} EDTA 标准溶液滴定水中钙和镁的含量，取 100.0mL 水样，以铬黑 T 为指示剂，在 pH＝10 时滴定，消耗 EDTA 31.30mL。另取一份 100.0mL 水样，加 NaOH 使呈强碱性，使 Mg^{2+}

成 $Mg(OH)_2$ 沉淀，用钙指示剂指示终点，继续用 EDTA 滴定，消耗 19.20mL。计算：

① 水的总硬度（以 $CaCO_3$ mg · L^{-1} 表示）；

② 水中钙和镁的含量（以 $CaCO_3$ mg · L^{-1} 和 $MgCO_3$ mg · L^{-1} 表示）。

（3）称取含锌、铝的试样 0.1200g，溶解后调至 pH 为 3.5，加入 50.00mL 0.02500mol · L^{-1} EDTA 溶液，加热煮沸，冷却后，加醋酸缓冲溶液，此时 pH 为 5.5，以二甲酚橙为指示剂，用 0.02000mol · L^{-1} 标准锌溶液滴定至红色，用去 5.08mL。加足量 NH_4F，煮沸，再用上述锌标准溶液滴定，用去 20.70mL。计算试样中锌、铝的质量分数。

第六章

吸光光度法

知识目标

1. 掌握吸光光度法的基本原理
2. 掌握 TU-1810PC 分光光度计的使用方法
3. 了解显色反应及显色条件的选择
4. 了解测量条件的选择

能力目标

1. 学会利用紫外-可见分光光度计测定待测组分的含量
2. 小组成员间的团队协作能力
3. 培养学生的动手能力和安全生产的意识

科学常识　溶液的颜色

图 6-1　光的互补关系示意图

光是一种电磁波。自然光是由不同波长（400～700nm）的电磁波按一定比例组成的混合光，通过棱镜可分解成红、橙、黄、绿、青、蓝、紫等各种颜色相连续的可见光谱。如果把两种光以适当比例混合而产生白光感觉时，则这两种光的颜色互为补色，如绿与紫红、黄与蓝互为补色（见图 6-1）。当白光通过溶液时，如果溶液对各种波长的光都不吸收，溶液就没有颜色。如果溶液吸收了其中一部分波长的光，则溶液就呈现透过溶液后剩余部分光的颜色。例如，我们看到$KMnO_4$溶液在白光下呈紫红色，就是因为白光透过溶液时，绿色光大部分被吸收，而其他各色都能透过。

实验项目 1　TU-1810PC 分光光度计的使用

【任务描述】

通过实验学会使用 TU-1810PC 分光光度计。

【教学器材】

TU-1810PC 分光光度计、电脑、打印机、容量瓶、比色皿、吸量管、烧杯、擦镜纸。

【教学药品】

苯甲酸。

【组织形式】

每个同学根据教师指导独立完成实验。

【注意事项】

(1) 紫外-可见分光光度计使用前先预热 30min。

(2) 取拿比色皿时，手指只能捏住比色皿的毛玻璃面，而不能碰比色皿的光学表面。

(3) 比色皿不能用碱溶液或氧化性强的洗涤液洗涤，也不能用毛刷清洗。比色皿外壁附着的水或溶液应用擦镜纸或细而软的吸水纸吸干，不要擦拭，以免损伤它的光学表面。

(4) 如果大幅度改变测试波长时，需等数分钟后才能正常工作。因波长由长波向短波或短波向长波移动时，光能量变化急剧，光电管受光后响应较慢，需一段适应平衡时间。

【实验步骤】

一、开机

依次打开电源、显示器、主机、打印机。

二、仪器初始化

在计算机窗口上双击“UV Software”图标，仪器进行自检，大约需要 4min。如果自检各项都“确定”，进入工作界面，预热 30min 后，便可进入以下操作。

三、光度测量

单击“光度测量”按钮进入光度测量工作界面。

(1) 设置参数　单击“参数设置”设置光度测量参数，具体输入：①相应波长值；②测光方式 $T\%$ 或 Abs（一般为 Abs）；③重复测量次数，是否取平均值，单击“确认”键退出设置参数。

(2) 校零　在样品池中放入参比溶液，单击校零后，取出参比溶液。

(3) 测量　倒掉取出的参比溶液，放入样品溶液，单击“开始”即可测出样品的 Abs 值。

四、光谱扫描

单击“光谱扫描”按钮进入光谱扫描工作界面。

(1) 设置参数　单击“参数设置”设置光谱扫描参数，具体输入：①波长范围（先输长波再输短波）；②测光方式 $T\%$ 或 Abs；③扫描速度（一般为中速）；④采样间隔（一般为 1nm 或 0.5nm）；⑤记录范围（一般为 0～1）。单击“确定”退出参数设置。

（2）基线校正　在样品池中放入参比溶液，单击“基线”按钮，基线校正完后单击“确定”保存基线，取出参比溶液。

（3）扫描　倒掉取出的参比溶液，放入样品单击“开始”进行扫描，当扫描完毕后，单击“峰谷检测”检出图谱的峰、谷波长值及 $T\%$或 Abs 值。

五、定量测量

单击“定量测定”按钮进入定量测定工作界面。

（1）参数设置　单击“参数设置”设置定量测定参数，具体输入：①测量模式（一般为单波长）；②输入测量波长值；③选择曲线方式（一般为 $c=K_0A+K_1\cdots$）；单击“确定”退出参数设置。

（2）校零　在样品池中放入参比溶液，单击“校零”，校完后取出参比溶液。

（3）测量标准样品　将鼠标移动到标准样品测量窗口点击一次左键，倒掉取出的参比溶液，放入 1 号标准样品，单击“开始”输入相应的标液浓度单击“确定”。依此类推将所配标准样品测完。检查曲线相关系数、K 值情况。

（4）样品测定　放入待测样品，将鼠标移动到未知样品测量窗口，单击“开始”、“确定”，即可测出样品浓度。

六、关机

退出紫外操作系统后，依次关掉主机、计算机、打印机电源。

【任务解析】

分光光度计通常由光源、单色器、吸收池、检测器、显示系统 5 个部分组成。以 TU-1810PC 分光光度计为例（见图 6-2）。

一、光源

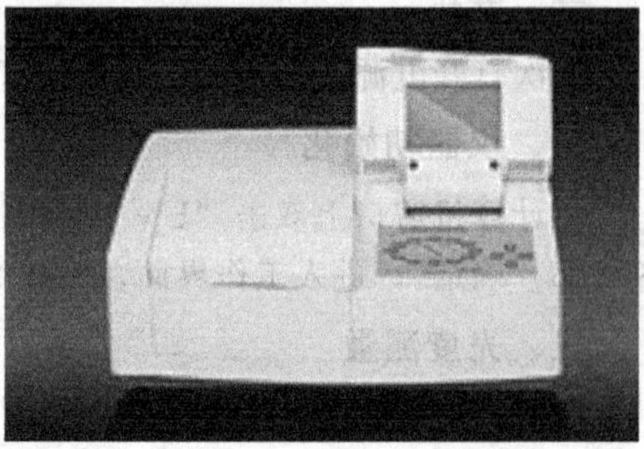

图 6-2　TU-1810PC 分光光度计

光源是能发射所需波长的光的器件。光源应满足的条件是在仪器的工作波段范围内可以发射连续光谱，具有足够的光强度，其能量随波长变化小，稳定性好，使用寿命长。

可见分光光度计一般使用如钨灯和碘钨灯等。

紫外分光光度计光源主要采用氢灯、氘灯和氙灯等放电灯。根据入射光光束的条数又分单光束和双光束，TU-1810PC 是准双光束，又叫比例双光束。

二、单色器

单色器的作用是把光源发出的连续光分解为按波长顺序排列的单色光，并通过出射狭缝分离出所需波长的单色光，它是分光光度计的心脏部分。它由入射狭缝、准直装置（透镜或反射镜）、色散元件（棱镜或光栅）、聚焦装置（透镜或凹面反射镜）和出口狭缝 5 部分组成。TU-1810PC 为 2nm 固定光谱带宽。

三、吸收池

吸收池又称比色皿，是盛放待测试液的容器。它应具有两面互相平行，透光且精确厚度的平面，能借助机械操作把待测试样间断或连续地排到光路中，以便吸收测量的光通量。

吸收池主要有石英池和玻璃池两种，前者用于紫外-可见光区，后者用于可见和近红外区。可见-紫外光吸收池的光程长度一般为 1cm，变化范围从几厘米到 10cm 或更长。吸收池有 2 个毛面、2 个光面，手不能直接接触光面，擦拭是用擦镜纸，向同一个方向擦。装溶液的体积以 1/2～4/5 吸收池为宜，在测定时参比池和样品池应是一对经校正好的匹配吸收池。

四、检测器

检测器是能把光信号转变为电信号的器件。检测器具有高灵敏度、高信噪比、响应速度快的特点，在整个研究的波长范围内有恒定的响应，在没有光照射时，其输出应为零，产生的电信号应与光束的辐射功率呈正比。

在紫外-可见光区常用的检测器有光电池、光电管、光电倍增管、硅光电二极管检测器等。

五、信号处理和显示系统

通常信号处理器是一种电子器件，它可放大检测器的输出信号，也可以把信号从直流变成交流（或相反），改变信号的相位，滤掉不需要的成分。常用的读出器件有微安表、数字表、记录仪、电位计标尺、阴极射线管等，现在的显示系统多通过计算机输出。

【想一想】 分光光度计定性与定量分析的基础是什么？

基础知识 1　吸光光度法的基本原理

一、物质对光的选择吸收性

光的吸收是物质与光相互作用的一种形式，物质分子对光的吸收必须符合普朗克条件，只有当入射光能量与吸光物质分子两个能级间的能量差 ΔE 相等时，才会被吸收，即：

$$\Delta E = E_2 - E_1 = h\upsilon = h\frac{c}{\lambda} \tag{6-1}$$

物质对光的选择吸收，是由于单一物质的分子只有有限数量的量子化能级的缘故。由于各种物质的分子能级千差万别，它们内部各能级间的能级差也不相同，因而选择吸收的性质反映了分子内部结构的差异。换言之，物质内部结构不同，对光的吸收就不同。

二、透射比和吸光度

光的吸收程度与光通过物质前、后的光的强度变化有关，光强度是指单位时间内照射在单位面积上的光的能量，用 I 表示。它与单位时间照射在单位面积上的光子的数目有关，与光的波长没有关系。

当一束平行的单色光通过一均匀有色溶液时，其中的吸光物质吸收了光能，光的强度就减弱了。如图 6-3 所示，设 I_0 为入射光强度，I_t 为透过的光强度，透射光强度 I_t 与入射光强度 I_0 之比称为透射比（或透光度），用 T 表示：

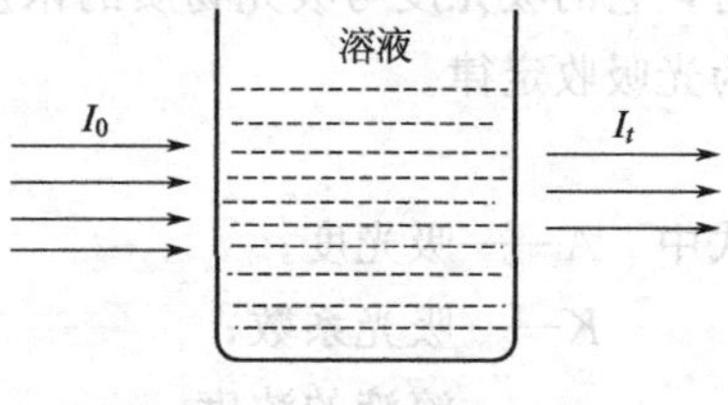

图 6-3　溶液吸光示意图

$$T = \frac{I_t}{I_0} \tag{6-2}$$

溶液的透射比愈大，表示它对光的吸收愈小；相反，透射比愈小，表示它对光的吸收愈大。透射比倒数的对数称为吸光度，用 A 来表示：

$$A=\lg\frac{1}{T}=-\lg T \tag{6-3}$$

吸光度 A 取值范围为 0～∞，它表示溶液的吸光程度。A 越大，表明溶液对光的吸收越强。

三、吸收曲线

保持待测物质溶液浓度和吸收池厚度不变，测定不同波长下待测物质溶液的吸光度 A（或透射比 T），以波长 λ 为横坐标，吸光度 A（透射比 T）为纵坐标，绘制得到的曲线称为吸收光谱，又称为吸收曲线。它能清楚地描述物质对一定波长范围光的吸收情况。如图 6-4 所示是质量浓度分别为 1.25$\mu g \cdot mL^{-1}$、2.50$\mu g \cdot mL^{-1}$、5.00$\mu g \cdot mL^{-1}$、10.00$\mu g \cdot mL^{-1}$和 20.00$\mu g \cdot mL^{-1}$ $KMnO_4$ 溶液的吸收光谱。

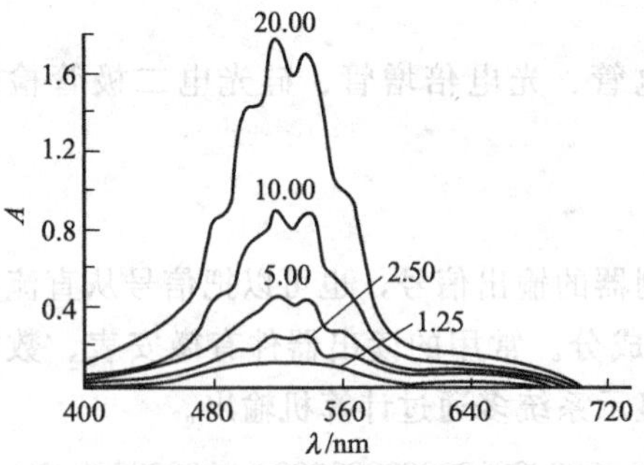

图 6-4 $KMnO_4$ 溶液的吸收光谱图

从图 6-4 可以看出：

(1) $KMnO_4$ 溶液对不同波长光的吸收程度不同，对波长 525nm 附近的绿色光具有最大吸收，在吸收曲线上形成一个最高峰，称为吸收峰。吸光度最大处的波长称为最大吸收波长，用符号 λ_{max}表示。$KMnO_4$ 溶液的 λ_{max} =525nm，在 λ_{max}处测得的摩尔吸光系数为 ε_{max}，ε_{max} 可以更直观地反映用吸光光度法测定该吸光物质的灵敏度。

(2) 对于同一物质，浓度不同时，同一波长下的吸光度 A 不同，但其最大吸收波长的位置和吸收光谱的形状相似。同一物质在同一波长下浓度越高吸光度越大可以作为定量分析的基础。另外，对于不同物质，由于它们对不同波长光的吸收具有选择性，因此它们的 λ_{max} 的位置和吸收光谱的形状互不相同，可以据此对物质进行定性分析。

四、光吸收定律——朗伯-比尔定律

(一) 朗伯-比尔定律

朗伯（J. H. Lamber）和比尔（A. Beer）分别于 1760 年和 1852 年研究了光的吸收与溶液液层厚度及溶液浓度之间的定量关系，二者结合称为朗伯-比尔定律（Lamber Beer law），它是光吸收的基本定律。

当一束平行的单色光垂直入射通过一均匀、各向同性、非散射和反射的吸收物质的溶液时，它的吸光度与吸光物质的浓度及液层厚度的乘积成正比，这就是朗伯-比尔定律，又称为光吸收定律。

$$A=Kcb \tag{6-4}$$

式中 A——吸光度；

K——吸光系数；

c——溶液的浓度；

b——液层厚度，即光路长度。

式(6-4) 是朗伯-比尔定律的数学表达式。它表明当一束单色光通过含有吸光物质的溶液时，溶液的吸光度与吸光物质的浓度及液层厚度成正比，这是分光光度法进行定量的依据。

（二）吸光系数

式（6-4）中的 K 是吸光系数，吸光系数是指待测物质在单位浓度、单位厚度时的吸光度。按照使用浓度单位的不同，可分为质量吸光系数、摩尔吸光系数。吸光系数 K 与吸光物质的性质、入射光波长及温度等因素有关。

当浓度用 $g \cdot L^{-1}$、液层厚度用 cm 为单位表示时，则 K 用另一符号 α 来表示。α 称为质量吸光系数，其单位为 $L \cdot (g \cdot cm)^{-1}$，它表示质量浓度为 $1g \cdot L^{-1}$、液层厚度为 1cm 时溶液的吸光度。这时，式(6-4) 表示为：

$$A=\alpha\rho b \tag{6-5}$$

当浓度 c 用 $mol \cdot L^{-1}$、液层厚度 b 用 cm 为单位表示时，则 K 用另一符号 ε 来表示。ε 称为摩尔吸收系数，其单位为 $L \cdot (mol \cdot cm)^{-1}$，它表示物质的量浓度为 $1mol \cdot L^{-1}$、液层厚度为 1cm 时溶液的吸光度。这时，式(6-4) 可写成：

$$A=\varepsilon cb \tag{6-6}$$

【想一想】 质量吸光系数与摩尔吸光系数的换算关系是什么？

朗伯-比尔定律一般适用于浓度较低的溶液，所以在分析实践中，不能直接取浓度为 $1mol \cdot L^{-1}$ 的有色溶液来测定 ε，而是在适当的低浓度时测定该有色溶液的吸光度，通过计算求得 ε。摩尔吸光系数 ε 反映吸光物质对光的吸收能力，摩尔吸光系数 ε 越大，表示该物质对某波长的光的吸收能力越强，测定该吸光物质的灵敏度就越高。

例 6-1 用 1,10-邻菲啰啉分光光度法测定铁，配制铁标准溶液浓度为 $4.00\mu g \cdot mL^{-1}$，用 1cm 的比色皿在 510nm 波长处测得吸光度为 0.813，求铁(Ⅱ)-邻菲啰啉配合物的摩尔吸光系数。

$$c_{Fe}=\frac{4.00\times10^{-3}}{55.85}=7.16\times10^{-5}\,mol \cdot L^{-1}$$

解：

$$\varepsilon=\frac{A}{cb}=\frac{0.813}{7.16\times10^{-5}\times1}=1.1\times10^{4}\,L \cdot (mol \cdot cm)^{-1}$$

（三）朗伯-比尔定律的影响因素

根据朗伯-比尔定律，当吸收池的厚度恒定时，以吸光度对浓度作图应得到一条通过原点的直线。但在实际工作中，仪器或溶液的实际条件与朗伯-比尔定律所要求的理想条件不一致，吸光度与浓度之间往往偏离这种线性关系，如图 6-5 所示，偏离的主要原因如下。

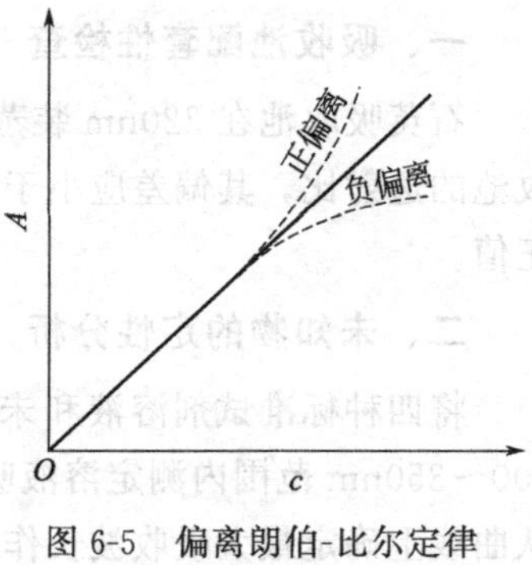

图 6-5 偏离朗伯-比尔定律

1. 非单色光引起的偏离

朗伯-比尔定律只适用于单色光，由于单色器色散能力的限制和出口狭缝需要保持一定的宽度，目前各种分光光度计得到的入射光实际上都是波长范围较窄的复合光。

尽量使用比较好的单色器，将入射光波长选择在被测物质的最大吸收处，以克服非单色光引起的偏离。另外，测定时应选择适当的浓度范围，使吸光度读数在标准曲线的线性范围内。

2. 溶液的性质引起的偏离

朗伯-比尔定律通常只有在稀溶液中才能成立，随着溶液浓度增大，吸光质点间距离缩小，彼此间相互作用加强，破坏了吸光度与浓度的线性关系。如果溶液中的吸光物质不稳定，发生解离、缔合、形成新化合物或互变异构等化学变化而改变其浓度，导致偏离朗伯-比尔定律。

在测量前做好样品的预处理，控制好显色反应、溶液 pH 和化学平衡条件等。

分光光度法具有仪器简单、操作便捷、分析速度快、易于普及推广；灵敏度高，适于测定低含量及微量组分，适宜测定的含量范围为 0.001%～0.1%；准确度高、选择性好，相对误差一般为 1%～3%。分光光度法在石油化工工业分析及环境监测中占有重要地位，主要用于无机元素的测定。

【想一想】 怎样克服朗伯-比尔定律的影响因素？

实验项目 2　紫外-可见分光光度法测定未知物

【任务描述】

给出四种（水杨酸、磺基水杨酸、1,10-邻菲啰啉、苯甲酸）的标准溶液，并给出一种未知浓度的上述四种溶液中的一种作未知液，通过分光光度法鉴定出未知液并测量其浓度。

【教学器材】

紫外-可见分光光度计（TU-1810PC）、1cm 石英比色皿 2 个、容量瓶（100mL）15 个、吸量管（10mL）5 支、烧杯（100mL）5 个。

【教学药品】

水杨酸、磺基水杨酸、1,10-邻菲啰啉、苯甲酸。

【组织形式】

每个同学根据实验步骤独立完成实验。

【注意事项】

同实验项目 1　TU-1810PC 分光光度计的使用。

【实验步骤】

一、吸收池配套性检查

石英吸收池在 220nm 装蒸馏水，以一个吸收池为参比，调节 T 为 100%，测定其余吸收池的透射比，其偏差应小于 0.5%，可配成一套使用，记录其余比色皿的吸光度值作为校正值。

二、未知物的定性分析

将四种标准试剂溶液和未知液配制成约为一定浓度的溶液。以蒸馏水为参比，于波长 200～350nm 范围内测定溶液吸光度，并作吸收曲线。根据吸收曲线的形状确定未知物，并从曲线上确定最大吸收波长作为定量测定时的测量波长。（190～210nm 处的波长不能选择为最大吸收波长。)

三、标准工作曲线绘制

分别准确移取一定体积的标准溶液于所选用的100mL容量瓶中，以蒸馏水稀释至刻线，摇匀。根据未知液吸收曲线上最大吸收波长，以蒸馏水为参比，测定吸光度。然后以浓度为横坐标，以相应的吸光度为纵坐标绘制标准工作曲线。

四、未知物的定量分析

确定未知液的稀释倍数，并配制待测溶液于所选用的100mL容量瓶中，以蒸馏水稀释至刻线，摇匀。根据未知液吸收曲线上最大吸收波长，以蒸馏水为参比，测定吸光度。根据待测溶液的吸光度，确定未知样品的浓度。未知样平行测定3次。

【任务解析】

一、定性分析

光谱扫描得到未知液的光谱图，与给出的四种标准溶液的光谱图对照，得出未知物。

二、定量分析

根据未知溶液的稀释倍数，求出未知物的含量。计算公式：

$$c_0 = c_x n$$

式中 c_0——原始未知溶液浓度，$\mu g \cdot mL^{-1}$；

c_x——查出的未知溶液浓度，$\mu g \cdot mL^{-1}$；

n——未知溶液的稀释倍数。

【想一想】 怎样稀释未知液才能将其做进标准溶液的工作曲线内？

基础知识2 吸光光度法的应用

吸光光度法主要应用于测定微量和痕量组分，也可以测定高含量组分和多组分，还可以测定配合物的组成和稳定常数。

一、单组分分析

对于指定组分，先配制一系列浓度不同的标准溶液，在与样品相同条件下，分别测量其吸光度，以吸光度A为纵坐标，浓度c或ρ为横坐标，绘制得到吸光度与浓度关系曲线，称为工作曲线（标准曲线）。如果待测组分服从朗伯-比尔定律，该曲线应该是一条过原点的直线。根据工作曲线，在相同的条件下，测定试样的吸光度，从工作曲线上查出试样溶液的浓度，再计算试样中待测组分的含量，这就是工作曲线法，也称标准曲线法，如图6-6所示。

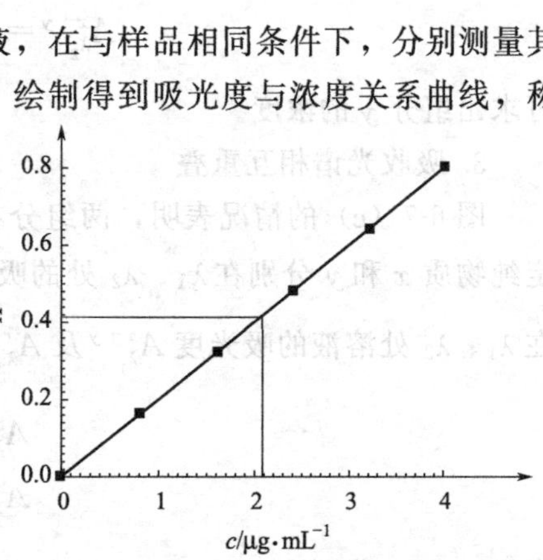

图6-6 标准曲线法

工作曲线的线性好坏可用线性相关系数r来表示，r越接近于1，说明线性越好，吸光光度法一般要求$r>0.999$。

在实际工作中，对于个别试样的测定，有时采用比较法，即在相同条件下分别测定标准溶液（浓度为 c_0）和样品溶液（浓度为 c_x）的吸光度 A_0 和 A_x，由式(6-7) 求出待测物质的浓度：

$$c_x=\frac{A_x}{A_0}c_0 \tag{6-7}$$

工作曲线法准确、简便，尤其适用于批量试样的分析，是应用最多的一种定量分析方法。

二、多组分分析

当溶液中共存多个组分时，其吸收峰的互相干扰情况有三种，如图 6-7 所示。

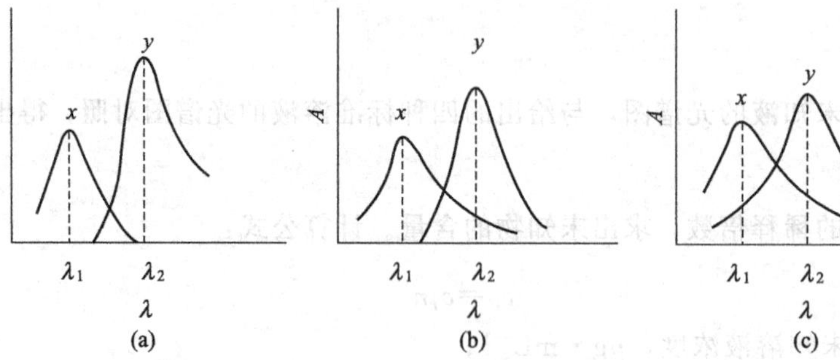

图 6-7 混合物的吸收光谱

1. 吸收光谱不重叠

图 6-7(a) 的情况表明两组分互不干扰，用测定单组分的方法分别在 λ_1、λ_2 处测定 x、y 两组分。

2. 吸收光谱部分重叠

图 6-7(b) 的情况表明两种组分 x 对 y 的测定有干扰，而 y 对 x 的测定没有干扰。首先测定纯物质 x 和 y 分别在 λ_1、λ_2 处的吸光系数 $\varepsilon_{\lambda_1}^{x}$、$\varepsilon_{\lambda_1}^{y}$、$\varepsilon_{\lambda_2}^{x}$ 和 $\varepsilon_{\lambda_2}^{y}$，再单独测量混合组分溶液在 λ_1 处的吸光度 $A_{\lambda_1}^{x}$，求得组分 x 的浓度 c_x。然后在 λ_2 处测量混合溶液的吸光度 $A_{\lambda_2}^{x+y}$，因为吸光度具有加和性，即：

$$A_{\lambda_2}^{x+y}=A_{\lambda_2}^{x}+A_{\lambda_2}^{y}=\varepsilon_{\lambda_2}^{x}bc_x+\varepsilon_{\lambda_2}^{y}bc_y \tag{6-8}$$

可求出组分 y 的浓度。

3. 吸收光谱相互重叠

图 6-7（c）的情况表明，两组分在 λ_1、λ_2 处都有吸收，两组分彼此互相干扰。首先测定纯物质 x 和 y 分别在 λ_1、λ_2 处的吸光系数 $\varepsilon_{\lambda_1}^{x}$、$\varepsilon_{\lambda_1}^{y}$、$\varepsilon_{\lambda_2}^{x}$ 和 $\varepsilon_{\lambda_2}^{y}$，再分别测定混合组分溶液在 λ_1、λ_2 处溶液的吸光度 $A_{\lambda_1}^{x+y}$ 及 $A_{\lambda_2}^{x+y}$，然后列出联立方程：

$$\begin{aligned}A_{\lambda_1}^{x+y}&=\varepsilon_{\lambda_1}^{x}bc_x+\varepsilon_{\lambda_1}^{y}bc_y\\A_{\lambda_2}^{x+y}&=\varepsilon_{\lambda_2}^{x}bc_x+\varepsilon_{\lambda_2}^{y}bc_y\end{aligned} \tag{6-9}$$

求得 c_x、c_y 分别为：

$$c_x=\frac{\varepsilon_{\lambda_2}^{y}A_{\lambda_1}^{x+y}-\varepsilon_{\lambda_1}^{y}A_{\lambda_2}^{x+y}}{(\varepsilon_{\lambda_1}^{x}\varepsilon_{\lambda_2}^{y}-\varepsilon_{\lambda_2}^{x}\varepsilon_{\lambda_1}^{y})b}$$

$$c_y=\frac{\varepsilon_{\lambda_2}^{x}A_{\lambda_1}^{x+y}-\varepsilon_{\lambda_1}^{x}A_{\lambda_2}^{x+y}}{(\varepsilon_{\lambda_1}^{y}\varepsilon_{\lambda_2}^{x}-\varepsilon_{\lambda_2}^{y}\varepsilon_{\lambda_1}^{x})b} \tag{6-10}$$

对于多个组分的光谱互相干扰，可借助计算机处理测定结果。

【想一想】 什么是吸收曲线？什么是工作曲线？它们各有什么作用？

基础知识3　测量条件的选择

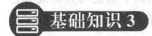

为了得到可靠的数据和准确的分析结果，必须选择好光度测量条件。

一、样品溶剂的选择

分光光度法的测定是在溶液中进行的，如果样品是固体就需要转化为溶液。无机样品通常用酸（碱）溶解或熔融；有机样品用有机溶剂溶解或提取。要求溶剂有良好的溶解能力，在测定波长范围内没有明显的吸收，被测组分在溶剂中有良好的吸收峰形，挥发性小、不易燃、无毒性、价格便宜等。

二、测定波长的选择

在定量分析中，通常根据吸收曲线，选择被测物质的最大吸收波长 λ_{max} 作为入射光波长，因为在 λ_{max} 处，摩尔吸收系数最大，测定的灵敏度高，而且此波长处的小范围内，A 随 λ 的变化不大，使测定也具有较高准确度。若在 λ_{max} 处有其他吸光物质干扰测定时，应根据“吸收最大、干扰最小”的原则来选择入射光波长，以减少对朗伯-比尔定律的偏差。

三、参比溶液的选择

选择恰当的参比溶液用来调节仪器的零点，消除由于吸收池对入射光的反射和吸收，以及溶剂、试剂等对光的吸收也会使光强度减弱，为了使光的吸收仅与待测组分的浓度有关，需要选择合适的参比溶液，消除由于比色皿、溶剂、试剂等带来的误差。

（1）溶剂参比　如果样品基体、试剂及显色剂均在测定波长无吸收，则可用溶剂作参比溶液。

（2）试剂参比　如果显色剂或试剂在测定波长有吸收，可用空白溶液作参比溶液。

（3）试液参比　如果显色剂及溶剂在测定波长无吸收，而样品基体组分有吸收，则应采用不加显色剂的样品溶液作参比溶液。

四、吸光度范围的选择

当浓度较大或浓度较小时，相对误差都比较大。在实际测定时，只有使待测溶液的透射比 T 在 15%～65% 之间，或使吸光度 A 在 0.2～0.8 之间，才能保证测量的相对误差 ≤±2%，才能满足分析要求。当吸光度 $A=0.434$（或透射比 $T=36.8\%$）时，测量的相对误差最小。可通过控制溶液的浓度或选择不同厚度的吸收池来调整吸光度值，使其落在适宜范围之内。

五、仪器狭缝宽度的选择

狭缝宽度过大时，入射光的单色性降低，标准曲线偏离朗伯-比尔定律，准确度降低；狭缝宽度过窄时，光强变弱，测量的灵敏度降低。

选择狭缝宽度的方法：测量吸光度随狭缝宽度的变化，狭缝宽度在一个范围内变化时，吸光度是不变的，当狭缝宽度大到某一程度时，吸光度才开始减小。在不引起吸光度减小的情况下，尽量选取最大狭缝宽度。

六、干扰的消除

（1）控制酸度　利用控制酸度的方法提高反应的选择性，以保证主反应进行完全。例如，双硫腙测定 Hg^{2+} 时，Pb^{2+}、Cu^{2+}、Ni^{2+}、Cd^{2+} 等十多种金属离子都能与其形成有色配合物，但在强酸条件下，这些干扰离子不能与双硫腙形成稳定配合物，而 Hg^{2+} 仍能定量进行，故控制酸度可以达到目的。

（2）选择掩蔽剂　利用掩蔽剂消除干扰时，选取的掩蔽剂不与待测离子作用，仅与其他干扰离子形成配合物。

（3）分离　采用预先分离的方法，如沉淀、萃取、离子交换、蒸发和蒸馏以及色谱分离法。

【想一想】 怎样选择参比溶液进行吸光光度法的测定？

阅读材料 1　显色反应及显色条件的选择

利用可见吸光光度法进行定量分析时，要求被测物质溶液能吸收可见光区内某种波长的单色光，即有色物质才能直接测定。没有颜色的物质就得先转化成与之关联的有色物质再测定。

一、显色反应

将无色或浅色的待测组分转变为有色物质的反应称为显色反应，所用的试剂称为显色剂。显色反应的类型主要有氧化还原反应和配位反应两大类。

对于显色反应的要求：

（1）灵敏度高，有色物质的 ε 应大于 10^4。

（2）选择性好，干扰少，或干扰容易消除。

（3）有色化合物的组成恒定，化学性质稳定，符合一定的化学式。至少保证在测量过程中溶液的吸光度基本恒定。这就要求有色化合物不容易受外界环境条件的影响，如日光照射、空气中的氧和二氧化碳的作用等，也不应受溶液中其他化学因素的影响。

（4）有色化合物与显色剂之间的颜色差别要大，即显色剂对光的吸收与有色化合物的吸收有明显区别，一般要求两者的吸收峰波长之差 $\Delta\lambda$（称为对比度）大于 60nm。

二、显色剂

（1）无机显色剂　许多无机试剂能与金属离子发生显色反应，但形成的大多配合物不够稳定，测定的灵敏度和选择性都不高，具有实际应用价值的不多。

（2）有机显色剂　大多数有机显色剂能与金属离子生成稳定的螯合物。显色反应的选择性和灵敏度都比无机显色剂高，被广泛地应用于吸光光度分析中，表 6-1 列出几种常用的有机显色剂。

（3）多元配合物　多元配合物是由三种或三种以上的组分所形成的配合物。目前应用较多的是由一种金属离子与两种配位体所组成的三元配合物。三元配合物比二元配合物选择性好、灵敏度高，因此多元配合物在吸光光度分析中应用较普遍。

表 6-1 几种常用的有机显色剂

显色剂	测定元素	反应介质	颜色	最大吸收波长/nm
磺基水杨酸	Fe^{3+}	pH＝2～3	紫红	520
邻菲啰啉	Fe^{2+}	pH＝3～9	橘红	510
丁二酮肟	Ni^{2+}	碱性,氧化剂存在	红	470
双硫腙	Cu^{2+}、Pb^{2+}、Zn^{2+}、Cd^{2+}	控制酸度及加入掩蔽剂		490～550
偶氮胂(Ⅲ)	Th(Ⅳ)、Zr(Ⅳ)、U(Ⅳ)	强酸性	蓝紫	665～675
铬天青 S	稀土金属离子	弱酸性	紫红	530
	Al^{3+}	pH＝5～5.8		

三、显色反应条件

1. 显色剂用量

为了使显色反应进行完全，一般需加入过量显色剂，对于有些显色反应，显色剂加入太多，反而会引起副反应，对测定不利。在实际工作中，显色剂的适宜用量是通过实验来求得的，如图 6-8 所示。

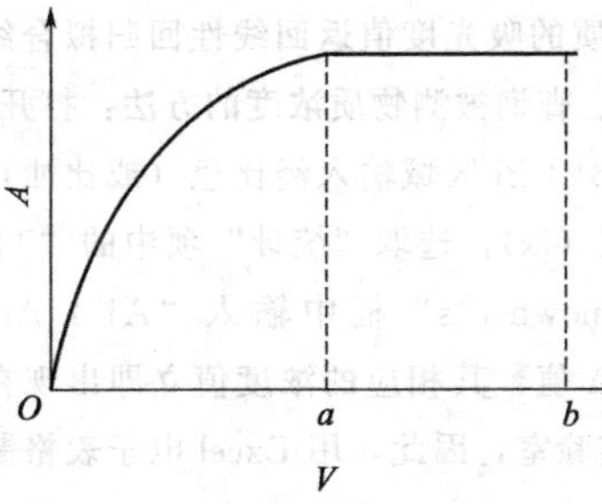

图 6-8 吸光度-显色剂用量关系曲线

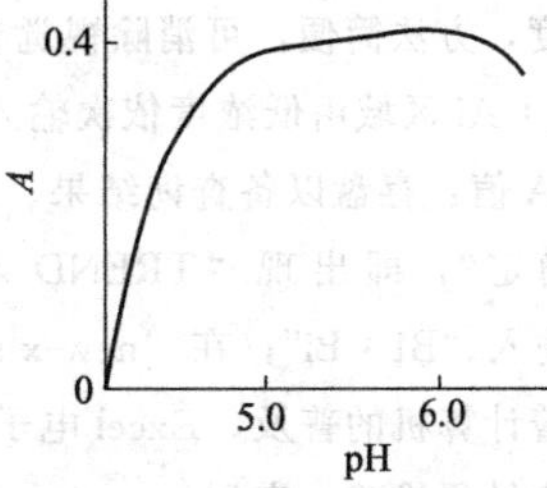

图 6-9 *A*-pH 关系曲线

实验方法：固定被测组分的浓度和其他条件，只改变显色剂的加入量，测量吸光度，做出吸光度-显色剂用量的关系曲线，当显色剂用量达到某一数值而吸光度无明显增大时，表明显色剂用量已足够。

2. 溶液的酸度

酸度影响显色剂的平衡浓度和颜色，影响被测金属离子的存在状态，影响配合物的组成。显色反应的适宜酸度是通过实验来确定的。

实验方法：同上固定其他条件，只改变 pH 值，以 *A* 为纵坐标、pH 值为横坐标绘制 *A*-pH 关系曲线，如图 6-9 所示，从图上确定适宜的 pH 范围。

3. 显色时间

有些显色反应瞬间完成，溶液颜色很快达到稳定状态，并在较长时间内保持不变；有些显色反应虽能迅速完成，但有色化合物很快开始褪色；有些显色反应进行缓慢，溶液颜色需经一段时间后才稳定。因此，必须经实验来确定最适合测定的时间区间。

实验方法：配制一份显色溶液，从加入显色剂起计算时间，每隔几分钟测量一次吸光度，制作吸光度-时间曲线，根据曲线来确定适宜时间。一般来说，对那些反应速率很快、有色化合物又很稳定的体系，测定时间的选择余地很大。

4. 显色温度

一般显色反应在室温下进行，有些显色反应必须加热至一定温度才能完成。选择显色温度时可以作吸光度-显色温度曲线。

5. 溶剂的选择

有机溶剂常降低有色化合物的解离度，从而提高显色反应的灵敏度。有机溶剂还可能提高显色反应的速率，影响有色配合物的溶解度和组成。

阅读材料 2 用 Excel 制作标准曲线

用 Excel 软件制作标准曲线的操作如下。首先，将数据整理好输入 Excel 电子表格中，选取完成的数据区，并点击图表向导，点击图表向导后会运行图表向导，先在图表类型中选“XY 散点图”，并选了图表类型的“散点图”(第一个没有连线的)。点击“下一步”，出现界面。如是输入是横向列表的就不用更改，如果是纵向列表就改选“列”。如果发现图不理想，就要仔细察看是否数据区选择有问题，如果有误，可以点击“系列”来更改。如果是 X 值错了就点击它文本框右边的小图标，出现界面后，在表上选取正确的数据区域。然后，点击“下一步”出现图表选项界面，相应调整选项，以满足自己想要的效果。点击“下一步”，一张带标准值的完整散点图就已经完成。完成了散点图后需要根据数据进行回归分析，计算回归方程，绘制出标准曲线。其实这很简单，先点击图上的标准值点，然后按右键，点击“添加趋势线”。由于是线性关系，所以在类型中选“线性”，点击“确定”，标准曲线就回归并画好了。计算回归后的方程：点击趋势线（也就是我们说的标准曲线），然后按右键，选趋势线格式，在显示公式和显示 R 平方值（直线相关系数）前点一下，勾上，再点确定，这样公式和相关系数都出来了。用 Excel 电子表格中的 TREND 函数，将标准品的吸光度值与对应浓度进行直线拟合，然后由被测物质的吸光度值返回线性回归拟合线，查询被测物质的浓度，方法简便，可消除视觉差，提高实验的准确性。查询被测物质浓度的方法：打开 Excel 电子表格，在 A1∶Ai 区域由低浓度依次输入标准品的浓度值；在 B1∶Bi 区域输入经比色（或比浊）后得到的标准品相应 A 值：存盘以备查询结果。点击工具栏中的函数钮（fx)，选取“统计”项中的“TREND 函数”；点击“确定”，即出现“TREND 函数”输入框。在“known-y′s”框中输入“A1∶Ai”，在“known-x′s”中输入“B1∶Bi”；在“new-x′s”中，输入被测物的 A 值，其相应的浓度值立即出现在“计算结果”处。随着计算机的普及，Excel 电子表格亦被广泛应用于实验室，因此，用 Excel 电子表格制作标准曲线及查询测定结果准确、实用。

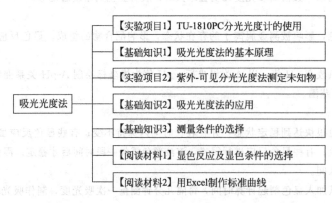

本章小结

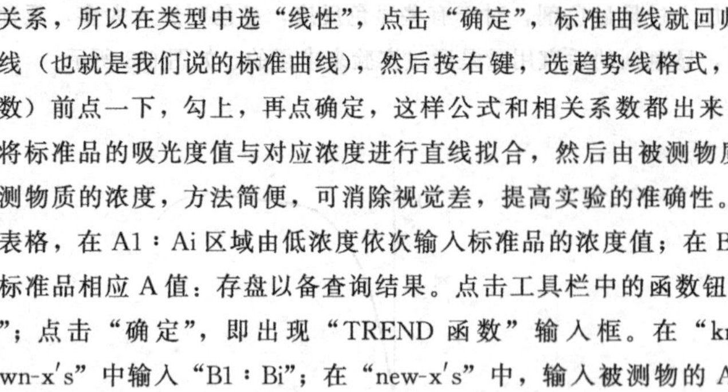

课后习题

1. 选择题

(1) 一束（　　）通过有色溶液时，溶液的吸光度与溶液浓度和液层厚度的乘积成正比。

A. 平行可见光　　B. 平行单色光　　C. 白光　　D. 紫外光

(2) (　　) 为互补色光。

A. 黄与蓝　　B. 红与绿　　C. 绿与青　　D. 紫与青蓝

(3) 下列操作中正确的是 (　　)。

A. 比色皿外壁有水珠　　B. 手捏比色皿的光面

C. 用报纸擦拭比色皿外壁　　D. 手捏比色皿的毛面

(4) 如果显色剂或试剂有吸收，可用 (　　) 作参比溶液。

A. 溶剂　　B. 试剂　　C. 蒸馏水　　D. 显色剂

2. 填空题

(1) 分光光度计由________、________、________、________和________ 5 部分组成。

(2) 朗伯-比尔定律的数学表达式是________。

(3) 吸收池的材质通常有________和________两种。

3. 何为工作曲线？它有什么用途？

4. 光度测量的条件是什么？

5. 某试液用 2cm 的比色皿测得 $T=60\%$，若改用 1cm 比色皿，则 T 和 A 各是多少？

第七章

原子吸收光谱法

知识目标

1. 掌握原子吸收光谱法分析的基本原理
2. 掌握原子吸收吸光光度计的基本结构和工作原理
3. 理解原子吸收光谱法的定量关系
4. 掌握定量分析方法

能力目标

1. 能用石墨炉原子吸收光谱法测定待测物中痕量元素
2. 能根据电磁辐射的实质解释原子吸收光谱法的基本原理
3. 能根据实验数据得出定量分析结果

科学常识　原子吸收光谱法的发展

1802 年，Wollaston 在观察太阳光谱时，发现了一些暗线，但当时他没有弄清出现这些暗线的原因；大约在 1814～1815 年间，Fraunhofer 在棱镜后面安装了一个很窄的狭缝和一架望远镜，对 Wollaston 太阳暗线进行了更仔细的观察和观测，并对这些暗线位置进行标定。1955 年，澳大利亚物理学家 A. Walsh 设计通过实验发明了锐线光源灯，他解决了原子吸收实际测量的问题，制造出世界上第一台原子吸收光谱商品仪器。此后，原子吸收的应用得到突飞猛进的发展，并在化工、冶金、地质、石油、农业、医药、环保、商检等部门得到日益广泛的应用，并成为许多部门所必需的分析测试手段。

实验项目　食品中铅含量的测定

【任务描述】

（1）掌握用石墨炉原子吸收光谱法测定待测物中低铅含量的原理和方法；

(2) 熟悉试样的预处理与分解操作技术。

【教学器材】

石墨炉原子吸收光谱计、微量注射器、马弗炉、瓷坩埚、可调式电炉、分析天平、锥形瓶、容量瓶、加热装置。

【教学药品】

$1mg \cdot mL^{-1} Pb^{2+}$储备液、$HNO_3$-$HClO_4$混合酸($HNO_3$和$HClO_4$的体积比为4∶1)、1∶1 HNO_3溶液、$1mol \cdot mL^{-1}$ HNO_3溶液、$(NH_4)_2S_2O_8$(固体)、13.30%双氧水、食品试样。

【组织形式】

在教师指导下，每位同学根据实验步骤独立完成实验。

【注意事项】

(1) 使用的试剂如硝酸、高氯酸都具有腐蚀性，比较危险，且在实验过程中会产生大量酸雾和烟。因此，要在通风橱内进行。

(2) 由于酸度太大对石墨炉法测定元素影响很大，特别是对石墨管的损害非常大，应控制酸的浓度不应太高。

【实验步骤】

一、$1mg \cdot mL^{-1} Pb^{2+}$储备液制备

准确称取1.0000g纯铅（含Pb质量分数在99.99%以上），置于锥形瓶中，分次加少量1∶1 HNO_3溶液(总量不超过37mL)，加热溶解，冷却至室温，定量移入1L容量瓶中，用水稀释至标线，混匀。

其Pb^{2+}标准使用液可由此储备液经$1mol \cdot L^{-1}$ HNO_3溶液稀释后制得。

二、试样预处理

(1) 粮食、豆类去杂物后，破碎、磨细，过20目筛。

(2) 肉类、水果、蔬菜、鱼类及蛋类等水分含量高的鲜样，打成匀浆。

三、试样分解与试液制备

干法灰化：准确称取1～5g试样(根据铅含量而定)，置于瓷坩埚中，加2～4mL HNO_3浸泡1h以上，先在电炉或电热板上小火炭化，冷却后，加2～3g $(NH_4)_2S_2O_8$盖于上面，继续炭化至不冒烟，移入500℃马弗炉中恒温2h，再升温至800℃，保持20min，冷却，加2～3mL $1mol \cdot L^{-1}$ HNO_3溶液，将硝化液洗入(或过滤入)10～25mL容量瓶中，用水少量多次洗涤瓷坩埚，洗液合并于容量瓶中稀释至标线，混匀备用。同时做空白试验。

四、Pb含量的测定

(1) 试样中Pb含量的测定　吸取上述已制备好的试液、空白试液各10μL，注入石墨炉中，在波长283.3nm，狭缝0.2～1.0nm，灯电流5～7mA，干燥温度120℃、时间20s，灰化温度450℃、时间15～20s，原子化温度1700～2300℃、持续4～5s，背景校正为氘灯情况下，测定其吸光度。

(2) 工作曲线的绘制　吸取已制备好的试液、空白试液各10μL，注入石墨炉中，按上述测定试样中Pb含量的仪器工作条件测定其吸光度。减去试剂空白吸光度，绘制出相应的工作曲线。

在重复条件下获得的两次独立测定结果的绝对差值不得超过算数平均值的20%。

【任务解析】

铅是一种蓄积性的有害元素，广泛分布于自然界。食品中铅的来源很多，包括动植物原料、食品添加剂及接触食品的管道、容器包装材料、器具和涂料等，均会使铅转移到食品中。长期食用含有铅的食品对人体有害，会造成铅慢性中毒，严重时还会引起血色素缺少性贫血、血管痉挛、高血压等疾病。因此，对食品中铅含量的检验显得尤为重要。

为控制人体铅的摄入量，《食品中铅限量卫生标准》(GB 14935—1994)中规定，豆浆、肉类、粮食、水果中的铅含量(以Pb计)应分别不大于0.8mg·kg^{-1}、0.5mg·kg^{-1}、0.4mg·kg^{-1}、0.2mg·kg^{-1}。食品中铅的测定，可采用原子吸收光谱法、分光光度法（比色)、氢化物原子荧光光谱法和极谱法等，本实验主要使用石墨炉原子吸收光谱法。

试样经干法灰化，注入原子吸收光谱计石墨炉中，电热原子化后吸收283.3nm共振线，在一定浓度范围内，其吸收值与Pb含量成正比，其检出限为5μg·kg^{-1}，与标准系列比较定量。

> **【想一想】** 对基体为无机物的试样分解，通常采用什么方法？若测定水样中的Pb含量应如何进行试样的分解？

基础知识1 原子吸收光谱分析法

一、原子吸收光谱分析

原子吸收光谱分析法(atomic absorption spectrometry，AAS)，简称原子吸收。它与紫外-可见分光光度相似之处在于它遵循光的吸收定律——朗伯-比尔定律；不同之处在于原子吸收光谱不是用可见光或紫外光作光源，而是用被测元素制成的空心阴极灯，用被测溶液喷入火焰后挥发热解成自由原子蒸气代替分光光度计中吸收池里的溶液，是基于蒸气相中被测元素的基态原子对其共振波长光的吸收作用来测定试样中被测元素含量的一种方法。火焰原子化法(FAAS)、石墨炉原子化法(CFAAS)是常用的原子化方式。

火焰原子化法：适用于测定易原子化的元素，是原子吸收光谱法应用最为普遍的一种，对大多数元素有较高的灵敏度和检测极限，且重现性好，易于操作(见图7-1)。

石墨炉原子化法：火焰原子化虽好，但缺点在于仅有10%的试液被原子化，而90%由废液管排出，这样低的原子化效率成为提高灵敏度的主要障碍，而石墨炉原子化装置可提高原子化效率，使灵敏度提高10～200倍。该法一种是利用热解作用，使金属氧化物解离，它适用于有色金属、碱土金属；另一种是利用较强的碳还原气氛使一些金属氧化物被还原成自由原子，它主要针对于易氧化难解离的碱金属及一些过渡元素。用样量都在几微升到几十微升之间，尤其是对某些元素测定的灵敏度和检测限有极为显著的改善。

原子吸收光谱法的主要作用是分析各类样品中金属元素的含量，尤其应用于微量和痕量分析，广泛用于低含量元素的定量测定，可对70余种金属和非金属元素进行定量测定。

原子吸收光谱法具有如下特点。

(1) 选择性高、干扰小 分析不同元素需选择不同元素的灯，若实验条件合适，一般可

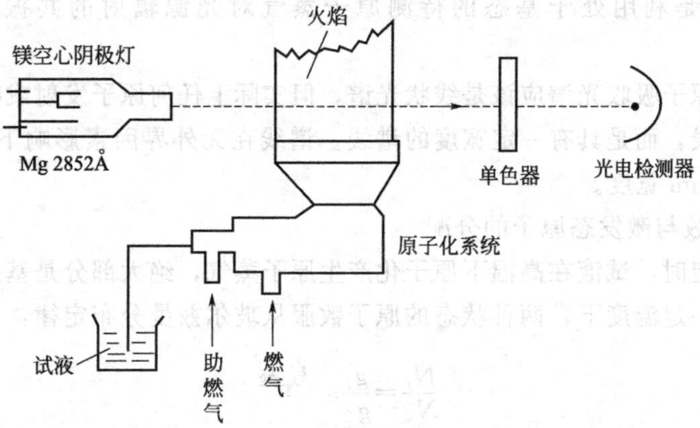

图 7-1　原子吸收光谱分析示意图

以在不分离共存元素的情况下直接测定。

(2) 灵敏度高、准确度高　用火焰原子吸收分光光度法可测到 10^{-9} g·L^{-1} 数量级，用无火焰原子吸收分光光度法可测到 10^{-13} g·L^{-1} 数量级。火焰原子吸收光谱法的相对误差小于 1%，其准确度接近经典化学方法。石墨炉原子吸收法的准确度一般为 3%～5%。

(3) 操作简便，分析速度快　在准备工作做好后，一般几分钟即可完成一种元素的测定。若利用自动原子吸收光谱仪可在 35min 内连续测定 50 个试样中的 6 种元素。

(4) 应用广泛　可用来测定 70 多种元素，既可做痕量组分分析，又可进行常量组分测定，已在冶金、地质、采矿、石油、轻工、农药、医药、食品及环境监测等方面得到广泛应用。

二、原子吸收光谱分析的基本原理

1. 共振线和吸收线

元素原子的核外电子处于最低能级时的状态称为基态（$E_0=0$）。当外界给予能量时，电子由基态跃迁到能量较高的状态称为激发态(见图 7-2)。

当电子从低能级跃迁到高能级时，必须吸收相当于两个能级间能量差的能量，所吸收光辐射的波长为：

$$\lambda = hc/\Delta E \tag{7-1}$$

一个原子可具有多种能级状态。当有辐射通过自由原子蒸气时，若辐射频率等于原子中的电子从基态跃迁到激发态发射或吸收的电磁辐射称为共振线。而从基态跃迁至能量最低的激发态（第一激发态）产生的共振线称为第一共振线。

各种元素的原子结构和外层电子排布不同，不同元素的原子从基态激发至第一激发态（或由第一激发态跃迁返回基态）时，吸收（或发射）的能量不同，因而各种元素的共振线不同而各有其特征性，所以这种共振线是元素的特征谱线。对大多数元素来说，共振线的灵敏度最高，又称为最灵敏线。原

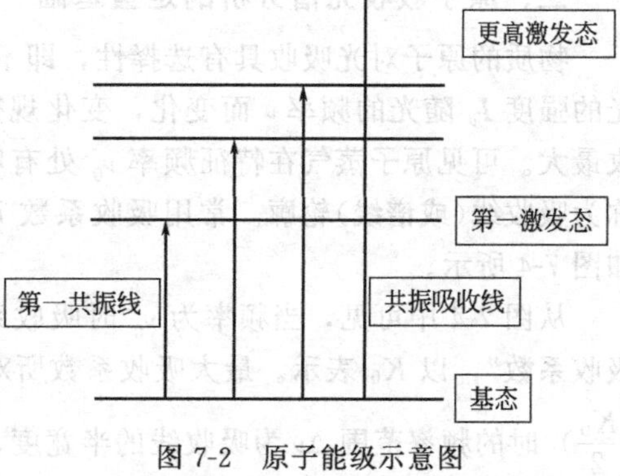

图 7-2　原子能级示意图

子吸收光谱法就是利用处于基态的待测原子蒸气对光源辐射的共振线的吸收来进行分析测定。

从理论上讲原子吸收光谱应该是线状光谱，但实际上任何原子发射或吸收的谱线都不是绝对单色的几何线，而是具有一定宽度的谱线。谱线在无外界因素影响下，称为自然宽度，其量级约为 10^{-5}nm 宽度。

2. 基态原子数与激发态原子的分配

原子吸收测定时，试液在高温下原子化产生原子蒸气，绝大部分是基态原子，还有少量激发态原子，在一定温度下，两种状态的原子数服从玻尔兹曼分布定律：

$$\frac{N_j}{N_0}=\frac{g_j}{g_0}e^{-\frac{E_j-E_0}{kT}} \tag{7-2}$$

式中 N_j，N_0——激发态和基态的原子数；

E_j，E_0——激发态和基态原子的能量；

T——热力学温度；

k——玻尔兹曼常数，1.83×10^{-23} J·K^{-1}。

表 7-1 某些元素共振线的 N_j/N_0 值

λ 共振线/nm	g_j/g_0	激发能/eV	N_j/N_0	
			T=2000K	T=3000K
Cs 852.1	2	1.45	4.44×10^{-4}	7.24×10^{-3}
Na 589.0	2	2.104	9.86×10^{-6}	5.83×10^{-4}
Ca 422.7	3	2.932	1.22×10^{-7}	3.55×10^{-5}
Fe 372.0		3.332	2.99×10^{-9}	1.31×10^{-6}
Cu 324.8	2	3.817	4.82×10^{-10}	6.65×10^{-7}
Mg 285.2	3	4.346	3.35×10^{-11}	1.50×10^{-7}
Pb 283.3	3	4.375	2.83×10^{-11}	1.34×10^{-7}

在原子吸收光谱法中，原子化温度一般小于 3000K，大多数元素的最强共振线波长都低于 600nm，N_j/N_0 值很小(绝大多数在 10^{-3} 以下)，N_j 可以忽略不计。因此可用基态原子数 N_0 代替吸收辐射的总原子数（见表 7-1)。

三、原子吸收光谱分析的定量基础

物质的原子对光吸收具有选择性，即不同频率的光，原子对它的吸收是不同的，故透过光的强度 I_ν 随光的频率 ν 而变化，变化规律如图 7-3 所示。在频率 ν_0 处透过光最少，即吸收最大。可见原子蒸气在特征频率 ν_0 处有吸收线，而且具有一定的频率范围，在光谱学中称为吸收线(或谱线)轮廓。常用吸收系数 K_ν 随频率 ν 变化曲线关系来描述吸收谱线轮廓，如图 7-4 所示。

从图 7-4 中可见，当频率为 ν_0 时吸收系数有极大值，称为“最大吸收系数”或“峰值吸收系数”，以 K_0 表示。最大吸收系数所对应的频率 ν_0 称为中心频率。最大吸收系数之半（$\frac{K_0}{2}$）时的频率范围 $\Delta\nu$ 为吸收线的半宽度，约为 0.005nm。

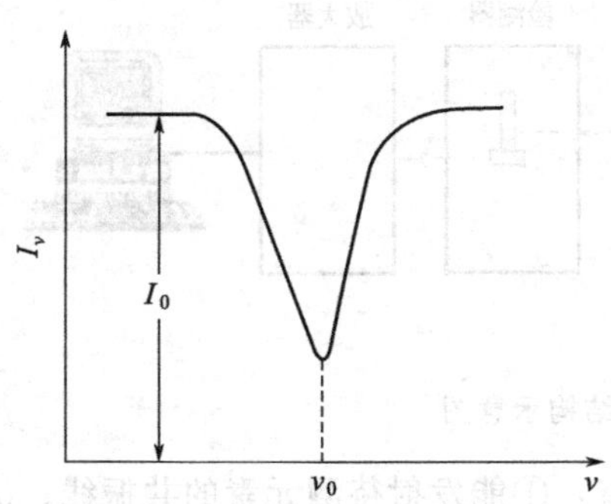

图 7-3 I_ν 与 ν 的关系

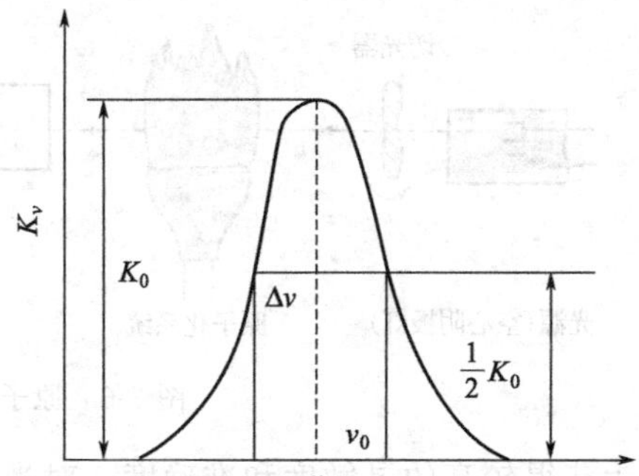

图 7-4 原子吸收线的轮廓图

峰值吸收是指气态基态原子蒸气对入射光中心频率线的吸收。为了测量峰值吸收，必须使光源发射线的中心频率与吸收线的中心频率一致，而且发射线的半宽度 $\Delta\nu_e$ 必须比吸收线的半宽度 $\Delta\nu_e$ 小得多(见图 7-5)。实际工作中，用一个与待测元素相同的纯金属或纯化合物制成的空心阴极灯作锐线光源。

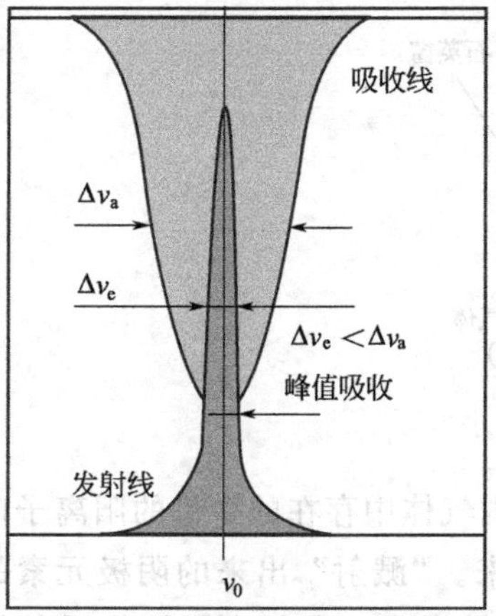

图 7-5 峰值吸收测量示意图

在使用锐线光源的情况下，原子蒸气对入射光的吸收也遵守朗伯-比尔(Lamber-Beer)定律：

$$A = \lg\frac{I_0}{I} = KN_0b \qquad (7\text{-}3)$$

式中，I_0 和 I 分别表示入射光和透射光的强度；b 为原子蒸气的厚度；N_0 为试样中基态原子数目。

在一定条件下，吸光度与待测元素的浓度关系可表示为：

$$A = K'c \qquad (7\text{-}4)$$

式中，K' 在一定实验条件下是常数。式(7-3)、式(7-4)说明：在一定实验条件下，通过测定基态原子(N_0)的吸光度(A)，就可求得试样中待测元素的浓度(c)，此即为原子吸收光谱法定量分析的基础。

【想一想】 原子吸收与分光光度法有什么异同?

基础知识 2　原子吸收分光光度计

原子吸收分光光度计主要由光源、原子化系统、分光系统和检测系统 4 部分组成(见图 7-6)，通常有单光束型和双光束型两类。原子吸收光谱仪工作时，由光源发射的待测元素的特征光谱通过原子化器，被原子化器中的基态原子吸收，再射入单色器中进行分光后，被检测器接收，即可测得其吸收信号。

一、光源

光源的作用是发射待测元素的特征光谱，以供吸收测量之用。

1. 对光源的要求

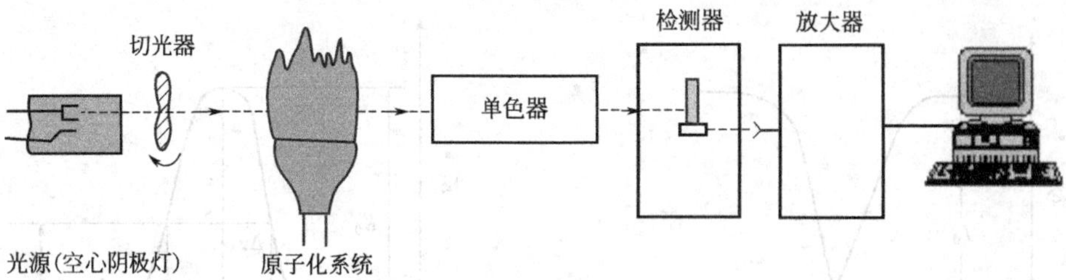

图 7-6 原子分光光度计结构示意图

为获得较高的灵敏度和准确度，对光源的要求有：①能发射待测元素的共振线；②能发射锐线光源；发射光强稳定，背景小（便于信号检测）。

空心阴极灯、蒸气放电灯及高频无极放电灯均符合上述要求，最通用的是空心阴极灯。

2. 空心阴极灯

空心阴极灯(见图 7-7)是一种气体放电管，主要由一个阳极和一个空心圆筒形阴极组成，阳极为钨棒，阴极由待测元素的高纯金属或合金制成。两电极密封于带有石英窗的玻璃管中，管中充有低压惰性气体。

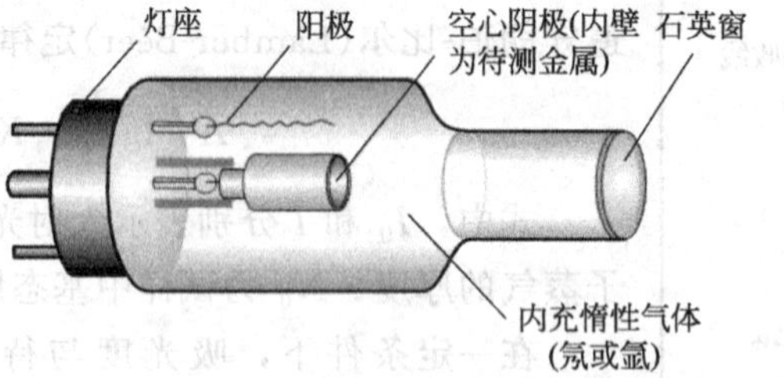

图 7-7 空心阴极灯

空心阴极灯的发光原理：当正负电极间施加电压时，管内气体中存在的少量的阳离子向阴极运动，并轰击阴极表面，使阴极表面的金属原子溅射出来。“溅射”出来的阴极元素的原子，在阴极区与电子、惰性气体原子、离子等相互碰撞而被激发，发射出阴极物质的线光谱。

空心阴极灯发射的光谱，主要是阴极元素的光谱，因此用不同的待测元素作阴极材料，可制作各相应待测元素的空心阴极灯。空心阴极灯的光强度与工作电流有关，增大灯的工作电流，可以增加光强度。空心阴极灯的优点是只有一个操作参数（即电流），发射光强度高而稳定，谱线宽度窄，而且灯也容易更换。缺点是使用不太方便，每测定一个元素均需要更换相应的待测元素的空心阴极灯。

二、原子化系统

原子化系统的作用是将试样转变成气态的基态原子(原子蒸气)。被测元素由试样中转入气相，并解离为基态原子的过程，称为原子化过程。原子化过程示意如下：

$$\begin{array}{ccccl} & & & & M^{*}(\text{激发态原子}) \\ & & & & \updownarrow \\ MX(\text{试样}) & \rightleftharpoons & MX(\text{气态}) & \rightleftharpoons & M(\text{基态原子}) + X(\text{气态}) \\ & & & & \updownarrow \\ & & & & M^{+}(\text{离子}) + e^{-} \end{array}$$

对原子化器的要求是：必须有足够高的原子化效率；具有良好的稳定性和重现性；操作简便以及干扰小等。常用的原子化器有火焰原子化器和非火焰原子化器。

（一）火焰原子化装置

火焰原子化装置包括雾化器和燃烧器两部分，如图 7-8 所示。

1. 雾化器

雾化器是火焰原子化器的关键部件之一，作用是将试样分散为极微细的雾滴，形成直径约 10μm 的雾滴的气溶胶(使试液雾化)。要求雾化器喷雾稳定和雾化效率高。

2. 燃烧器

试液雾化后进入预混合室(雾化室)，与燃气(如乙炔、丙烷等)在雾化室内充分混合。其中较大的雾滴凝结在壁上，经雾化室下方废液管排出，而最细的雾滴进入火焰中。

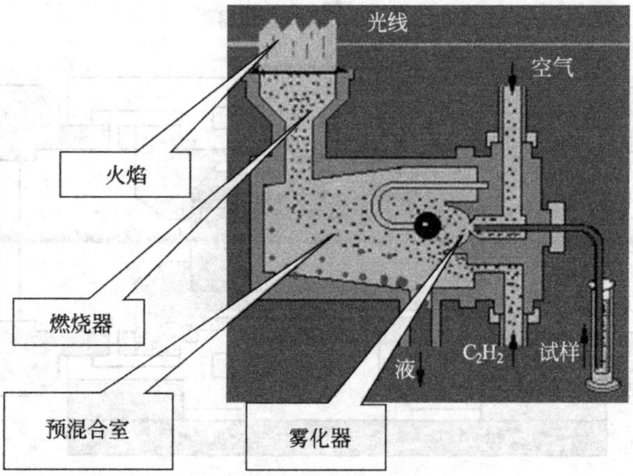

图 7-8　火焰原子化装置

3. 火焰

火焰的作用是提供一定的能量，使试液雾滴蒸发、干燥，并经过解离或还原作用，产生大量基态原子。要求火焰的温度能使待测元素解离成游离基态原子，如果超过所需温度，则激发态原子增加，基态原子将减少，这对原子吸收是很不利的。因此，在确保待测元素能充分原子化的前提下，使用较低温度的火焰比使用较高温度的火焰具有较高的灵敏度。几种常见火焰的燃烧特征见表 7-2。

表 7-2　几种常见火焰的燃烧特征

气体混合物	最高燃烧速度/cm·s^{-1}	温度/K
空气-乙炔	160	2573
空气-氢气	320	2318
空气-丙烷	82	2198
氧气-氢气	900	2973
氧气-乙炔	1130	3333
氧气亚氮-乙炔	180	3248

在原子吸收分析中，最常用的火焰有空气-乙炔火焰和氧化亚氮-乙炔火焰两种。前者最高使用温度约 2600K，是用途最广的一种火焰，能用于测定 35 种以上的元素；后者温度高达 3300K 左右，这种火焰不但温度高，而且形成强还原性气氛，可用于测定空气-乙炔火焰所不能分析的难解离元素，如铝、硅、硼、钨等，并且消除在其他火焰中可能存在的化学干

扰现象。

（二）无火焰原子化装置

火焰原子化装置的主要缺点是原子化效率低。无火焰原子化装置在提高原子化效率方面取得了较大的成就。无火焰原子化装置是利用电热、阴极溅射、等离子体或激光等方法使试样中待测元素形成基态自由原子。目前广泛使用的是电热高温石墨炉原子化法。

石墨炉原子化器(见图 7-9)由石墨炉电源、炉体和石墨管三部分组成。将石墨管固定在两个电极之间，石墨管中心有一进样口，试样由此注入。

石墨炉电源是能提供低电压(10～15V)、大电流(400～600A)的供电设备。当其与石墨管接通时，能使石墨管迅速加热到 2000～3000℃的高温，以使试样蒸发、原子化和激发。

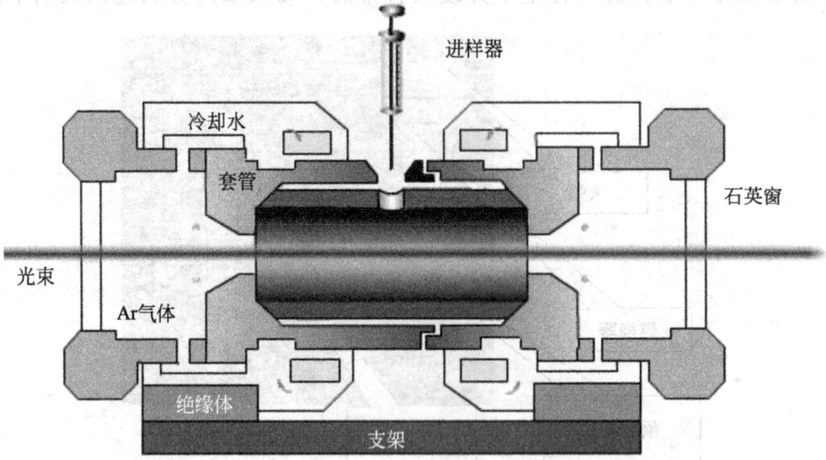

图 7-9　电热高温石墨炉原子化装置

石墨炉原子化过程，一般需要经干燥、灰化、原子化、净化四个阶段。

(1) 干燥　蒸发除掉试液的溶剂，通常干燥的温度稍高于溶剂的沸点。对水溶液，干燥温度一般在 100℃左右。

(2) 灰化　在不损失待测元素的前提下，进一步除去有机物或低沸点的无机物，以减少基体组分对待测元素的干扰。

(3) 原子化　待测元素称为基态原子。原子化的温度一般在 2400～3000℃(因被测元素而定)。

(4) 净化(除残)　升至更高的温度，除去石墨管中的残留分析物，以减少和避免记忆效应。

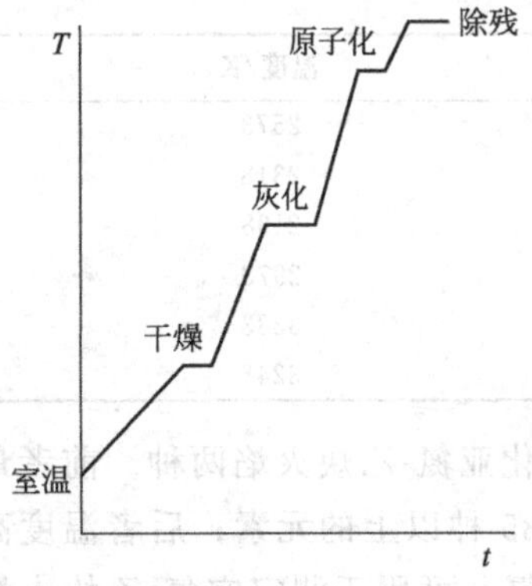

图 7-10　石墨炉升温程序示意图

图 7-10 是石墨炉升温程序示意图

电热原子化装置是在惰性气体保护下的石墨介质中进行的，取样量少（通常固体样品，0.1～10mg，液体样品 1～50μL）；试样全部蒸发，原子在测定区的停留时间长，几乎全部参与光吸收，原子化效率和测定灵敏度高，检测极限可达 10^{-9}～10^{-13} g，一般比火焰原子化法提高几个数量级；整个操作过程在封闭系统中进行，故操作安全。

三、分光系统

分光系统主要由色散元件、凹面镜和狭缝组成，这样的系统也简称为单色器。单色器的作用是将待测元素的共振线与邻近谱线分开，让待测元素的共振线通过。光栅 G 可以转动，通过转动光栅，各种波长的光按顺序从光狭缝射出。光栅与刻度盘相连接，转动光栅时即可以从刻度盘上读出出射光的波长。图 7-11 所示为分光系统示意图。

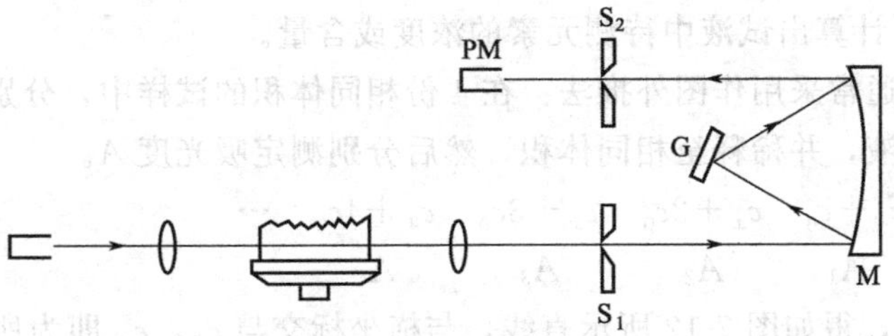

图 7-11 分光系统示意图

G—光栅；M—反射镜；S_1—入射狭缝；S_2—出射狭缝；PM—检测器

四、检测系统

检测系统主要由检测器、放大器、对数变换器和显示记录装置组成。

(1) 检测器 其作用是将单色器分出的光信号转变成电信号，将微弱的光能量转换成电信号，并有不同程度的放大作用。常用的光电转换元件是光电倍增管。

(2) 放大器 虽然光电倍增管已将信号有所放大，但仍较弱，常使用同步检波放大器将电信号进一步放大。

(3) 对数变换器 将检测、放大后的透光度（T）信号，经运算放大器转换成吸光度（A）信号。

(4) 显示记录装置 读数显示装置包括表头读数(检流计)、自动记录及数据显示几种。

【想一想】原子吸收分光光度计与紫外-可见分光光度计有什么异同？

基础知识 3 原子吸收定量分析方法

一、标准曲线法

首先配制一组合适的标准溶液(浓度由低到高)，依次喷入火焰，分别测定吸光度 A 值。以 A 值为纵坐标，待测元素的含量或浓度为横坐标，作 A-c 曲线。在相同的实验条件下，测定待测试样溶液的吸光度，从标准曲线上查得试样中待测元素的含量或浓度 c_x。

标准曲线法简便、快速，但仅适用于组成比较简单的试样。

二、标准加入法

若试样的基体组成复杂，且试样的基体对测定有明显的干扰，则在一定浓度范围内标准曲线呈线性的情况下，可用标准加入法测定。

取相同体积的试样溶液(浓度为 c_x)两份，分别移入容量瓶 A 和 B 中，在 B 中加入一定量的标准溶液，稀释至刻度，分别测出 A、B 两份溶液的吸光度 A_x、A_0，根据朗伯-比尔定律：

$$A_x = kc_x$$

$$A=k\ (c_x+c_s)$$

上述两式联立：

$$c_x=\frac{A_x}{A-A_x}\times c_s \tag{7-5}$$

根据式(7-5)可计算出试液中待测元素的浓度或含量。

实际测定时，通常采用作图外推法：在4份相同体积的试样中，分别按比例加入不同量待测元素的标准溶液，并稀释至相同体积，然后分别测定吸光度 A。

浓　度：c_x　c_x+c_0　c_x+2c_0　c_x+3c_0　c_x+4c_0　…

吸光度：A_x　A_1　A_2　A_3　A_4

以 A 对 c 作图，得如图7-12所示直线，与横坐标交与 c_x，c_x 即为所测试样中待测元素的浓度。

使用标准加入法进行定量分析时，应注意以下几点：

(1) 吸光度与待测元素的浓度应呈线性关系；

(2) 为得到较为精确的外推结果，最少应采用4个点作外推曲线，加入标准的量不能过高或过低；

(3) 标准加入法可以消除基体效应带来的影响，但不能消除背景吸收的影响；

(4) 曲线斜率太大或太小都会引起较大误差。

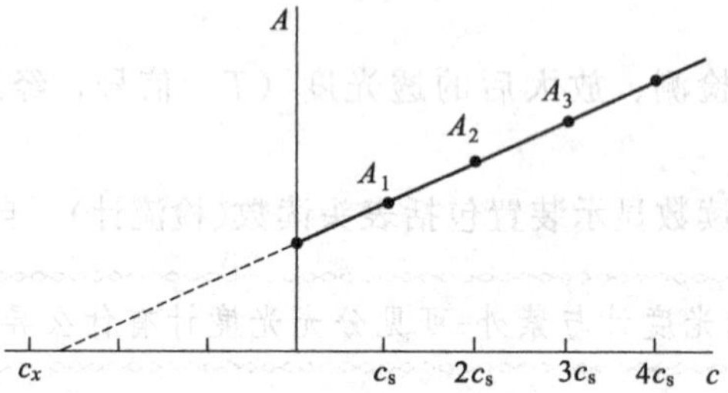

图7-12　标准加入法

阅读材料　原子吸收分光光度法的特点及其应用

人体中含有三十几种金属元素，如K、Na、Mg、Ca、Cr、Mo、Fe、Pb、Co、Ni、Cu、Zn、Cd、Mn、Se等，其中大部分为痕量，可用原子吸收光谱法测定。常用于以下方面的测定应用。

(1) 碱金属(Li、Na、K、Rb、Cs)　测定碱金属灵敏度和精密度都很高，且干扰效应较小。

(2) 碱土金属(Be、Mg、Ca、Sr、Ba)　这些元素的混合物能容易地用原子吸收法测定，专属性好，干扰很少。

(3) 有色金属(Pb、Cu、Zn、Cd、Hg、Bi、Ti)　例如，头发中锌的测定：取枕部距发根1cm的发样约200mg，经洗涤剂液浸约0.5h，用自来水冲洗，再用去离子水冲洗，烘干，准确称量20mg，在石英硝化管用 $HClO_4:HNO_3=1:5$，硝化后用0.5% HNO_3 定容，最后测定 A。另外，空气、水和土壤等样品中各种有害微量元素Pb、Zn、Cd等的检测都可用原子吸收法来测定。

(4) 黑色金属(Fe、Co、Cr、Ni、Mn)　光谱复杂，有很多谱线，应使用高强度空心阴极灯和窄的光谱通带。

(5) 贵金属(Au、Ag、Pt、Rh、Ru、Os、Ir)　测定这类金属灵敏度较高。

本章小结

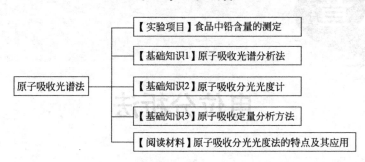

- 原子吸收光谱法
  - 【实验项目】食品中铅含量的测定
  - 【基础知识1】原子吸收光谱分析法
  - 【基础知识2】原子吸收分光光度计
  - 【基础知识3】原子吸收定量分析方法
  - 【阅读材料】原子吸收分光光度法的特点及其应用

课后习题

1. 填空题

(1) 原子吸收分光光度计由__________、__________、__________、__________等主要部件组成。

(2) 通常情况下紫外-可见光分光度法中常根据__________原则选择入射光波长，而原子吸收通常选用__________作分析线。

(3) 原子化器的作用是__________，原子化的方法有__________和__________。

(4) 在原子吸收光谱中，为了测出待测元素的峰值，吸收系数必须使用锐线光源，常用的光源是__________。

2. 选择题

(1) 原子吸收光谱法是基于光的吸收符合(　　)，即吸光度与待测元素的含量成正比而进行分析检测的。

A. 多普勒效应　B. 朗伯-比尔定律　C. 光电效应　D. 乳剂特性曲线

(2) 原子吸收光谱法中的吸光物质是(　　)。

A. 分子　B. 离子　C. 基态原子　D. 激发态原子

(3) 空心阴极灯的主要操作参数是(　　)。

A. 灯电流　B. 灯电压　C. 阴极温度　D. 内充气体的压力

(4) 原子吸收分析中光源的作用是(　　)。

A. 提供试样蒸发和激发所需的能量　B. 在广泛的光谱区域内发射连续光谱

C. 发射待测元素基态原子所吸收的特征共振辐射　D. 产生紫外线

(5) 在原子吸收分析中，采用标准加入法可以消除（　　）。

A. 基体效应的影响　B. 光谱背景的影响　C. 其他谱线的干扰　D. 电离效应

(6) 在原子吸收光谱分析中，若组分较复杂且对被测组分又有明显干扰时，为了准确地进行分析，最好选择(　　)进行分析。

A. 工作曲线法　B. 内标法　C. 标准加入法　D. 间接测定法

(7) GFAAS分析中，石墨炉升温顺序是(　　)。

A. 灰化-干燥-净化-原子化　B. 干燥-灰化-净化-原子化

C. 干燥-灰化-原子化-净化　D. 灰化-干燥-原子化-净化

(8) 石墨炉原子吸收法与火焰法相比，优点是(　　)。

A. 灵敏度高　B. 重现性好　C. 分析速度快　D. 背景吸收小

3. 简答题

(1) 石墨炉原子化升温的四个阶段的作用是什么？

(2) 在原子吸收分析中为什么常选择共振线作吸收线？

第八章

电位分析法

知识目标

1. 掌握电位分析法的基本原理
2. 掌握常用参比电极的构造
3. 掌握直接电位法测定 pH 的原理
4. 了解指示电极的种类
5. 了解电位滴定法的仪器装置

能力目标

1. 实验中正确选用参比电极和指示电极，掌握直接电位法测定离子浓度的实验技术
2. 小组成员间的团队协作能力
3. 培养学生的动手能力和安全生产的意识

生活常识　等电位连接

安全接地就是等电位连接，它是以大地电位为参考电位的大范围的等电位连接。在一般概念中接地指的是接大地，不接大地就是违反了电气安全的基本要求，这一概念有局限性。飞机飞行中极少发生电击事故和电气火灾，但飞机并没有接大地。飞机中的用电安全不是靠接大地，而是靠等电位连接来保证在飞机内以机身电位为基准电位来做等电位连接。由于飞机内范围很窄小，即使在绝缘损坏的事故情况下电位差也很小，因此飞机上的电气安全是得到有效保证的。人生活在地球上，因此往往需要与地球等电位，即将电气系统和电气设备外壳与地球连接，这就是常说的“接地”。飞机上可用接线端子与机身连接，而在地球上则需用接地极作为接线端子与其连接。

实验项目 氯化物中氯含量的测定(电位测定法)

【任务描述】

利用电位滴定法测定氯化物中氯的含量。

【教学器材】

离子计或精密酸度计（量程为－500～＋500mV)、测量电极（银电极或用具有硫化银涂层的银电极)、参比电极(双液接型饱和甘汞电极，内充饱和氯化钾溶液，滴定时外套管内盛饱和硝酸钾溶液)、微量滴定管(分度值为 0.02mL 或 0.01mL)、电磁搅拌器、移液管、烧杯、容量瓶、分析天平。

【教学药品】

0.1mol·L^{-1}氯化钾标准溶液、0.1mol·L^{-1}硝酸银标准滴定溶液、0.1%溴酚蓝指示液(乙醇溶液)、2∶3 硝酸溶液、95%乙醇溶液、200g·L^{-1}氢氧化钠溶液。

【组织形式】

每三个同学为一实验小组，根据教师指导独立完成实验。

【注意事项】

(1) 酸度计使用前必须校准。

(2) 玻璃电极初次使用须在蒸馏水中浸泡 24h 以上，平时不用也应浸在蒸馏水中，而甘汞电极则应浸泡在氯化钾饱和溶液中。

(3) 饱和甘汞电极在使用前应先取下电极下端口和上侧加液口的小胶帽，不用时戴上。

(4) 饱和甘汞电极内部溶液的液面应高于试样溶液液面，以防止试样对内部溶液的污染或因外部溶液与 Ag^{+}、Hg^{2+} 发生反应而造成液接面的堵塞，尤其是后者，可能是测量误差的主要来源。

(5) 上述试液污染对测定影响较小。但如果用此参比电极测 K^{+}、Cl^{-}、Ag^{+}、Hg^{2+} 时，其测量误差可能会较大，这时可用盐桥(不含干扰离子的 KNO_3 或 Na_2SO_4)。

(6) 饱和甘汞电极使用前要检查电极下端陶瓷芯毛细管是否通畅。检查方法是，先将电极外部擦干，然后用滤纸紧贴磁芯下端片刻，若滤纸上出现湿印，则证明毛细管未堵塞。

【实验步骤】

一、氯化钾标准溶液和硝酸银标准滴定溶液的配制与标定

1. 0.1mol·L^{-1}氯化钾标准溶液制备

准确称取 3.728g 预先在 130℃下烘至恒重的基准氯化钾(称准至 0.001g)，置于烧杯中，加水溶解后，移入 500mL 容量瓶中用水稀释至刻度线，混匀。

其他浓度的氯化钾溶液如 0.01mol·L^{-1}、0.005mol·L^{-1}、0.001mol·L^{-1}的氯化钾溶液，可由氯化钾标准溶液稀释后制得。

2. 0.1mol·L^{-1}硝酸银标准滴定溶液配制

准确称取 17.5g 硝酸银，置于烧杯中，加水溶解后，移入 1L 容量瓶中用水稀释至刻度线，混匀。其他浓度的硝酸银标准滴定溶液如 0.01mol·L^{-1}、0.005mol·L^{-1}、0.001mol·

L^{-1}硝酸银标准滴定溶液，可由 0.1mol·L^{-1}硝酸银溶液稀释后制得。

3. 硝酸银标准滴定溶液的标定

准确移取 5.0mL 或 10.0mL 选定浓度的氯化钾标准溶液置于 50mL 烧杯中，加 1 滴 0.1%溴酚蓝指示液，滴加 2∶3 硝酸溶液，使溶液恰呈黄色，再加 15mL 或 30mL 95%乙醇溶液，放入电磁搅拌子。将烧杯置于电磁搅拌器上，开动搅拌器，把测量电极和参比电极插入试液中，连接离子计或精密酸度计接线，调整其零点，记录起始电位值。

用与氯化钾标准溶液浓度相对应的硝酸银标准滴定溶液进行滴定，先加入 4mL 或 9mL，再依次加入一定体积的浓度为 0.01mol·L^{-1}（0.005mol·L^{-1}、0.001mol·L^{-1}）的硝酸银标准滴定溶液，每次加入量为 0.05mL、0.1mL 或 0.2mL（必要时可适当增加），记录每次加入硝酸银标准滴定溶液后的总体积及相对应的电位值计算出连续增加的电位值 ΔE_1 和 ΔE_1 之间的差值 ΔE_2。ΔE_1 的最大值即为滴定终点，终点后再继续记录一个电位值 E，填入下面的表 8-1 中。

标定 0.1mol·L^{-1}硝酸银标准滴定溶液时，应取 25.0mL 0.1mol·L^{-1}氯化钾标准溶液，加入体积比为 2∶3 的硝酸溶液。在水溶液中进行，其他操作与上述操作相同。

滴定终点所消耗的硝酸银标准滴定溶液体积(V)按下式计算：

$$V=V_0+\frac{V_1 b}{B}$$

式中 V——ΔE_0 电位增量值 ΔE_1 达最大值前所加入硝酸银标准滴定溶液体积，mL；

V_1——电位增量值 ΔE_1 达最大值前最后一次所加入硝酸标准滴定溶液体积，mL；

b——ΔE_2 最后一次正值；

B——ΔE_2 最后一次正值和第一次负值的绝对值之和(见表 8-1)；

V_0——滴定时消耗的硝酸银标准滴定溶液的体积，mL。

表 8-1 实验记录格式举例

硝酸银标准滴定溶液的体积/mL	电位值/mV	ΔE_1/mV	ΔE_2/mV
4.80	176	35	+37
4.90	211		
5.00	283	72	−49
5.10	306	23	−10
5.20	319	13	
5.30	330		

硝酸银标准滴定溶液浓度(c)按下式计算：

$$c=\frac{c_0 V_2}{V}$$

式中 c_0——所取氯化钾标准溶液的浓度，mol·L^{-1}；

V_2——所取氯化钾标准溶液的体积，mL。

$$V=\left(4.90+\frac{0.1\times37}{37+49}\right)\text{mL}=4.94\text{mL}$$

说明：第一、二栏分别记录所加硝酸银标准滴定溶液的总体积和对应的电位值 E；第三栏记录连续增加的电位 ΔE_1；第四栏记录增加的电位值 ΔE_1 之间的差值 ΔE_2，此差值有正有负。

二、试液的制备

准确称取适量试样用合理的方法处理或移取经预处理后的适量试液，置于烧杯中，加 1

滴 0.1%溴酚蓝指示液，用 200g·L^{-1}氢氧化钠溶液或 2∶3 硝酸溶液调节溶液的颜色恰好为黄色，移入适量大小的容量瓶中，加水至标线，混匀，此试液为溶液 A[氯离子浓度在 (1.0～1.5)×10^3mg·L^{-1}]。

三、滴定

移取一定体积的溶液 A(氯含量为 0.01～75mg)，置于 50mL 烧杯中，加 95%乙醇溶液使其与所取溶液 A 的体积之比为 3∶1，总体积不大于 40mL(当用的硝酸银标准滴定溶液的浓度大于 0.02mol·L^{-1}时不可加入 95%乙醇)。放入电磁搅拌子，将烧杯置于电磁搅拌器上，开动搅拌器，把测量电极和参比电极插入试液中，调整离子计或精密酸度计零点，记录起始电位值。

用适当浓度的硝酸银标准滴定溶液进行滴定，每次加入量分别为 0.05mL、0.1mL 或 0.2mL(必要时可以适当增加)，记录每次加入硝酸银标准滴定溶液后的总体积及相对应的电位值 E，计算出连续增加电位 ΔE_1 之间的差值 ΔE_2。ΔE_1 的最大值即为滴定终点，终点后再继续记录一个电位值 E。同时进行空白试验。

以质量分数表示的氯化物(以 Cl 计)含量 x，按下式计算：

$$x=\frac{(V_3-V_4)\times c\times 0.03545}{m}\times 100\%=\frac{(V_3-V_4)\times c\times 3.545}{m}\%$$

式中　c——硝酸银标准滴定溶液浓度，mol·L^{-1}；

V_3——滴定所消耗的硝酸银标准滴定溶液的体积，mL；

V_4——空白滴定所消耗的硝酸银标准滴定溶液的体积，mL；

m——被滴定试样的质量，g；

0.03545——与 1.00mL 硝酸银标准滴定溶液［$c(AgNO_3)$ =1.000 mol·L^{-1}］相当的以克为量纲的氯化物(以 Cl 计)的质量。

试液中氯化物（以 Cl 计）的含量和建议采用的标准溶液浓度及测量电极的种类如表 8-2 所示。

表 8-2　标准溶液及电极种类的选择

所取试液中氯含量/mg·L^{-1}	选用标准溶液(Ag_2CO_3 和 KCl)的浓度/mg·L^{-1}	选用测量电极的种类
1～10	0.001	Ag-Ag_2S
10～100	0.005	Ag-Ag_2S
100～250	0.01	Ag-Ag_2S
250～1500	0.1	Ag

【任务解析】

电位滴定法是通过测量滴定过程中指示电极电位的突跃来确定滴定终点的一种滴定分析方法。滴定时，在溶液中插入一个合适的指示电极与参比电极组成工作电池，随着滴定剂的加入，由于待测离子和滴定剂发生化学反应，待测离子的浓度不断变化，使得指示电极的电位也相应发生改变。到达化学计量点时，溶液中待测离子浓度发生突跃变化，必然引起指示电极电位发生突跃变化。因此，可以通过测量指示电极电位的变化来确定终点。再根据滴定剂浓度和终点时滴定剂消耗的体积计算待测离子的含量。

【想一想】 1. 本实验为什么用双盐桥饱和甘汞电极作参比电极？如果用 KCl 的盐桥饱和甘汞电极的测定结果有什么影响？

2. 通过本实验能体会到电位滴定法的哪些优点？

基础知识 1 电位分析法的基本原理

一、电分析化学概述

电分析化学是利用物质在溶液中的电化学性质及其变化规律进行分析的方法，是仪器分析的一个重要分支。它是以溶液的电导、电量、电流、电位等电化学参数与待测物质含量之间的关系作为计量的基础。

根据测定参数的不同，电化学分析法分为以下几类：电导分析法、电位分析法、电解分析法、库仑分析法、伏安法和极谱分析法等。

电分析化学法具有如下特点：

(1) 灵敏度、准确度高，适用于痕量甚至超痕量物质的分析；

(2) 选择性好，分析速度快；

(3) 仪器装置较简单，价格较便宜，操作方便，易实现自动化和连续化，适合在线分析；

(4) 应用范围十分广泛。可以作组分含量分析，也可以进行价态、形态分析，还可以作为其他领域科学研究的工具。

二、电位分析法的基本原理

电位分析法是电分析化学方法的重要分支，分为直接电位法和电位滴定法两种。直接电位法是通过测定原电池的电动势或电极电位，求出指示电极的电位，再根据指示电极的电位直接求出待测物质的含量。电位滴定法是利用指示电极在滴定过程中电位的变化及化学计量点附近电位的突跃来确定滴定终点，根据消耗滴定剂的体积和浓度来计算待测物质的含量。

电位分析的工作电池是由两支性能不同的电极插入同一试液中组成的。一支称为指示电极，它的电位随试液中待测离子浓度的变化而变化。另一支称为参比电极，它的电位不受试液中待测离子浓度的变化的影响，具有恒定数值。假设参比电极的电位高于指示电极的电位，则工作电池可以表示为：

$$\mathrm{M}|\mathrm{M}^{n+}\|\text{参比电极}$$

可以利用能斯特(Nernst)方程直接求出待测物质含量，这是电位法的理论依据。

$$E=E_{\text{参比}}-E_{\mathrm{M}^{n+}/\mathrm{M}}=E_{\text{参比}}-E^{\ominus}_{\mathrm{M}^{n+}/\mathrm{M}}-\frac{RT}{nF}\ln a_{\mathrm{M}^{n+}} \tag{8-1}$$

Nernst 方程式表示的是电极电位与离子活度之间的关系式，一般测定的是离子浓度而不是活度，活度与浓度的关系为：

$$a=\gamma c$$

式中，γ 为活度系数，由溶液的离子强度决定。

直接电位法应用范围广，测定速度快，测定的离子浓度范围宽。可以制作成传感器，用于工业生产流程或环境监测的自动检测；可以微型化，做成微电极，用于微区、细胞等的分析。电位滴定法其准确度比指示剂滴定法高，可用于指示剂法难以进行的滴定，如极弱酸、碱的滴定，络合物稳定常数较小的滴定，浑浊、有色溶液的滴定等，也可较好地应用于非水滴定。

必须指出的是，电位法测得的是被测溶液里某种离子的平衡浓度，电位滴定法测得的是物质的总量。

【想一想】 电位分析法的理论基础是什么？它可以分成哪两类分析方法？它们各有何特点？

基础知识 2 参比电极

参比电极的电位与被测物质的浓度无关，测量过程中电位恒定，是计算电位的参考基准。因此，要求参比电极的电位值恒定，即使有微小电流通过，仍能保持不变；电极与待测试液间的液接电位很小，可以忽略不计；对温度或浓度没有滞后现象，具备良好的重现性和稳定性。标准氢电极（NHE）是最精确的参比电极，它的电极电位在任何温度下都是0V。但因该种电极制作麻烦，使用过程中要用氢气，因此在实际测量中，常用其他参比电极来代替。最常用的参比电极是饱和甘汞电极和银-氯化银电极，尤其是饱和甘汞电极（SCE）。

一、甘汞电极

甘汞电极由纯汞、Hg_2Cl_2-Hg 混合物和 KCl 溶液组成，其结构如图 8-1 所示。

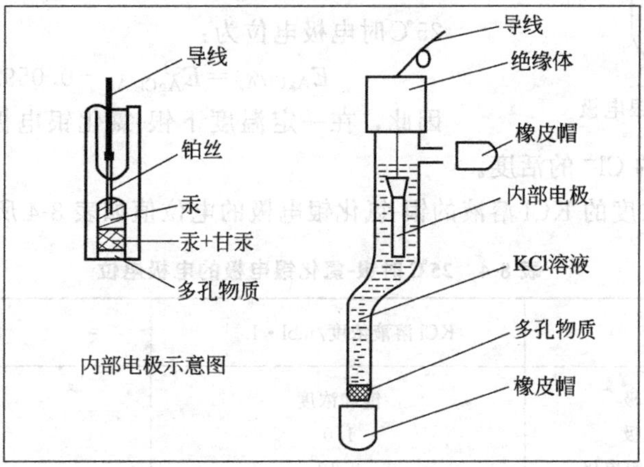

图 8-1 甘汞电极结构示意图

甘汞电极有两个玻璃套管，内套管封接一根铂丝，铂丝插入纯汞中，汞下装有甘汞和汞（Hg_2Cl_2-Hg）的糊状物；外套管装入 KCl 溶液，电极下端与待测溶液接触处是熔接陶瓷芯或玻璃砂芯等多孔物质。

甘汞电极的半电池为：

Hg，Hg_2Cl_2(固) | KCl(液)

电极反应：

$$Hg_2Cl_2 + 2e^- \rightleftharpoons 2Hg + 2Cl^-$$

25℃时电极电位为：

$$E_{Hg_2Cl_2/Hg} = E^{\ominus}_{Hg_2Cl_2/Hg} - 0.0592\lg a_{Cl^-} \tag{8-2}$$

可见，在一定温度下，甘汞电极的电位取决于 KCl 溶液的浓度，当 Cl^- 活度一定时，其电位值也是一定的。由于 KCl 的溶解度随温度而变化，电极电位与温度有关。因此，只要内充 KCl 溶液、温度一定，其电位值就保持恒定。表 8-3 给出了 25℃时不同浓度 KCl 溶液制得的甘汞电极的电位值。

表 8-3 25℃时甘汞电极的电极电位

名 称	KCl 溶液浓度/$mol \cdot L^{-1}$	电极电位/V
饱和甘汞电极(SCE)	饱和浓度	+0.2438
标准甘汞电极(NCE)	1.0	+0.2828
0.1$mol \cdot L^{-1}$甘汞电极	0.10	+0.3365

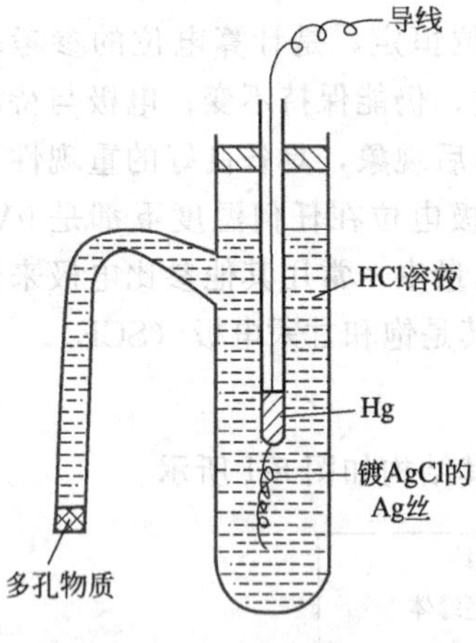

图 8-2 银-氯化银电极

电位分析法最常用的甘汞电极中的 KCl 溶液为饱和溶液，因此称为饱和甘汞电极，用 SCE 表示。

二、银-氯化银电极

将表面镀有 AgCl 层的金属银丝，浸入一定浓度的 KCl 溶液中，即构成银-氯化银电极，如图 8-2 所示。

银-氯化银电极的半电池为：

Ag，AgCl(固)| KCl(液)

电极反应：

$$AgCl + e^- \rightleftharpoons Ag + Cl^-$$

25℃时电极电位为：

$$E_{AgCl/Ag} = E^{\ominus}_{AgCl/Ag} - 0.0592 \lg a_{Cl^-} \qquad (8\text{-}3)$$

因此，在一定温度下银-氯化银电极的电极电位同样也取决于 KCl 溶液中的 Cl^- 的活度。

25℃时，不同浓度的 KCl 溶液的银-氯化银电极的电位值如表 8-4 所示。

表 8-4 25℃时银-氯化银电极的电极电位

名 称	KCl 溶液浓度/$mol \cdot L^{-1}$	电极电位/V
饱和银-氯化银电极	饱和浓度	+0.2000
标准银-氯化银电极	1.0	+0.2223
0.1$mol \cdot L^{-1}$银-氯化银电极	0.10	+0.2880

银-氯化银电极常用在 pH 玻璃电极和其他各种离子选择性电极中作内参比电极。银-氯化银电极不像甘汞电极那样有较大的温度滞后效应，在高达 275℃左右的温度下仍能使用，而且稳定性好，因此可在高温下替代甘汞电极。

银-氯化银电极用作外参比电极使用时，使用前必须除去电极内的气泡。内参比电极应有足够高度，否则应添加 KCl 溶液。应该指出，银-氯化银电极所用的 KCl 溶液必须事先用 AgCl 饱和，否则会使电极上的 AgCl 溶解，因为 AgCl 在 KCl 溶液中有一定溶解度。

【想一想】 使用甘汞电极时应注意什么？

基础知识 3 指示电极

电位分析法中，电极电位随溶液中待测离子活(浓)度的变化而变化，并指示出待测离子活(浓)度的电极称为指示电极。电位分析法的核心就是求出指示电极的电极电位。常用的指示电极种类很多，主要有基于电子交换反应的金属基电极和离子交换或扩散的离子选择性电极（ISE）两大类，分别介绍如下。

一、金属基电极

金属基电极是以金属为基体的电极，其特点是：它们的电极电位来源于电极表面的氧化还原反应，在电极反应过程中发生了电子交换。常用的金属基电极有以下几种。

1. 零类电极

这类电极又叫惰性金属电极，它是由铂、金等惰性金属（或石墨）插入含有氧化还原电对（如 Fe^{3+}/Fe^{2+}，Ce^{4+}/Ce^{3+}，I^{3-}/I^- 等）物质的溶液中构成的。金属铂并不参加电极反应，只提供电子交换场所，电子传导的载体，没有离子穿越相界面。例如铂片插入含 Fe^{3+} 和 Fe^{2+} 的溶液中组成的电极，其电极组成表示为：

$$Pt \mid Fe^{3+}, Fe^{2+}$$

电极反应：

$$Fe^{3+} + e^- \rightleftharpoons Fe^{2+}$$

25℃时电极电位：

$$E = E^{\ominus} + 0.0592\lg\frac{a_{Fe^{3+}}}{a_{Fe^{2+}}} \tag{8-4}$$

可见 Pt 未参加电极反应，其电位指示出溶液中氧化态和还原态离子活度之比，Pt 只提供了交换电子的场所。这一类电极一般用在电位滴定中。铂电极在使用前，先要在 10% 的 HNO_3 溶液中浸泡数分钟，清洗干净后再用。

2. 第一类电极

这类电极又称金属-金属离子电极，还称活性金属电极，它是将金属浸入含有该金属离子的溶液中构成。金属与其离子平衡的电极，它只有一个接界面。其电极反应为：

$$M^{n+} + ne^- \rightleftharpoons M$$

25℃时电极电位：

$$E = E^{\ominus} + \frac{0.0592}{n}\lg a_{M^{n+}} \tag{8-5}$$

例如，将金属银丝浸在 $AgNO_3$ 溶液中构成的电极，电极电位只与 Ag^+ 的活度有关，因此这种电极不但可用于测定 Ag^+ 的活度，而且可用于滴定过程中，由于沉淀或配位等反应而引起 Ag^+ 活度变化的电位滴定。较常用的此类电极有汞、铜、铅等组成的电极。

3. 第二类电极

这类电极又称金属-金属难溶盐电极(M-MX)，它是由金属表面带有该金属难溶盐的涂层，浸在与其难溶盐有相同阴离子的溶液中组成的，它有两个接界面，如银-氯化银电极($Ag/AgCl$，Cl^-)，甘汞电极(Hg/Hg_2Cl_2，Cl^-)。

金属与其络离子组成的电极如银-银氰络离子电极。其电极电位取决于阴离子的活度，所以可以作为测定阴离子的指示电极，例如银-氯化银电极可用来测定氯离子活度。由于这类电极具有制作容易、电位稳定、重现性好等优点，因此主要用作参比电极。

4. 第三类电极

这类电极又称汞电极，它是由金属汞浸入含少量 Hg^{2+}-EDTA 配合物及被测离子 M^{n+} 的溶液中所组成。

电极可表示为：

$$Hg \mid HgY^{2-},\ MY^{n-4},\ M^{n+}$$

25℃时汞的电极电位为：

$$\varphi_{Hg^{2+}/Hg}=K+\frac{0.0592}{2}\lg\ [Hg^{2+}] \tag{8-6}$$

由式(8-6)可见，在一定条件下，汞电极电位仅与$[M^{n+}]$有关，因此可用作 EDTA 滴定 M^{n+} 的指示电极。

二、离子选择性电极（ISE）

（一）概述

离子选择性电极是国际纯粹与应用化学联合会（IUPAC）推荐使用的专业术语，定义为一类电化学传感器，它的电位与溶液中所给定的离子活度的对数呈线性关系。离子选择性电极是指示电极中的一类，它对给定的离子具有能斯特响应。这类电极的电位是由于离子交换或扩散而产生的，而没有电子转移。是一种以电位法测量溶液中某些特定离子活度的指示电极。故与金属基指示电极在原理上有本质的区别。离子选择性电极都具有一个敏感膜，所以又称为**膜电极**。

1976 年，IUPAC 基于离子选择性电极都是膜电极这一事实，根据膜的特征，将离子选择性电极分为以下几类：

- 离子选择性电极
  - 原电极
    - 晶体膜电极
      - 均相膜
        - 单晶 LaF_3 制成 F 电极
        - 混晶 $AgCl$-Ag_2S 制成氯电极
      - 非均相膜，如 Ag_2S 掺入硅橡胶中制成硫电极
    - 非晶体膜电极
      - 硬质电极，如 pH 电极
      - 流动载体电极
        - 正电荷载体电极，如 NO_3^- 电极
        - 负电荷载体电极，如钙电极
        - 中性载体电极，如钾电极
  - 敏化电极
    - 气敏电极，如氨电极
    - 酶电极，如尿素电极

离子选择性电极主要由离子选择性膜、内参比溶液和内参比电极组成。根据膜的性质不同，离子选择性电极可分为非晶体膜电极、晶体膜电极和敏化电极等。

（二）晶体膜电极

电极的薄膜一般是由难溶盐经过加压或拉制成单、多晶或混晶的活性膜。晶体膜电极是目前品种最多、应用最广泛的一类离子选择性电极。

由于膜的制作方法不同，晶体膜电极可分为均相膜电极和非均相膜电极两类。均相膜电极是敏感膜由一种或几种化合物的均匀混合物的晶体构成。非均相膜电极是敏感膜是将难溶盐均匀的分散在惰性材料中制成的敏感膜。其中电活性物质对膜电极的功能起决定性作用。惰性物质可以是聚氯乙烯、聚苯乙烯、硅橡胶、石蜡等。

氟离子选择性电极是最典型的非均相膜电极。图 8-3 所示为氟离子选择性电极构造。敏感膜为氟化镧单晶，即掺有 EuF_2 的 LaF_3 单晶切片；掺杂的目的有两个，一是造成晶格缺陷（空穴），二是降低晶体的电阻，增加导电性。将氟化镧单晶封在塑料管的一端。内参比电极为 Ag-AgCl 电极。内参比溶液为 0.10mol·L^{-1}的 NaCl 和 0.10mol·L^{-1}的 NaF 混合溶液(F^-用来控制膜内表面的电位，Cl^-用以固定内参比电极的电位)。

氟离子电极有较高的选择性，阴离子中除了 OH^- 外均无干扰，但测试溶液的 pH 需控制在 5～6，因 pH 太低，氟离子部分形成 HF 或 HF_2^-，降低了氟离子的活度；pH 太高，LaF_3 单晶膜与 OH^- 发生交换，释放出氟离子，干扰测定。

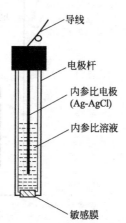

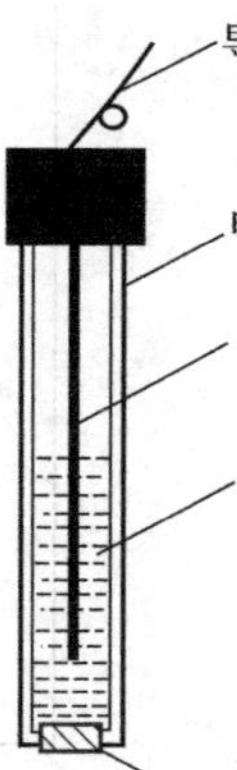

图 8-3　氟离子选择性电极

（三）非晶体膜电极

非晶体膜电极是出现最早、应用最广泛的一类离子选择性电极。其根据膜基质的性质可分为两类：一类是刚性基质电极（玻璃电极）；另一类是流动载体电极（液膜电极）。

1. pH 玻璃电极

pH 玻璃电极是世界上使用最早的离子选择性电极，20 世纪 60 年代以后，人们开始研制出来了以其他敏感膜(如晶体膜)制作的各种 ISE，使得电位分析法得到了快速发展和应用。

pH 玻璃电极是测定溶液 pH 的一种常用指示电极，其结构如图 8-4 所示。

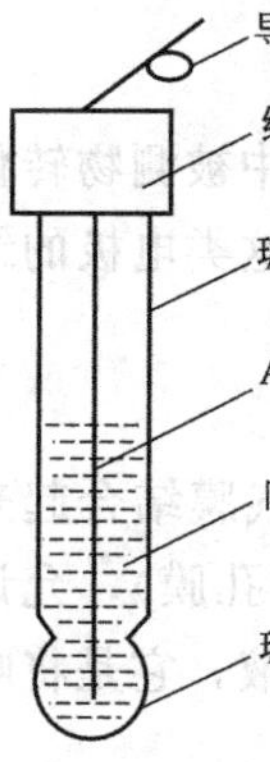

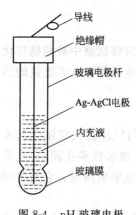

图 8-4　pH 玻璃电极结构示意图

电极的下端是一个由特殊玻璃制成的球形玻璃薄膜。膜厚 0.08～0.1mm，膜内密封，以 0.1mol·L^{-1} HCl 为内参比溶液，在内参比溶液中插入银-氯化银作内参比电极。内参比电极的电位是恒定不变的，它与待测试液中的 H^+ 活度（pH）无关，pH 玻璃电极之所以能作为 H^+ 的指示电极，是由于玻璃膜与试液接触时会产生与待测溶液 pH 有关的膜电位。现在不少商品的 pH 玻璃电极制成复合电极，它集指示电极和外参比电极于一体，使用起来更为方便。

pH 玻璃电极的响应机理是用离子选择性电极测定有关离子，一般都是基于内部溶液与外部溶液之间产生的电位差，即所谓膜电位。膜电位的产生是由于溶液中的离子与电极膜上的离子发生了交换作用的结果。膜电位的大小与响应离子活度之间的关系服从 Nernst 方程式：

$$E_{膜}=K+0.0592\lg a_{H^+(试)}=K-0.0592pH_{试} \tag{8-7}$$

K 为常数，由玻璃膜电极本身的性质决定。式(8-7)说明，在一定温度下，玻璃膜电极的膜电位与试液的 pH 呈线性关系。

随后，20 世纪 20 年代，人们又发现不同组成的玻璃膜对其他一些阳离子如 Na^+、K^+、NH_4^+ 等也有能斯特响应，相继研制出了 pNa、pK、pNH_4 玻璃电极，这些都是离子选择性电极。

2. 液膜电极

液膜电极亦称流动载体电极，此类电极是用浸有某种液体离子交换剂的惰性多孔膜作电极膜制成。以钙离子选择性电极(见图 8-5)为例来说明。如图 8-5 所示，内参比溶液为 Ca^{2+} 水溶液。内外管之间装的是 0.1mol·L^{-1} 二癸基磷酸钙（液体离子交换剂）的苯基磷酸二辛酯溶液。其极易扩散进入微孔膜，但不溶于水，故不能进入试液溶液。二癸基磷酸根可以在液膜-试液两相界面间来回迁移，传递钙离子，直至达到平衡。由于 Ca^{2+} 在水相(试液和内参比溶液)中的活度与有机相中的活度差异，在液膜-试液两相界面间进行扩散，会破坏两相界面附近电荷分布的均匀性，在两相之间产生相界电位，从而建立起电极电位与钙离子活度间的关系式。

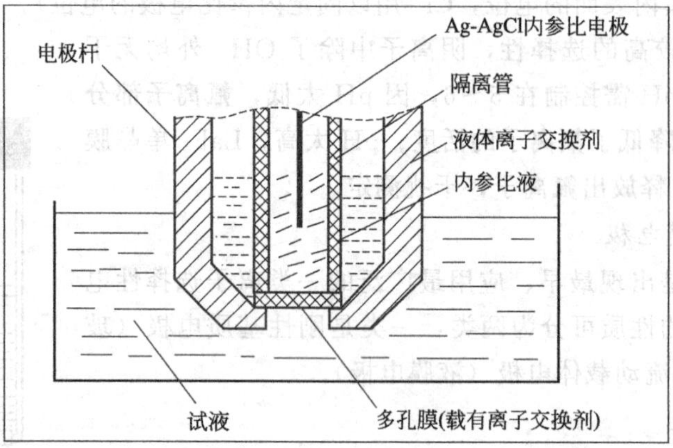

图 8-5 钙离子选择性电极

钙电极适宜的 pH 范围是 5～11，可测出 10^{-5} mol · L^{-1} 的 Ca^{2+}。

液态膜电极的选择性在很大程度上取决于液体离子交换剂对阳离子或阴离子的离子交换选择性，但一般不如固态膜电极的选择性高。

（四）敏化电极

敏化电极是以原电极为基础装配而成，是通过某种界面的敏化反应将试液中被测物转化成能被原电极响应的离子，包括气敏电极、酶电极、细菌电极及生物电极等。这类电极的结构特点是在原电极上覆盖一层膜或物质，使得电极的选择性提高。

1. 气敏电极

气敏电极是对气体敏感的电极。它是将离子选择性电极（ISE）与气体透气膜结合起来而组成的复膜电极。管的底部紧靠选择性电极敏感膜，装有透气膜（憎水性多孔膜），允许溶液中的离子通过，如多孔玻璃、聚氯乙烯、聚四氟乙烯等；管中有电解质溶液，它是将响应气体与 ISE 联系起来的物质。图 8-6 为气敏氨电极的结构示意图。

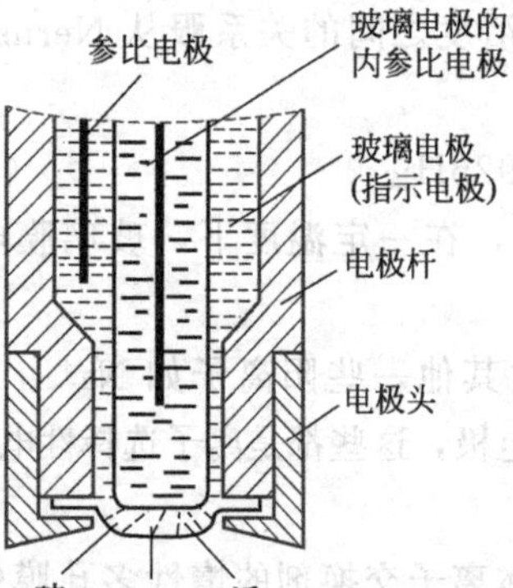

图 8-6 气敏氨电极的结构示意图

气敏氨电极指示电极是 pH 玻璃电极，AgCl/Ag 为参比电极，中介溶液为 0.1mol · L^{-1} 的 NH_4Cl。当电极浸入待测试液时，试液中 NH_3 通过透气膜，并发生如下反应：

$$NH_3 + H_2O \rightleftharpoons NH_4^+ + OH^-$$

使内部 OH^- 活度发生变化，即 pH 发生改变，被 pH 玻璃电极响应，从而建立起膜电位与氨的活度间的能斯特方程式。测定范围为 10^{-6}～1mol · L^{-1}。此外还有 CO_2、SO_2、NO_2、HCN、HF 等气敏电极。

2. 酶电极

酶电极是在 ISE 的敏感膜上覆盖一层固定化的酶而构成复膜电极，利用酶的界面催化作用，将被测物质转变为适宜于电极测定的物质。例如，尿素可以被尿酶催化分解，反应如下：

$$CO(NH_2)_2+H_2O \xrightleftharpoons{\text{酶}} 2NH_3+CO_2$$

产物 NH_3 可以通过气敏氨电极测定，从而间接测定出尿素的浓度。酶是具有生物活性的催化剂，酶的催化反应选择性强，催化效率高，而且大多数酶的催化反应可在常温下进行。但由于酶的活性不易保存，酶电极的使用寿命短，精制困难，使得电极的制备不太容易。

【想一想】 电极有几种类型？各种类型电极的电极电位如何表示？

基础知识 4　直接电位法

直接电位法主要应用于 pH 的电位测定和用离子选择性电极测定溶液中的离子活度。

一、pH 的电位法测定

1. 测定原理

测量溶液的 pH 用玻璃电极作为指示电极，饱和甘汞电极作为参比电极，与待测溶液组成工作电池，测量电池如下：

Ag/AgCl，0.1mol·L^{-1} HCl｜玻璃膜｜试样溶液｜｜KCl(饱和)，Hg_2Cl_2｜Hg

25℃时电池的电动势可用下式计算：

$$\begin{aligned}E&=E_{Hg_2Cl_2/Hg}-E_{\text{玻璃}}+E_L\\&=E_{Hg_2Cl_2/Hg}-E_{AgCl/Ag}-E_{\text{膜}}+E_L\\&=E_{Hg_2Cl_2/Hg}-E_{AgCl/Ag}-K+0.0592\text{pH}_{\text{试}}+E_L\end{aligned}\tag{8-8}$$

E_L 是液体接界电位，简称液接电位。当两种组成不同或浓度不同的溶液相接触时，由于正负离子扩散速率的不同，在两种溶液的界面上电荷分布不同而产生的电位差。通常采用盐桥连接两种电解质溶液，使 E_L 减小。但严格讲是不能忽略的，不过在一定的条件下 E_L 为常数。

由于一定条件下，$E_{Hg_2Cl_2/Hg}$、$E_{AgCl/Ag}$、K、E_L 都是常数，于是式(8-8)可写为：

$$E_{\text{电池}}=K'+0.0592\text{pH}_{\text{试}}\tag{8-9}$$

可见，测定溶液的电动势 E 与试样的 pH 成线性关系，根据此公式(8-9)可进行溶液 pH 的测定。

2. 溶液 pH 的测定

式(8-9)中只要测定出 E，并求出常数 K'，就可计算出试样的 pH 了。但 K' 是个复杂的常数，包括外参比电极电位、内参比电极电位、液接电位等，所以不能由式(8-9)测量 E 求出溶液 pH。在实际测定中，pH_x 的测定是通过与标准缓冲溶液的 pH_s 相比较而确定的。

若测得 pH_s 的标准缓冲溶液电动势为 E_s，则：

$$E_s=K+0.0592\text{pH}_s\tag{8-10}$$

在相同条件下，测得 pH_x 的试样溶液的电动势为 E_x，则：

$$E_x=K+0.0592\text{pH}_x\tag{8-11}$$

由式(8-10)、式(8-11)可得：

$$\text{pH}_x=\text{pH}_s+\frac{E_x-E_s}{0.0592}\tag{8-12}$$

若以 pH 玻璃电极作为正极，饱和甘汞电极作为负极，则有关系式：

$$pH_x = pH_s + \frac{E_s - E_x}{0.0592} \tag{8-13}$$

式(8-12)和式(8-13)即为按实际操作方式对水溶液 pH 的实用定义，亦称 pH 标度。实验测出 E_s 和 E_x 后，即可计算出试液的 pH_x。而在实际工作中，用 pH 计测量 pH 值时，先用 pH 标准缓冲溶液对仪器进行定位，然后测量试液，从仪表上直接读出试液的 pH 值。使用 pH 计时，应尽量使温度保持恒定并选用与待测溶液 pH 接近的标准缓冲溶液。标准缓冲溶液是 pH 测定的基准，标准缓冲溶液的配制与 pH 的确定是非常重要的。常用的标准缓冲溶液见表 8-5。

表 8-5 标准缓冲溶液 pH 值

温度/℃	草酸氢钾 (0.05mol·L^{-1})	酒石酸氢钾 (25℃，饱和)	邻苯二甲酸氢钾 (0.05mol·L^{-1})	KH_2PO_4 (0.025mol·L^{-1}) Na_2HPO_4 (0.025mol·L^{-1})
0	1.666	—	4.003	6.984
10	1.670	—	5.998	6.923
20	1.675	—	4.002	6.881
25	1.679	3.557	4.008	6.865
30	1.683	3.552	4.015	6.853
35	1.688	3.549	4.024	6.844
40	1.694	3.547	4.035	6.838

二、离子活（浓）度的测定

（一）测定原理

与用玻璃电极测定溶液的 pH 相似，用离子选择性电极测定离子活度时也是将它浸入待测溶液而与参比电极组成电池，并测量其电动势。对于各种离子选择性电极，电池电动势如下公式：

$$E = K + \frac{RT}{nF}\ln a$$

在系列的测量中必须使 γ 基本不变，才不会影响测定的结果。在电位分析法中通过加入总离子强度调节缓冲剂（简称 TISAB）来实现。

总离子强度缓冲溶液一般由中性电解质、掩蔽剂和缓冲溶液组成。例如，测定试样中的氟离子所用的 TISAB 由氯化钠、柠檬酸钠及 HAc-NaAc 缓冲溶液组成。氯化钠用以保持溶液的离子强度恒定，柠檬酸钠用以掩蔽 Fe^{3+}、Al^{3+} 等干扰离子，HAc-NaAc 缓冲溶液则使溶液的 pH 控制在 5.0～6.0。

当离子总强度保持相同时：

$$E = K' + \frac{RT}{nF}\ln c \tag{8-14}$$

工作电池的电动势在一定实验条件下与待测离子的浓度的对数值呈直线关系。因此通过测量电动势可测定待测离子的浓度。其中离子选择性电极作正极时，K'后一项取正值；对阴离子响应的电极 K'后一项取负值。

（二）定量分析方法

由于实际测定的是离子浓度而不是活度，难以方便获得各种离子的标准溶液，故不能像测定 pH 一样采用比较法。通常定量分析方法采用以下两种方法。

1. 标准曲线法

用测定离子的纯物质配制一系列不同浓度的标准溶液，并用总离子强度调节缓冲溶液（TISAB）保持溶液的离子强度相对稳定，分别测定各溶液的电位值，并绘制 E-$\lg c_i$ 的工作曲线（注意：离子活度系数保持不变时，膜电位才与 $\lg c_i$ 呈线性关系）。然后在试液中加入相同量的 TISAB，混匀后置于工作电池中，插入电极，测得电池的电动势 E_x，从工作曲线上即可查得试液的 c_x。

例如，测 E 时，所使用的 TISAB 的典型组成为：$1\text{mol}\cdot\text{L}^{-1}$的 NaCl，使溶液保持较大稳定的离子强度；$0.25\text{mol}\cdot\text{L}^{-1}$的 HAc 和 $0.75\text{mol}\cdot\text{L}^{-1}$的 NaAc，使溶液 pH 在 5 左右；$0.001\text{mol}\cdot\text{L}^{-1}$的柠檬酸钠，掩蔽 Fe^{3+}、Al^{3+} 等干扰离子。标准曲线法适于大批量且组成较为简单的试样分析。

2. 标准加入法

当试样为金属离子溶液，离子强度比较大，且溶液中存在配体，要测定金属离子总浓度（包括游离的和已配位的）时，一般采用标准加入法。

设某一试液体积为 V_x，其待测离子的浓度为 c_x，测定的工作电池电动势为 E_1，则：

$$E_1=K+\frac{2.303RT}{nF}\lg(\chi_i\gamma_i c_x) \tag{8-15}$$

式(8-15)中，χ_i 为游离态待测离子占总浓度的分数；γ_i 为活度系数；c_x 为待测离子的总浓度。

往试液中准确加入一小体积 V_s（大约为 V_x 的 1/100）的用待测离子的纯物质配制的标准溶液，浓度为 c_s（约为 c_x 的 100 倍）。由于 $V_x \gg V_s$，可认为溶液体积基本不变。浓度增量为：

$$\Delta c=\frac{c_s V_s}{V_x}$$

再次测定工作电池的电动势为 E_2：

$$E_2=K+\frac{2.303RT}{nF}\lg(\chi_2\gamma_2 c_x+\chi_2\gamma_2\Delta c)$$

可以认为 $\gamma_2\approx\gamma_1$，$\chi_2\approx\chi_1$，则：

$$\Delta E=E_2-E_1=\frac{2.303RT}{nF}\lg\left(1+\frac{\Delta c}{c_x}\right)$$

$$S=\frac{2.303RT}{nF}$$

令

$$\Delta E=S\lg\left(1+\frac{\Delta c}{c_x}\right)$$

则

$$c_x=\frac{\Delta c}{10^{\Delta E/S}-1} \tag{8-16}$$

标准加入法最大的特点是：两次测量在同一溶液中进行，仅仅是待测离子浓度稍有不同，溶液条件几乎完全相同，因此一般可以不加 TISAB。标准加入法适应于复杂物质的分析，操作简单，精确度高。

三、影响测定准确度的因素

从电极性能、待测离子和共存离子的性质等方面考虑，影响电位准确性的因素主要有以下几个方面。

1. 温度

据 $E=K'+\frac{RT}{nF}\ln a$，温度不但影响直线的斜率，也影响直线的截距，K'所包括的参比电极电位、膜电位、液接电位等都与温度有关。因此，在测量过程中应尽量保持温度恒定。

2. 电动势的测量

由 Nernst 公式知，E 的测量的准确度直接影响分析结果的准确度。E 的测量误差 ΔE 与分析结果的相对误差 $\Delta c/c$ 之间的关系式为：

$$\frac{\Delta c}{c}\times 100\%=\frac{n\Delta E}{0.0257}=(3900n\Delta E)\% \tag{8-17}$$

当 $\Delta E=\pm 1\text{mV}$ 时，对于一价离子，浓度的相对误差为±3.9%；对于二价离子，浓度的相对误差为±7.8%；对于三价离子，浓度的相对误差为±11.7%。可见，E 的测量误差 ΔE 对分析结果的相对误差 $\Delta c/c$ 影响极大，高价离子尤为严重。因此，电位分析中要求测量仪器要有较高的测量精度（≤±1mV）。

3. 干扰离子

在电位分析中干扰离子的干扰主要是与电极膜发生反应、与待测离子发生反应，干扰离子还会影响离子强度。为了消除干扰，可以加入掩蔽剂，必要时通过预处理分离除去。

4. 溶液的 pH

酸度是影响测量的重要因素之一，一般测定时，要加缓冲溶液控制溶液的 pH 范围。如氟离子选择性电极测定氟时控制 pH 在 5～7。

5. 被测离子的浓度

由 Nernst 公式知，在一定条件下，E 与 $\ln c$ 成正比关系。任何一个离子选择性电极都有一个线性范围，一般为 $10^{-1}\sim10^{-6}\text{mol}\cdot\text{L}^{-1}$。检出下限主要取决于组成电极膜的活性物质的性质。例如，沉淀膜电极检出限不能低于沉淀本身溶解所产生的离子活度。

6. 电位平衡时间

电位平衡时间是离子选择性电极的一个重要性能指标。根据 IUPAC 的建议，其定义是：从离子选择性电极和参比电极一起接触溶液的瞬间算起，直到电动势达稳定数值（变化≤1mV）所需要的时间，又称响应时间。一般来说，被测离子的浓度越大，平衡时间短；适当搅拌，可以加快响应。

7. 迟滞效应

对同一活度的溶液，测出的电动势数值与离子选择性电极在测量前接触的溶液有关，这种现象称之为迟滞效应。它是离子选择性电极分析法的主要误差来源之一。消除的方法是：测量前用去离子水将电极电位洗至一定的值。

四、直接电位法的应用

离子选择性电极是一种简单、迅速、能用于有色和浑浊溶液的非破坏性分析工具，仪器不复杂，而且可以分辨不同离子的存在形式，能测量少到几微升的样品，所以十分适用于野外分析和现场自动连续监测。与其他分析方法相比，它在阴离子分析方面具有优势。电极对活度产生响应这一点也有特殊意义，它不仅可用作络合物和动力学的研究工具，而且通过电极的微型化用于直接观察体液甚至细胞内某些重要离子的活度变化。离子选择性电极的分析对象十分广泛，它已成功地应用于环境监测、水质和土壤分析、临床化验、海洋考察、工业流程控制以及地质、冶金、农业、食品和药物分析等领域。

【想一想】 什么叫总离子强度调节缓冲剂？它的作用是什么？

基础知识5 电位滴定法

一、电位滴定法的测定原理

电位滴定法是根据工作电池电动势在滴定过程中的变化来确定终点的一种滴定分析方法。滴定时，在溶液中插入一个合适的指示电极与参比电极组成工作电池，随着滴定剂的加入，由于待测离子和滴定剂发生化学反应，待测离子的浓度不断变化，使得指示电极的电位也相应发生改变。到达化学计量点时，溶液中待测离子浓度发生突跃变化，必然引起指示电极电位发生突跃变化。因此，可以通过测量指示电极电位的变化来确定终点。再根据滴定剂浓度和终点时滴定剂消耗的体积计算待测离子的含量。

因为电位滴定法只需观测滴定过程中电位的变化情况，不需要知道终点电位的绝对值，因此与直接电位法相比，受电极性质、液接电位和活度系数等的影响要小得多。因此测定的精密度、准确度均比直接电位法高，与滴定分析相当。

另外，由于电位滴定法不用指示剂确定终点，因此它不受溶液颜色、浑浊等限制，特别是在无合适指示剂的情况下，可以很方便地采用电位滴定法。但电位滴定法与普通的滴定法、直接电位法相比，分析时间较长。如能使用自动电位滴定仪，则可达到简便、快速的目的。

二、基本装置

在直接电位法的装置中，加一滴定管，即组成电位滴定的装置。进行电位滴定时，每加一定体积的滴定剂，测一次电动势，直到达到化学计量点为止。这样就可得到一组滴定用量(V)与相应电动势(E)的数据。由这组数据就可以确定滴定终点。电位滴定法的装置由四部分组成，即电池、搅拌器、测量仪表、滴定装置，如图8-7所示。

三、电位滴定法的应用

电位滴定法除了适用于没有合适指示剂及浓度很稀的试液的各滴定反应类型的滴定外，还特别适用于有色溶液、浑浊溶液和不透明溶液的测定，还可用于非水溶液的滴定，采用自动滴定仪，还可加快分析速度，实现全自动操作。电位滴定法可用于酸碱滴定、沉淀滴定、氧化还原滴定及配位滴定。

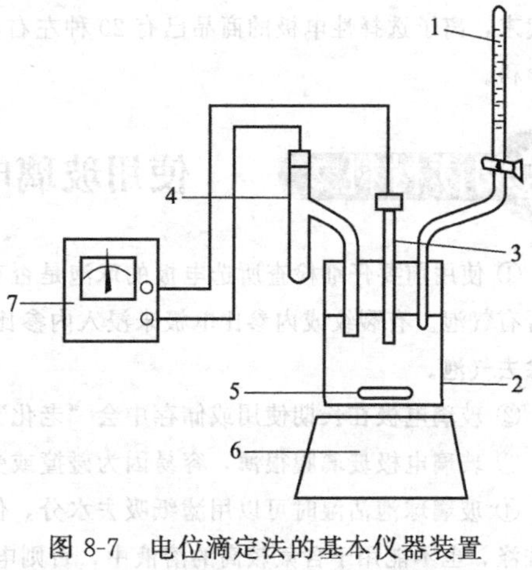

图8-7 电位滴定法的基本仪器装置

1—滴定管；2—滴定池；3—指示电极；4—参比电极；5—搅拌棒；6—电磁搅拌器；7—电位计

1. 酸碱滴定

一般酸碱滴定都可用电位滴定法，尤其是对弱酸弱碱的滴定，指示剂法滴定弱酸碱时，准确滴定的要求必须 $K_a c$ ($K_b c$) $\geqslant 10^{-8}$，而电位法只需 $K_a c$ ($K_b c$) $\geqslant 10^{-10}$。例如在醋酸介质中可以用高氯酸溶液滴定吡啶等。滴定时常用玻璃电极作指示电极，甘汞电极作参比电极。

2. 氧化还原滴定

指示剂法准确滴定的要求是滴定反应中，氧化剂和还原剂的标准电位之差必须满足 $\Delta\varphi^{\ominus}\geqslant 0.36\mathrm{V}(n=1)$，而电位法只需大于等于 0.2V，应用范围广；电位法常用 Pt 电极作为指示电极，甘汞电极或钨电极作参比电极。

3. 配位滴定

指示剂法准确滴定的要求是生成络合物的稳定常数必须是 $\lg K_c\geqslant 6$，而电位法可用于稳定常数更小的络合物；电位法所用的指示电极一般有两种，一种是 Pt 电极或某种离子选择电极，另一种为 Hg 电极即第三类电极。

4. 沉淀滴定

电位法应用比指示剂法更为广泛，尤其是难找到指示剂或难以进行选择滴定的混合物体系，电位法往往可以进行；电位法所用的指示电极主要是离子选择电极，也可用银电极或汞电极。

【想一想】 直接电位法与电位滴定法有何区别？

阅读材料 1　离子选择性电极发展简史

1906 年由 R. 克里默最早研究的，随后由德国的 F. 哈伯等人制成的测量 pH 的玻璃电极是第一种离子选择性电极。1934 年 B. 伦吉尔等观察到含氧化铝或三氧化二硼的玻璃电极对钠也有响应。20 世纪 50 年代末，G. 艾森曼等制成了对氢离子以外的其他阳离子有能斯特响应的玻璃电极。1936 年 H. J. C. 坦德罗观察了萤石膜对 Ca^{2+} 的响应，1937 年 I. M. 科尔托夫用卤化银薄片试制了卤素离子电极。1961 年匈牙利的 E. 蓬戈系统研制了以硅橡胶等为惰性基体的，对包括 Ag^{+}、S^{2-} 和卤素离子在内的多种离子有响应的沉淀膜电极。1966 年美国的 M. S. 弗兰特和 J. W. 罗斯用氟化镧单晶制成高选择性的氟离子电极，这是离子选择性电极发展史上的重要贡献；次年罗斯又制成第一种液体离子交换型的钙离子电极。与此同时，瑞士的西蒙学派通过从抗菌素制备钾电极，开始了另一类重要的电极，即中性载体膜电极的研究。到 20 世纪 60 年代末，离子选择性电极的商品已有 20 种左右，这一分析技术也开始成为电化学分析法中的一个独立的分支学科。

阅读材料 2　使用玻璃电极时应注意事项

① 使用前要仔细检查所选电极的球泡是否有裂纹，内参比电极是否浸入内参比溶液中，内参比溶液内是否有气泡。有裂纹或内参比电极未浸入内参比溶液的电极不能使用。若内参比溶液内有气泡，应稍晃动以除去气泡。

② 玻璃电极在长期使用或储存中会“老化”，老化的电极不能再使用。玻璃电极的使用期一般为一年。

③ 玻璃电极玻璃膜很薄，容易因为碰撞或受压而破裂，使用时必须特别注意。

④ 玻璃球泡沾湿时可以用滤纸吸去水分，但不能擦拭。玻璃球泡不能用浓 H_2SO_4 溶液、洗液或浓乙醇洗涤，也不能用于含氟较高的溶液中，否则电极将失去功能。

⑤ 电极导线绝缘部分及电极插杆应保持清洁干燥。

⑥ 改变玻璃膜的组成，可制成对其他阳离子响应的玻璃膜电极，如 Na^{+}、K^{+}、Li^{+} 等玻璃电极，只

要改变玻璃膜组成中的 Na_2O-Al_2O_3-SiO_2 三者的比例，电极的选择性会表现出一定的差异。锂玻璃膜电极，仅在 pH 大于 13 时才发生碱差。

阅读材料 3　自动电位滴定法

自动电位滴定的装置如图 8-8 所示。在滴定管末端连接可通过电磁阀的细乳胶管，管下端接上毛细管。滴定前根据具体的滴定对象为仪器设置电位（或 pH）的终点控制值（理论计算值或滴定实验值）。滴定开始时，电位测量信号使电磁阀断续开关，滴定自动进行。电位测量值到达仪器设定值时，电磁阀自动关闭，滴定停止。

现代的自动电位滴定已应用计算机控制。计算机对滴定过程中的数据自动采集、处理，并利用滴定反应化学计量点前后电位突变的特性，自动寻找滴定终点、控制滴定速度，到达终点时自动停止滴定。由人工操作来获得滴定曲线及精确地确定终点是很费时的。如果采用自动电位滴定仪就可以解决上述问题，尤其对批量试样的分析更能显示其优越性。

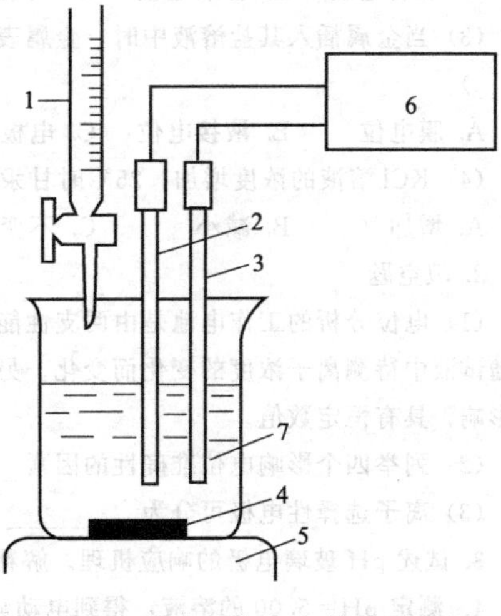

图 8-8　自动电位滴定装置示意图
1—滴定管；2—指示电极；3—参比电极；
4—铁芯搅拌棒；5—电磁搅拌器；
6—自动滴定控制器；7—试液

目前使用的滴定仪主要有两种类型：一种是滴定至预定终点电位时，滴定自动停止；另一种是保持滴定剂的加入速度恒定，在记录仪上记录其完整的滴定曲线，以所得曲线确定终点时滴定剂的体积。

自动控制终点型仪器需事先将终点信号值（如 pH 或 mV）输入，当滴定到达终点后 10s 时间内电位不发生变化，则延迟电路就自动关闭电磁阀电源，不再有滴定剂滴入。使用这些仪器实现了滴定操作连续自动化，而且提高了分析的准确度。

本 章 小 结

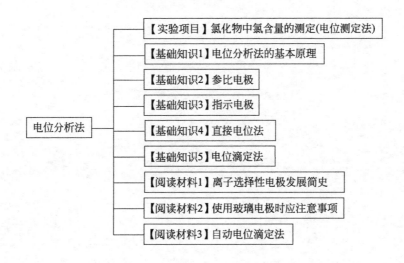

电位分析法
- 【实验项目】氯化物中氯含量的测定(电位测定法)
- 【基础知识1】电位分析法的基本原理
- 【基础知识2】参比电极
- 【基础知识3】指示电极
- 【基础知识4】直接电位法
- 【基础知识5】电位滴定法
- 【阅读材料1】离子选择性电极发展简史
- 【阅读材料2】使用玻璃电极时应注意事项
- 【阅读材料3】自动电位滴定法

课后习题

1. 选择题

(1) 25℃时，某一价金属离子活度从 $1mol \cdot L^{-1}$降低到 $1\times10^{-5}mol \cdot L^{-1}$时，其电位的变化为（　）。

A. 0.295V　B. 0.059V　C. 0.118V　D. 0.177V

(2) 常作参比电极的是（　）。

A. 玻璃电极　B. 甘汞电极　C. 气敏电极　D. 液膜电极

(3) 当金属插入其盐溶液中时，金属表面和溶液界面间形成双电层，产生了电位差，这个电位差称为（　）。

A. 膜电位　B. 液接电位　C. 电极电位　D. 液接电位

(4) KCl 溶液的浓度增加，25℃时甘汞电极的电极电势（　）。

A. 增加　B. 减小　C. 不变　D. 不确定

2. 填空题

(1) 电位分析的工作电池是由两支性能不同的电极插入同一试液中组成。一支叫__________，它的电位随试液中待测离子浓度的变化而变化。另一支叫__________，它的电位不受试液中待测离子浓度的变化的影响，具有恒定数值。

(2) 列举四个影响电位准确性的因素__________、__________、__________、__________。

(3) 离子选择性电极可分为__________、__________和__________等。

3. 试述 pH 玻璃电极的响应机理。解释 pH 的实用定义。

4. 测定 pH=5.00 的溶液，得到电动势为 0.2018V；而测定另一未知溶液时，电动势为 0.2366V。电极的实际响应斜率为 58.0mV/pH。计算未知液的 pH。

第九章

气相色谱法

知识目标

1. 掌握气相色谱法分离混合物的原理
2. 掌握气相色谱仪使用氢火焰检测器的操作方法
3. 了解归一化法进行定量分析的方法

能力目标

1. 学会使用气相色谱仪（氢焰检测器）
2. 学会液体进样技术
3. 小组成员间的团队协作能力
4. 培养学生的动手能力和安全生产的意识

化学常识　色谱的起源

色谱法起源于20世纪初，1906年俄国植物学家米哈伊尔·茨维特用碳酸钙填充竖立的玻璃管，以石油醚洗脱植物色素的提取液，经过一段时间洗脱之后，植物色素在碳酸钙柱中实现分离，由一条色带分散为数条平行的色带。由于这一实验将混合的植物色素分离为不同的色带，因此茨维特将这种方法命名为色谱。

实验项目　气相色谱法分析苯的同系物

【任务描述】

通过实验学会使用气相色谱仪(FID氢焰检测器)，并分析苯的同系物。

【教学器材】

多媒体实验室、气相色谱仪（氢焰检测器）、微量注射器（1μL)、秒表、色谱柱(不锈钢或玻璃，3mm×2m，有机皂土与邻苯二甲酸二壬酯混合固定液）、擦镜纸。

【教学药品】

苯、甲苯、对二甲苯、间二甲苯、邻二甲苯、苯系混合物样品；苯系混合物标准样（准确称取苯、甲苯、对二甲苯、间二甲苯和邻二甲苯各0.5g，于干燥、洁净的小试剂瓶中，混匀，塞紧瓶塞）。

【组织形式】

每个同学根据教师指导独立完成实验。

【注意事项】

（1）在未接色谱柱时，不要打开氢气阀门，以免氢气进入柱箱。通氢气后，待管道中残余气体排出后，应及时点火，并保证火焰是点着的。

（2）测定流量时，一定不能让氢气和空气混合，即测氢气时，要关闭空气，反之亦然。无论什么原因导致火焰熄灭时，应尽快关闭氢气阀门，直到排除了故障，重新点火时，再打开氢气阀门。高档仪器有自动检测和保护功能，火焰熄灭时可自动关闭氢气。

（3）FID的灵敏度与氢气、空气和氮气的比例有直接的关系，因此要注意优化。一般三者的比例接近或等于1∶10∶1，如氢气30～40mL·min^{-1}，空气300～400mL·min^{-1}，氮气30～40mL·min^{-1}。

（4）为防止检测器被污染，检测器温度设置不应低于色谱柱实际工作的最高温度。一旦检测器被污染，轻则灵敏度下降或噪声增大，重则点不着火。消除污染的办法是清洗，主要是清洗喷嘴表面和气路管道。具体办法是拆下喷嘴，依次用不同的溶剂（丙酮、氯仿和乙醇）浸泡，并在超声波水浴中超声10min以上。还可用细不锈钢丝穿过喷嘴中间的孔，或用酒精灯烧掉喷嘴内的油状物，以达到彻底清洗的目的。有时使用时间长了，喷嘴表面会积碳（一层黑色的沉积物），这会影响灵敏度。可用细砂纸轻轻打磨表面除去。清洗之后将喷嘴烘干，再装进检测器进行测定。

【实验步骤】

一、检查并设定仪器工作条件

柱温：90℃；进样-汽化室：150℃；检测器：150℃；进样量：0.1μL；纸速：1cm·min^{-1}；载气（N_2）流量：40mL·min^{-1}；氢气流量：40mL·min^{-1}；空气流量：400mL·min^{-1}。

二、启动仪器

按规定的操作条件调试、点火。待基线稳定后，用微量注射器注入苯系混合物样品0.1μL。记下各色谱峰的保留时间。根据色谱峰的大小选定氢火焰检测器的灵敏度和衰减倍数。

三、定性分析

在相同的操作条件下，依次在气相色谱仪上注进苯、甲苯、对二甲苯、间二甲苯和邻二甲苯纯品各0.05μL，记录保留时间，与苯系混合物样品中各组分的保留时间一一对照定性。

四、测量校正因子

待仪器稳定后，注入苯系混合物标准样1μL，记录色谱图。准确测量各组分的峰高、半峰宽，用以计算峰面积及相对校正因子。

五、定量分析

在相同的操作条件下，注入苯系混合物样品 0.1μL，准确测量各组分峰面积。平行测定 2～3 次。

六、数据处理

(1) 将实验操作条件填入下表。

色谱柱规格		空气流量	
色谱柱材料		色谱柱温度	
固定液		汽化室温度	
载体及粒度		检测器温度	
载气流量		检测器灵敏度	
氢气流量		走纸速度	

(2) 将定性分析结果填入下表。

测定结果		t_R/s	t_M/s	t'_R/s	$\gamma_{2.1}$	定性结论
样品	色谱峰 1					
	色谱峰 2					
	色谱峰 3					
	色谱峰 4					
	色谱峰 5					
纯物质	苯					
	甲苯					
	对二甲苯					
	间二甲苯					
	邻二甲苯					

(3) 将相对校正因子的测算结果填入下表。

测(算)结果		m/g	h/mm	$Y_{1/2}$/mm	A/mm²	f'_i
混合物标准	苯					
	甲苯					
	对二甲苯					
	间二甲苯					
	邻二甲苯					

(4) 将定量分析结果填入下表。

测(算)结果		f'_i	h/mm	$Y_{1/2}$/mm	A/mm²	质量分数
样品	苯					
	甲苯					
	对二甲苯					
	间二甲苯					
	邻二甲苯					

【任务解析】

一、利用保留时间对照定性分析

在一定的色谱条件下，一个未知物只有一个确定的保留时间。因此将已知纯物质在相同的色谱条件下的保留时间与未知物的保留时间进行比较，就可以定性鉴定未知物。若二者相同，则未知物可能是已知的纯物质；t_R 不同，则未知物就不是该纯物质。

二、归一化法定量分析

当试样中所有 n 个组分全部流出色谱柱，并在检测器上产生信号时，可用归一化法计算组分含量。**归一化法**就是以样品中被测组分经校正过的峰面积（或峰高）占样品中各组分经过校正的峰面积（或峰高）的总和的比例来表示样品中各组分含量的定量方法。

假设试样（质量为 m）中有 n 个组分，每个组分的质量分别为 m_1、m_2、……、m_n，各组分含量的总和为 100%，其中组分 i 的质量 w_i 分数可按下式计算：

$$w_i=\frac{m_i}{m}\times 100\%=\frac{m_i}{m_1+m_2+\cdots+m_n}\times 100\%=\frac{A_i f'_i}{A_1 f'_1+A_2 f'_2+\cdots+A_n f'_n}$$

式中 f'_i——组分 i 的相对质量校正因子；

A_i——组分 i 的峰面积，如果 f_i 为相对质量校正因子，则得质量分数；如果为相对摩尔校正因子，则得摩尔分数或体积分数(气体)。

相对校正因子(f'_i)是指组分 i 与另一标准物 s 的绝对校正因子之比，即：

$$f'_i=\frac{f_i}{f_s}=\frac{m_i/A_i}{m_s/A_s}=\frac{m_i A_s}{m_s A_i}$$

当 m_i、m_s 以“mol”为单位时，所得相对校正因子称为相对摩尔校正因子，用 f'_M 表示；当 m_i、m_s 用质量单位时，以 f'_m 表示。

【想一想】 保留值在色谱定性、定量分析中有什么意义？

基础知识 1 气相色谱法原理

色谱法是一种利用不同物质在不同相态的选择性分配，以流动相对固定相中的混合物进行洗脱，混合物中不同的物质会以不同的速度沿固定相移动，最终达到分离的效果。所谓流动相是指色谱过程中携带组分向前移动的物质，如茨维特实验中的石油醚。所谓固定相是指色谱过程中不移动的具有吸附活性的固体或涂渍在载体上的液体，如茨维特实验中的碳酸钙。

一、分类

色谱法有多种类型，从不同的角度可以有不同的分类法。

(1) 按固定相和流动相所处的状态分类 见表 9-1。

表 9-1 按固定相和流动相所处的状态分类

分类	流动相	固定相	类型
液相色谱	液体	固体	液-固色谱
	液体	液体	液-液色谱
气相色谱	气体	固体	气-固色谱
	气体	液体	气-液色谱

(2) 按分离机理分类 有如下几种。

吸附色谱法：以固定吸附剂为固定相，利用它对不同组分吸附能力强弱不同而得以分离和分析的方法。

分配色谱法：利用不同组分在固定相和流动相之间分配性能（或溶解度）不同而达到分离和分析的方法。

离子交换色谱：利用溶液中不同离子与离子交换剂间的交换能力的不同而进行分离的方法。

空间排斥(阻)色谱法：利用多孔性物质对不同大小的分子的排阻作用进行分离的方法。

二、气相色谱法原理

气相色谱根据固定相不同分为气-液色谱和气-固色谱。

1. 气-液色谱分离原理

气-液色谱的固定相是涂在惰性载体表面的固定液，当气态试样随载气进入色谱柱时，试样组分分子与固定液分子充分接触，气相中各组分会部分或全部溶解到固定液中。随着载气的不断通入，被溶解的组分又从固定液中挥发出来，挥发出来的组分随着载气向前移动时又再次被固定液溶解。随着载气的流动，溶解-挥发的过程反复进行。由于组分性质的差异，固定液对它们的溶解能力将有所不同。易被溶解的组分，在柱内移动的速度慢，停留的时间长；反之，不易被溶解的组分，在柱内停留的时间短。各组分流经一定的柱长（或一定时间间隔），经过足够多次的反复分配后，性质不同的组分就会彼此分离。

2. 气-固色谱法分离原理

气-固色谱的固定相是固体吸附剂，当气态试样随载气进入色谱柱时，试样组分分子与吸附剂充分接触，气相中各组分会被吸附剂吸附。随着载气的不断通入，被吸附的组分又从固定相中洗脱出来（称为脱附），脱附下来的组分随着载气向前移动时又再次被固定相吸附。随着载气的流动，组分吸附-解析的过程反复进行。由于组分性质的差异，固定相对它们的吸附能力有所不同。易被吸附的组分，脱附较难，在利用不同物质在固体吸附剂上的物理吸附-解吸能力不同实现物质的彼此分离。

3. 气相色谱法的特点

气相色谱法是基于色谱柱能分离样品中各个组分，检测器能连续响应，能同时对各组分进行定性定量的一种分离分析方法，是石油、化工、医药、食品、环境保护、生化等生产、科研部门一种重要的分析手段。其优点是：气相色谱法具有选择性高、高效能；灵敏度高；分析速度快；样品用量少；应用范围广泛的特点。气相色谱法的不足之处，首先是由于色谱峰不能直接给出定性的结果，它不能用来直接分析未知物，必须用已知纯物质的色谱图和它对照；其次，当分析无机物和高沸点有机物时比较困难，需要采用其他的色谱分析方法来完成。

【想一想】 气液色谱分离原理是什么？

基础知识 2　气相色谱法的理论基础

一、气相色谱图及有关术语

（一）气相色谱图

试样经色谱分离后的各组分的浓度（或质量）经检测器转换成电信号记录下来，得到一条信号随时间变化的曲线，称为色谱流出曲线，即气相色谱图。理想的色谱流出曲线应该是

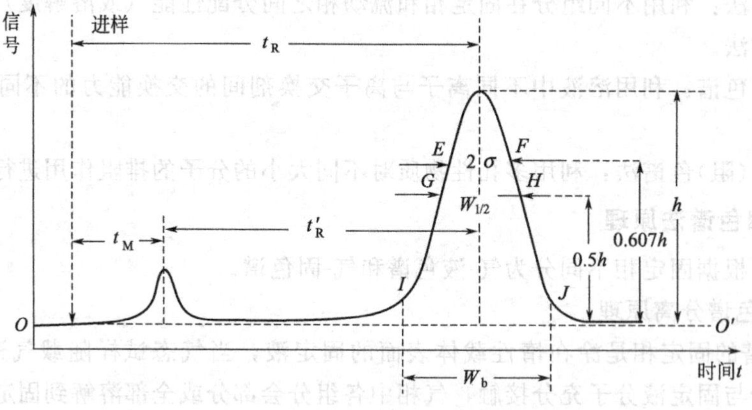

图 9-1 气相色谱图

正态分布曲线，如图 9-1 所示，色谱图上各个色谱峰，相当于试样中的各种组分，根据各个色谱峰，可以对试样中的各组分进行定性分析和定量分析。

（二）有关术语

1. 基线

在实验条件下，纯流动相进入检测器时，响应信号的记录值称为基线，如图 9-1 中直线 OO' 所示。基线在稳定的条件下应是一条水平的直线，它的平直与否可反映出实验条件的稳定情况。

2. 色谱峰

当某组分从色谱柱流出时，检测器对该组分的响应信号随时间变化所形成的峰形曲线称为该组分的色谱峰。色谱峰一般呈正态分布，色谱峰可以用峰高、峰面积、峰宽、半峰宽等参数来描述。

峰高(h)是指峰顶到基线的距离。**峰面积**(A)是指每个组分的流出曲线与基线间所包围的面积。峰高或峰面积的大小与每个组分在样品中的含量相关，因此色谱图中，峰高和峰面积是气相色谱进行定量分析的主要依据。**峰宽**(W_b)是指色谱峰两侧拐点所作的切线与基线两交点之间的距离，如 IJ。**半峰宽**($W_{1/2}$）是指在峰高 $1/2h$ 处的峰宽，如 GH。

3. 保留值

保留值是表示试样组分在色谱柱内的滞留情况，通常用时间或相应的载气体积表示。它反映组分与固定相之间作用力的大小，在一定的固定相和操作条件下，任何一种物质都有一确定的保留值，这样就可用作定性参数。

(1) 死时间(t_M)　不被固定相吸附或溶解的气体（如空气、甲烷）从进样开始到柱后出现浓度最大值时所需的时间称为死时间。显然，死时间正比于色谱柱的空隙体积。

(2) 保留时间(t_R)　被测组分从进样开始到柱后出现浓度最大值时所需的时间。保留时间是色谱峰位置的标志。

(3) 调整保留时间(t'_R)　扣除死时间后的保留时间，即：

$$t'_R = t_R - t_M \tag{9-1}$$

它更确切地表达了被分析组分的保留特性，是气相色谱定性分析的基本参数。

(4) 死体积(V_M)　色谱柱内固定相颗粒间所剩余的空间、色谱仪中管路和连接头间的空间以及进样系统、检测器的空间的总和。若操作条件下色谱柱内载气的平均流速为 F_C

(mL·min^{-1})，则：

$$V_M = t_M F_C \tag{9-2}$$

(5) 保留体积(V_R)　从进样开始到柱后被测组分出现浓度最大值时所通过的载气体积，即：

$$V_R = t_R F_C \tag{9-3}$$

(6) 调整保留体积(V'_R)　扣除死体积后的保留体积，即：

$$V'_R = t'_R F_C = (t_R - t_M) F_C = V_R - V_M \tag{9-4}$$

同样，V'_R 与载气流速无关。死体积反映了色谱柱和仪器系统的几何特性，它与被测物的性质无关，故保留体积值中扣除死体积后将更合理地反映被测组分的保留特性。

(7) 相对保留值(γ_{is})　指一定实验条件下某组分 i 的调整保留值与标准物质 s 的调整保留值之比：

$$\gamma_{is} = \frac{t'_{R_i}}{t'_{R_s}} = \frac{V'_{R_i}}{V'_{R_s}} \tag{9-5}$$

γ_{is}仅仅与组分性质、柱温、固定相性质有关，而与载气流量及其他实验条件无关，它表示色谱柱对两种组分的选择性，是色谱定性分析的重要参数之一。

4. 分配系数(K)

在一定温度和压力下，组分在固定相和流动相之间分配达平衡时的浓度之比值，即

$$K = \frac{\text{每毫升固定液中所溶解的组分量}}{\text{柱温及柱平均压力下每毫升载气所含组分量}} = \frac{c_L}{c_G} \tag{9-6}$$

式中　c_L，c_G——组分在固定液、载气（气相）中的浓度。

分配系数 K 是由组分和固定相的热力学性质决定的，它是每一个溶质的特征值，它仅与固定相和温度两个变量有关。与两相体积、柱管的特性以及所使用的仪器无关。

二、基本理论

多组分试样通过色谱柱逐一分离，描述这一过程的理论主要有塔板理论和速率理论。

1. 塔板理论

1941 年马丁(Martin)和辛格(Synge)最早提出塔板理论(plate theory)，他们将色谱柱比作蒸馏塔，把一根连续的色谱柱设想成由许多小段组成。在每一小段内，一部分空间为固定相占据，另一部分空间充满流动相。组分随流动相进入色谱柱后，就在两相间进行分配。并假定在每一小段内组分可以很快地在两相中达到分配平衡，这样一个小段称作一个理论塔板(theoretical　plate)，一个理论塔板的长度称为理论塔板高度(theoretical plate height)H。经过多次分配平衡，分配系数小的组分，先离开蒸馏塔，分配系数大的组分后离开蒸馏塔。由于色谱柱内的塔板数相当多，因此即使组分分配系数只有微小差异，仍然可以获得好的分离效果。他们将分离技术比拟为一个分馏过程，即将连续的色谱过程看作是许多小段平衡过程的重复。一个色谱柱的塔板数越多，则其分离效果就越好。

2. 速率理论

1956 年荷兰学者范第姆特(Van Deemter)等在研究气液色谱时，提出了色谱过程动力学理论——速率理论。他们吸收了塔板理论中板高的概念，并充分考虑了组分在两相间的扩散和传质过程，从而在动力学基础上较好地解释了影响板高的各种因素。速率理论方程式亦称范-第姆特方程式：

$$H=A+B/u+Cu \tag{9-7}$$

式中　H——塔板数；

A——涡流扩散项（系数）；

B/u——分子扩散项（系数）；

Cu——传质阻力项（系数）；

u——载气线速度，单位为 $cm \cdot s^{-1}$。

式（9-7）中 A、B、C 为常数，分别代表涡流扩散系数、分子扩散项系数、传质阻力项系数。该理论模型对气相、液相色谱都适用。

【想一想】 什么是保留值，包括哪些参数？

基础知识 3　气相色谱仪

常用气相色谱仪一般由气路系统、进样系统、分离系统、检测系统、数据处理系统和温度控制系统等六部分组成。

一、气相色谱分析流程

如图 9-2 所示，流动相载气由载气钢瓶 1 供给，经减压阀 2 减压后，通过净化器 3 净化，用气流调节阀 4 控制气流速度，利用转子流量计 5 指示载气的柱前流量。试样用微量注射器在进样口注入到汽化室 6 经瞬间汽化，被载气带入色谱柱 7 进行分离。分离后的组分逐个进入检测器 8 放空，将组分的浓度（或质量）变化转变为电信号，电信号经放大后，由记录器记录下来，即得到色谱图。

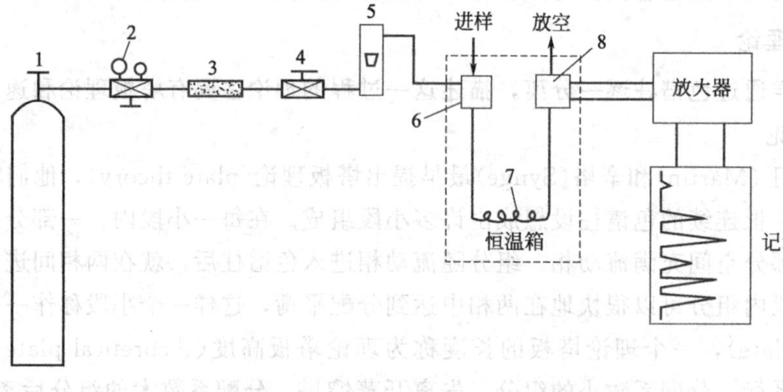

图 9-2　单柱单气路结构示意图

1—载气钢瓶；2—减压阀；3—净化器；4—气流调节阀；
5—转子流量计；6—汽化室；7—色谱柱；8—检测室

二、GC-7890Ⅱ型气相色谱仪

GC-7890Ⅱ气相色谱仪由柱箱、进样器、检测器、气路控制系统和计算机控制系统组成。有 5 种检测器可供选择，下面以 FID 检测器为例。

(1) 按照所用色谱柱的老化条件充分老化色谱柱，将色谱柱与 FID 检测器相连接。

(2) 打开净化器上的载气开关阀，再用检漏液检漏，以保证良好气密性。调节载气流量为适当值（根据刻度-流量表或用皂膜流量计测得）。

(3) 打开电源开关，根据分析需要设置柱温、进样温度及FID检测器的温度（FID检测器的温度应>100℃）。

(4) 打开净化器的空气、氢气开关阀，分别调节空气和氢气流量为适当值（根据刻度-流量表或用皂膜流量计测得）。

(5) 待FID检测器的温度升高到100℃以上后，按［FIRE］键，点燃FID检测器的火焰。注意如果FID检测器的温度低于100℃时点火，会造成检测器内积水，影响检测器的稳定性。

(6) 设置FID检测器微电流放大器的量程。量程分为10、9、8、7四挡，量程为10时，FID检测器的微电流放大器灵敏度最高，量程为9则灵敏度降低10倍，其余依此类推。量程通过［RANGE］来设置，设置步骤按说明书进行（假定设置量程为8）。

(7) 设置输出信号的衰减值。衰减分0～8九挡，分别表示输出信号的2^0～2^8衰减输出，衰减通过［ATT］来设置。将信号线与积分仪连接，即将仪器所附的信号线插到［SIGNAL A］插座上，将信号线另一头的叉形焊片与积分仪连接。调节调零电位器使FID输出信号在积分仪的零位附近。进样后如出反峰，请将信号线叉形焊片的正负位置对调。

(8) GC7890 Ⅱ气相色谱仪FID检测器在日常关机时，应当先将高效净化器的氢气和空气的开关阀关闭，以切断FID检测器的燃气和助燃气将火焰熄灭，然后降温，当柱箱温度低于80℃以下时才能关闭载气和电源开关。

三、操作条件的选择

在气相色谱分析中，除了要选择好固定相以外，还要选择分离操作的最佳条件。

1. 载气及流速的选择

载气种类的选择应考虑载气对柱效的影响、检测器要求及载气性质。根据范-第姆特方程，当载气流速较小时，为抑制试样的纵向扩散，需摩尔质量大的载气（如N_2、Ar）。当载气流速较大时，为减小传质阻力，采用较小摩尔质量的载气（如H_2、He）。热导检测器需要使用热导率较大的氢气或氦气有利于提高检测灵敏度。在氢焰检测器中，氮气仍是首选目标。

由范-第姆特方程式可以看出，分析扩散项与载气流速成反比，而传质阻力项与流速成正比，所以必然有一最佳流速使板高最小，柱效能最高。

最佳流速一般通过实验来选择。以载气流速u为横坐标，板高H为纵坐标，绘制H-u曲线，如图9-3所示。

曲线最低点处对应的塔板高度最小，因此对应载气的最佳线速度。使用最佳载气流速虽然柱效高，但分析速度慢，因此，实际工作中，在加快分析速度，同时又不明显增加塔板高度的情况下，一般采用比最佳流速稍大的流速进行测定。对一般色谱柱（内径3～4mm）常用流速为20～100mL·min^{-1}。

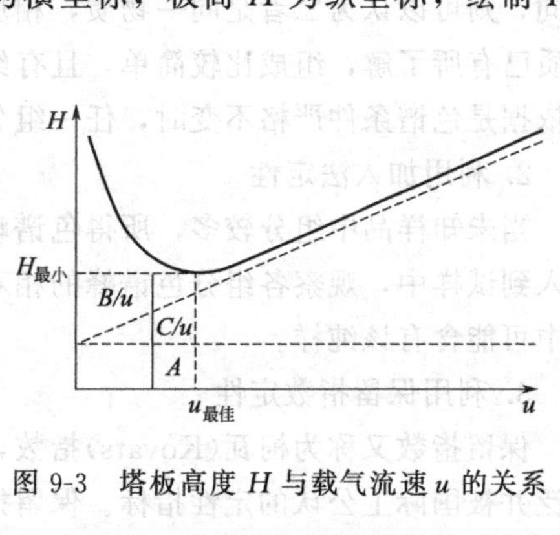

图9-3 塔板高度H与载气流速u的关系

2. 色谱柱及柱温的选择

在气相色谱分析中，样品的分离过程是在色谱柱内完成的，样品能否在色谱柱中得到完全分离，取决于固定相的选择是否合适。

增加柱长可以增加塔板数，从而增加柱效能，但增加柱长也加长了分析时间，增大了柱阻力。一般柱长为1～3m，内径为3～4mm。

柱温合适与否，直接影响分离效能和分析速度测定的结果。柱温低有利于组分的分离，当柱温过低，被测组分可能在柱中冷凝，或者增加传质阻力。柱温高不利于分离，柱温过高，色谱峰靠拢，甚至色谱峰重叠。最佳柱温一般比各组分的平均沸点低20～30℃。

3. 汽化室温度的选择

选择的原则是既能保证试样不分解，又能使样品迅速汽化。一般比柱温高30～70℃，或比样品组分中最高沸点高30～50℃，就可以满足分析要求。

4. 进样量和进样时间的选择

进样量的多少应根据试样的性质、种类、含量和检测器的灵敏度等。进样量过大，所得到的色谱峰形不对称程度增加，峰高峰面积与进样量不成线性关系，无法定量。若进样量太小，可能会因检测器灵敏度不够无法检出。色谱柱最大允许量通过实验获得。对于内径为3～4mm、柱长2m、固定液用量为16%～20%的色谱柱，液体进样量为0.1～10μL；检测器为FID时进样量应小于1μL。

进样速度必须迅速，一般在1s之内完成。否则会增大峰宽，峰变形，影响分离。常用注射器或气体减压阀进样。

【想一想】 气相色谱基本流程是什么？

基础知识4 气相色谱分析方法

一、定性分析

色谱定性分析就是要确定色谱图上各色谱峰所代表的化合物。由于各种物质在一定的色谱条件下均有确定的保留值，因此保留值可作为一种定性指标。

1. 利用保留时间t_R对照定性

色谱分析的基本依据是保留时间。当固定相和操作条件严格不变时，一个未知物只有一个确定的保留时间。因此相同的色谱条件下，若已知纯物质的保留时间与未知物的保留时间相同，则可以认为二者是同一物质，相反则不是同一物质。纯物质对照法定性只适用于组分性质已有所了解，组成比较简单，且有纯物质的未知物。已知纯样的t_R直接对照定性方法的依据是色谱条件严格不变时，任一组分都有一定的保留值。此法的可靠性与分离度有关。

2. 利用加入法定性

当未知样品中组分较多，所得色谱峰过密，用t_R对照定性不易辨认时，可以将纯物质加入到试样中，观察各组分色谱峰的相对变化，若加入纯样后某一组分的峰高增加，表示试样中可能含有该纯样。

3. 利用保留指数定性

保留指数又称为柯瓦(Kovats)指数，它表示物质在固定液上的保留行为，是目前使用最广泛并被国际上公认的定性指标。保留指数也是一种相对保留值，它采用一系列正构烷烃作为基准物质，规定其保留指数为分子中碳原子个数乘以100(如正己烷的保留指数为600)，其他物质的保留指数是通过选定两个相邻的正构烷烃，其分别具有Z和$Z+1$个碳原子。被测物质 X 的调整保留时间应在相邻两个正构烷烃的调整保留值之间，被测物的保留指数值可用内插法计算。

$$I_X = 100\left[\frac{\lg t'_{R(X)} - \lg t'_{R(Z)}}{\lg t'_{R(Z+1)} - \lg t'_{R(Z)}} + Z\right] \qquad (9\text{-}8)$$

测保留指数时，柱子与柱温要与文献规定相同。

二、定量分析

气相色谱定量分析是一种相对定量方法，而不是绝对定量分析方法。

（一）气相色谱的定量依据

在一定色谱条件下，分析组分 i 的质量（m_i）或其在流动相中的浓度是与检测器的响应信号（色谱图上表现为峰面积 A_i 或峰高 h_i）成正比。

$$m_i = f_i A_i \qquad (9\text{-}9)$$

或

$$m_i = f_i h_i \qquad (9\text{-}10)$$

式中　m_i——被测组分的质量；

f_i——为组分 i 的校正因子，又叫绝对校正因子。

这就是色谱法定量的依据。对浓度敏感型检测器，常用峰高定量；对质量敏感型检测器，常用峰面积定量。

1. 峰高和峰面积的测量

当用记录仪记录色谱峰时，需要用手工测量的方法对色谱峰或峰面积进行测量。

峰高的测量是当各种实验条件严格保持不变时，一定进样范围内色谱峰的半峰宽不变，即可用峰高来定量，特别对于狭窄的峰，较面积定量法更为准确。

（1）峰高（h）乘半峰宽（$W_{1/2}$）法　当测量对称且不太窄的峰面积时，近似将色谱峰当作等腰三角形，此法算出的面积是实际峰面积的 1.064 倍，做相对计算时可略去 1.064 即：

$$A = hW_{1/2} \qquad (9\text{-}11)$$

（2）峰高乘平均峰宽法　当测量不对称形峰面积时，如仍用峰高乘以半峰宽，误差就较大，因此采用峰高乘平均峰宽法，即：

$$A = 1/2\ (W_{0.15} + W_{0.85})\ h \qquad (9\text{-}12)$$

式中，$W_{0.15}$ 和 $W_{0.85}$ 分别为峰高的 0.15 倍和 0.85 倍处的峰宽。

（3）采用峰高×保留时间法　在一定操作条件下，同系物的半峰宽与保留时间成正比，对于难以测量半峰宽的窄峰、重叠峰（未完全重叠），可用此法测定峰面积，即：

$$W_{1/2} \propto t_R \quad W_{1/2} = bt_R$$

$$A = hbt_R \qquad (9\text{-}13)$$

作相对计算时，b 可以略去。

（4）剪纸称量法　将记录仪所绘制出的色谱图，用剪刀剪下，在分析天平上称重，含量越高，面积越大，纸越重，与标准图谱得出色谱图纸重比较，求出被测组分含量。

2. 定量校正因子

式（9-9）、式（9-10）中 f_i 为组分 i 的绝对校正因子，当 m_i、m_s 用克或摩尔为单位时，分别称为质量校正因子和摩尔校正因子，它的大小主要由操作条件和仪器的灵敏度所决定，既不容易准确测量，也无统一标准；当操作条件波动时，f_i 也发生变化。故 f_i 无法直接应用，定量分析时，一般采用相对校正因子。

相对校正因子（f'_i）是指组分 i 与另一标准物 s 的绝对校正因子之比，即：

$$f'_i=\frac{f_i}{f_s}=\frac{m_i/A_i}{m_s/A_s}=\frac{m_iA_s}{m_sA_i} \tag{9-14}$$

相对校正因子可以自行测定，也可以查文献、手册获得。应用时常省略“相对”两字。

例 9-1 准确称取一定质量的色谱纯对二甲苯、甲苯、苯及仲丁醇，混合后稀释，采用氢焰检测器，定量进样并测量各物质所对应的峰面积，数据如下：

物质	苯	仲丁醇	甲苯	对二甲苯
$m/\mu g$	0.4720	0.6325	0.8149	0.4547
A/cm^2	2.60	3.40	4.10	2.20

以仲丁醇为标准，计算各物质的相对质量校正因子。

解：　f_m(仲丁醇) $=\frac{0.6325\mu g}{3.40cm^2}$

f_m(甲苯) $=\frac{0.8149\mu g}{4.10cm^2}$

f'_m(甲苯) $=\frac{f_m(\text{甲苯})}{f_m(\text{仲丁醇})}=\frac{A(\text{仲丁醇})}{A(\text{甲苯})}\times\frac{m(\text{甲苯})}{m(\text{仲丁醇})}=\frac{3.40\times0.8149}{4.10\times0.6325}=1.06$

同理 f'_m(苯) $=0.98$，f'_m(对二甲苯) $=1.10$。

(二) 定量方法

1. 外标法（标准曲线法）

将预测组分的纯物质配制成不同浓度的标准溶液，在一定的色谱条件下获得色谱图，作峰面积或峰高与浓度的关系曲线，作为标准曲线。固定色谱条件，测出待测物质的峰面积或峰高，在标准曲线上查出其浓度。进一步计算待测组分的含量。

此法不需要校正因子，比较方便，但要求操作条件稳定，进样量准确。

2. 归一化法

应用条件是试样中所有组分全部流出色谱柱，并在检测器上产生信号。归一化法就是以样品中被测组分经校正过的峰面积（或峰高）占样品中各组分经过校正的峰面积（或峰高）的总和的比例来表示样品中各组分含量的定量方法。

假设试样（质量为 m）中有 n 个组分，每个组分的质量分别为 m_1、m_2、……、m_n。各组分含量的总和 m 为 100%，其中组分 i 的质量 w_i 分数可按下式计算：

$$w_i=\frac{m_i}{m}\times100\%=\frac{m_i}{m_1+m_2+\cdots+m_n}\times100\%=\frac{A_if'_i}{A_1f'_1+A_2f'_2+\cdots+A_nf'_n} \tag{9-15}$$

式中　f'_i——i 组分的相对质量校正因子；

A_i——组分 i 的峰面积，得质量分数；如为摩尔校正因子，则得摩尔分数或体积分数（气体）。

对于狭窄的色谱峰，也有用峰高代替峰面积来进行定量测定的。当各种条件保持不变时，在一定的进样量范围内，峰的半宽度是不变的，因此峰高就直接代表某一组分的量：

$$w_i=\frac{h_if'_{i(h)}}{h_1f'_{1(h)}+h_2f'_{2(h)}+\cdots+h_if'_{i(h)}+\cdots+h_nf'_{n(h)}}\times100\% \tag{9-16}$$

式中　$f'_{i(h)}$——峰高相对校正因子。

此法准确简便，进样量与操作条件对结果影响都不大。

3. 内标法

当试样中所有组分不可能全部出峰，或只需测定试样中某几个组分，或试样各组分含量悬殊时，可采用内标法。

内标法是将一定质量的非被测组分的纯物质作为内标物，加入到准确称取的试样中，根据被测物质和内标物的质量及其在色谱图上相应峰面积之比，求出被测组分的质量分数。

试样配制方法是准确称取一定量的试样 m，加入一定量内标物 m_s，计算式如下：

$$m_i = f_i A_i \quad m_s = f_s A_s$$

$$\frac{m_i}{m_s} = \frac{f_i A_i}{f_s A_s} = f'_i \frac{A_i}{A_s}$$

$$m_i = f'_i \frac{A_i}{A_s} m_s \tag{9-17}$$

设样品的质量为 $m_{试样}$，则待测组分 i 的质量分数为：

$$w_i = \frac{m_i}{m_{试样}} \times 100\% = \frac{m_s \dfrac{f'_i A_i}{f'_s A_s}}{m_{试样}} \times 100\% = \frac{m_s A_i f'_i}{m_{试样} A_s f'_s} \times 100\% \tag{9-18}$$

式中 f'_i、f'_s——组分 i 和内标物 s 的质量校正因子；以内标物为基准，$f'_s=1.0$；

A_i、A_s——组分 i 和内标物 s 的峰面积。也可用峰高代替面积，则：

$$w_i = \frac{m_s h_i f'_{i(h)}}{m_{试样} h_s f'_{s(h)}} \times 100\% \tag{9-19}$$

式中　$f'_{i(h)}$、$f'_{s(h)}$——组分 i 和内标物 s 的峰高校正因子。

$$w_i = f'_i \frac{m_s A_i}{m_{试样} A_s} \times 100\% \tag{9-20}$$

$$w_i = f'_{i(h)} \frac{m_s h_i}{m_{试样} h_s} \times 100\% \tag{9-21}$$

此法要求试样中不含有所选的内标物，内标物应该与被测组分性质比较接近，不与试样发生化学反应，出峰位置应位于被测组分附近，且无组分峰影响等。

【想一想】 气相色谱定量分析的依据是什么？

阅读材料 1　氢焰离子化检测器

1958 年 Mewillan 和 Harley 等分别研制成功氢火焰离子化检测器(FID)，它是典型的破坏性、质量型检测器，是以氢气和空气燃烧生成的火焰为能源，当有机化合物进入以氢气和氧气燃烧的火焰，在高温下产生化学电离，电离产生比基流高几个数量级的离子，在高压电场的定向作用下，形成离子流，微弱的离子流（10^{-12}～10^{-8} A）经过高阻（10^6～10^{11} Ω）放大，成为与进入火焰的有机化合物量成正比的电信号，因此可以根据信号的大小对有机物进行定量分析。氢火焰检测器由于结构简单、性能优异、稳定可靠、操作方便，所以经过 40 多年的发展，今天的 FID 结构仍无实质性的变化。

其主要优点是对几乎所有挥发性的有机化合物均有响应，对所有烃类化合物（碳数≥3）的相对响应值几乎相等，对含杂原子的烃类有机物中的同系物（碳数≥3）的相对响应值也几乎相等。这给化合物的定量带来很大的方便，而且具有灵敏度高（10^{-13}～10^{-10} g·s^{-1}）、基流小（10^{-14}～10^{-13} A）、线性范围宽（10^6～10^7）、死体积小（≤1μL）、响应快（1ms）、可以和毛细管柱直接联用，对气体流速、压力和温度变化不敏感等优点，所以成为应用广泛的气相色谱检测器。其主要缺点是需要三种气源及其流速控制系统，尤其是对防爆有严格的要求。

氢火焰离子化检测器的结构：氢火焰离子化检测器（FID）由电离室和放大电路组成，分别如图 9-4 (a)，图 9-4（b）所示。

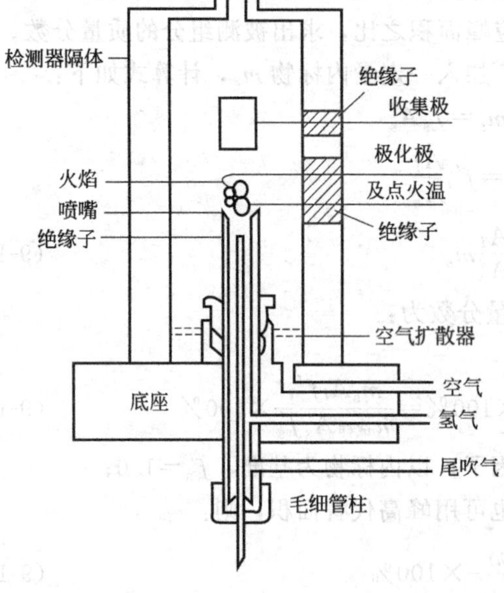

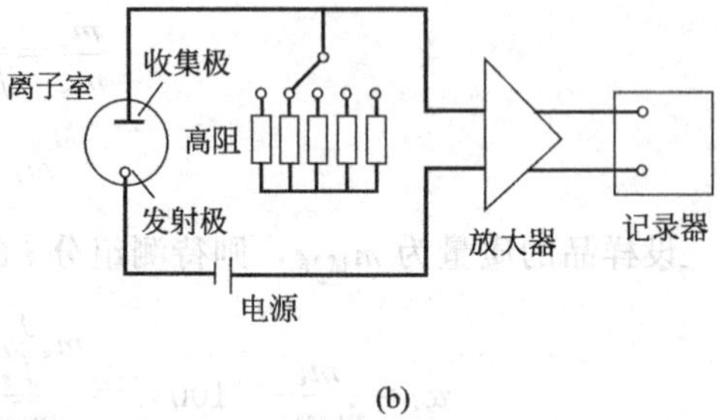

图 9-4　氢火焰离子化检测器的结构

FID 的电离室由金属圆筒作外罩，底座中心有喷嘴；喷嘴附近有环状金属圈（极化极，又称发射极），上端有一个金属圆筒（收集极）。两者间加 90～300V 的直流电压，形成电离电场加速电离的离子。收集极捕集的离子流经放大器的高阻产生信号、放大后送至数据采集系统；燃烧气、辅助气和色谱柱由底座引入；燃烧气及水蒸气由外罩上方小孔逸出。

氢火焰离子化检测器的操作条件：火焰温度、离子化程度和收集效率都与载气、氢气、空气的流量和相对比值有关。其影响如下所述。

(1) 氢气流速的影响　氢气作为燃烧气与氮气（载气）预混合后进入喷嘴。当氮气流速固定时，随着氢气流速的增加，输出信号也随之增加，并达到一个最大值后迅速下降。通常氢气的最佳流速为 40～60mL·min^{-1}。有时是氢气作为载气，氮气作为补充气，其效果是一样的。

(2) 氮气流速的影响　在我国多用 N_2 作载气，H_2 作为柱后吹扫气进入检测器。对不同 k 值的化合物，氮气流速在一定范围增加时，其响应值也增加，在 30mL·min^{-1}左右达到一个最大值而后迅速下降。这是由于氮气流量小时，减少了火焰中的传导作用，导致火焰温度降低，从而减少电离效率，使响应降低；而氮气流量太大时，火焰因受高线速气流的干扰而燃烧不稳定，不仅使电离效率和收集效率降低，导致响应降低，同时噪声也会因火焰不稳定而响应增加。所以氮气一般采用流量在 30mL·min^{-1}左右，检测器可以得到较好的灵敏度。在用 H_2 作载气时，N_2 作为柱后吹扫气与 H_2 预混合后进入喷嘴，其效果也是一样的。此外氮气和氢气的体积比不一样时，火焰燃烧的效果也不相同，因而直接影响 FID 的响应。N_2 ∶ H_2 的最佳流量比为 1～1.5。也有文献报道，在补充气中加一定比例 NH_3，可增加 FID 的灵敏度。

(3) 空气流速的影响　空气是助燃气，为生成 CHO^+ 提供 O_2。同时还是燃烧生成的 H_2O 和 CO_2 的清扫气。空气流量往往比保证完全燃烧所需要的量大许多，这是由于大流量的空气在喷嘴周围形成快速均匀流场。可减少峰的拖尾和记忆效应。其空气最佳流速需大于 300mL·min^{-1}，一般采用空气与氢气流量比为 1∶10 左右。由于不同厂家不同型号的色谱仪配置的 FID 其喷口的内径不相同，其氢气、氮气和空气的最佳流量也不相同，可以参考说明书进行调节，但其原理是相同的。

(4) 检测器温度的影响　增加 FID 的温度会同时增大响应和噪声；相对其他检测器而言，FID 的温度不是主要的影响因素，一般将检测器的温度设定比柱温稍高一些，以保证样品在 FID 内不冷凝；此外 FID 温度不可低于 100℃，以免水蒸气在离子室冷凝，导致离子室内电绝缘下降，引起噪声骤增；所以 FID 停机时必须在 100℃以上灭火（通常是先停 H_2，后停 FID 检测器的加热电流），这是 FID 检测器使用时必须严格遵守的操作。

阅读材料 2　高效液相色谱法

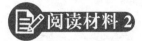

HPLC(high-performance liquid chromatography)，即高效液相色谱法，又称高压液相色谱法，是在经典液相色谱法的基础上，引用了气相色谱的理论，在技术上，流动相改为高压输送（最高输送压力可达 4.9×10^7 Pa)；色谱柱是以特殊的方法用小粒径的填料填充而成，从而使柱效大大高于经典液相色谱（每米塔板数可达几万或几十万)；同时柱后连有高灵敏度的检测器，可对流出物进行连续检测。

HPLC 有以下特点：

高压——压力可达（1.47～2.94）$\times10^7$ Pa。色谱柱每米降压为 7.35×10^6 Pa 以上。

高速——流速为 0.1～10.0mL·min^{-1}。

高效——可达 5000 塔板每米。在一根柱中同时分离成分可达 100 种。

高灵敏度——紫外检测器灵敏度可达 0.01ng。同时消耗样品少。

HPLC 与经典液相色谱相比有以下优点：

速度快——通常分析一个样品在 15～30min，有些样品甚至在 5min 内即可完成。

分辨率高——可选择固定相和流动相以达到最佳分离效果。

灵敏度高——紫外检测器可达 0.01ng，荧光和电化学检测器可达 0.1pg。

柱子可反复使用——用一根色谱柱可分离不同的化合物。

样品量少，容易回收——样品经过色谱柱后不被破坏，可以收集单一组分或做制备。

HPLC 系统一般由输液泵、进样器、色谱柱、检测器、数据记录及处理装置等组成。其中输液泵、色谱柱、检测器是关键部件。有的仪器还有梯度洗脱装置、在线脱气机、自动进样器、预柱或保护柱、柱温控制器等，现代 HPLC 仪还有微机控制系统，进行自动化仪器控制和数据处理。制备型 HPLC 仪还备有自动馏分收集装置。

最早的液相色谱仪由粗糙的高压泵、低效的柱、固定波长的检测器、绘图仪组成，绘出的峰是通过手工测量计算峰面积。后来的高压泵精度很高并可编程进行梯度洗脱，柱填料从单一品种发展至几百种类型，检测器从单波长至可变波长检测器、可得三维色谱图的二极管阵列检测器、可确证物质结构的质谱检测器。数据处理不再用绘图仪，逐渐取而代之的是最简单的积分仪、计算机、工作站及网络处理系统。

目前常见的 HPLC 仪生产厂家国外有 Waters 公司、Agilent 公司（原 HP 公司)、岛津公司等，国内有大连依利特公司、上海分析仪器厂、北京分析仪器厂等。

本章小结

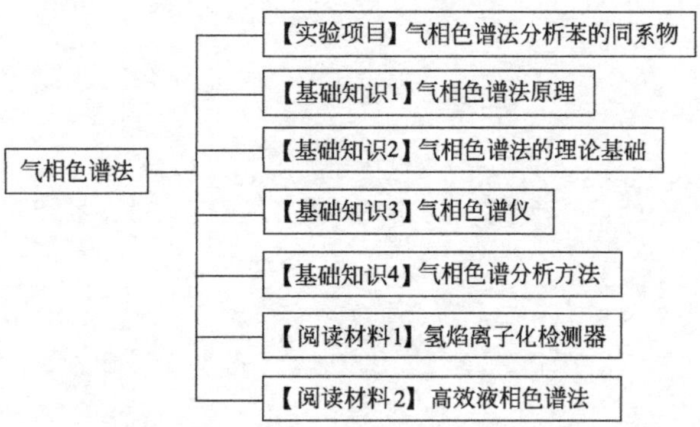

课后习题

1. 选择题

(1) 不被固定相吸附或溶解的气体，进入色谱柱时，从进样到柱后出现极大值的时间称为（　　）。

A. 死时间　B. 保留时间　C. 固定保留时间　D. 调整保留时间

(2) 气相色谱中，和流动相流速有关的保留值是（　　）。

A. 保留体积　B. 保留时间　C. 调整保留体积　D. 调整保留时间

(3) 下列不是描述色谱图术语的是（　　）。

A. 峰面积　B. 半宽度　C. 容量因子　D. 峰高

(4) 范-第姆特方程中不是影响涡流扩散项的因素是（　　）。

A. 载气流速　B. 固体颗粒直径　C. 载气相对分子质量　D. 柱温

(5) 对于试样中各组分不能完全出峰的色谱分析，不能使用（　　）进行定量计算。

A. 内标法　B. 外标法　C. 内加法　D. 归一化法

2. 填空题

(1) 按机理分，色谱分析有________、________、________和________等。

(2) 气相色谱仪的操作条件有________、________、________、________。

(3) 色谱法的基本理论有________和________两种。

3. 色谱定量分析中，为什么要用定量校正因子？在什么条件下可以不用校正因子？

4. 归一化法计算为什么要用校正因子？

5. 在一个苯系混合液中，用气相色谱法分析，测得如下数据。计算各组分的含量。

组分	苯	甲苯	邻二甲苯	对二甲苯	间二甲苯
f_i	0.780	0.794	0.840	0.812	0.801
h/cm	4.20	3.06	7.50	2.98	1.67
b/cm	0.30	0.32	0.34	0.35	0.38

习题答案

第一章

1. (1)C (2)C (3)E (4)C (5)A (6)D (7)C (8)C (9)A (10)D

2. (1) 14.36 1.28 0.0884

(2) −0.0001g −0.0056% −0.056% ±0.1% ±0.05%

(3) ±0.0005g ±0.001g ±0.002g

(4) −0.08%; 0.09% 0.24% 0.12% 0.32% 0.32%

3. (1) −0.0001g −0.0001g −0.0056% −0.056%

称量的 E_a 相等时，称量物质量越大，E_r 越小，准确度越高。

(2) 0.5086mol·L^{-1}应舍去，0.5042 mol·L^{-1}应保留。

第二章

1. (1) C (2) D (3) B (4) D (5) B (6) A (7) BCD (8) FGHIJ

2. (1) 2

(2) 10 烧杯 少量 冷却 玻璃棒 250 3～4 容量瓶 低 2～3cm 胶头滴管 低 重新配制 摇匀 试剂瓶

(3) 4

3. 略

第三章

1. 略

2. (1) C (2) B (3) B (4) A (5) AC (6) B (7) A

3. $K_{sp}(AgCl) = [Ag^+][Cl^-]$

$K_{sp}(Ag_2S) = [Ag^+]^2[S^{2-}]$

$K_{sp}(CaF_2) = [Ca^{2+}][F^-]^2$

$K_{sp}(Ag_2CrO_4) = [Ag^+]^2[CrO_4^{2-}]$

4. (1) $K_{sp}(CaC_2O_4) = [Ca^{2+}][C_2O_4^{2-}] = (5.07\times10^{-5})^2 = 2.57\times10^{-9}$

(2) $K_{sp}(PbF_2) = [Pb^{2+}][F^-]^2 = 4\times(2.1\times10^{-3})^3 = 3.7\times10^{-8}$

(3) $K_{sp}(Ag_2CO_3) = [Ag^+]^2[CO_3^{2-}] = 4\times\left(\frac{0.035}{275.74}\right)^3 = 8.2\times10^{-12}$

第四章

1. (1) D (2) C (3) C (4) D (5) B (6) B (7) C (8) A

2. 3. 略

(1) 0.07328 mol·L^{-1}，0.01666 mol·L^{-1}　　(2) 1.34V

(3) 17.39%　　(4) 53.88%

(5) $Cu\% = \frac{0.1034\times27.16\times63.54}{0.5085\times1000}\times100 = 35.09\%$

第五章

1. (1) D (2) D (3) A (4) A (5) B

2. 略

3.

（1）解： Fe^{3+}：$\lg\alpha_{Y(H)}=\lg K_{稳}-8=25.1-8=17.1$，查表得 pH≈1.2。

Fe^{2+}：$\lg\alpha_{Y(H)}=\lg K_{稳}-8=14.33-8=6.33$，查表得 pH≈5.1。

（2）解：$总硬度=\dfrac{cV(EDTA)M(CaCO_3)}{V(水)\times10^{-3}}=\dfrac{0.01060\times31.30\times100.1}{100.0\times10^{-3}}=332.1mg\cdot L^{-1}$

$钙含量=\dfrac{cV(EDTA)M(CaCO_3)}{V(水)\times10^{-3}}=\dfrac{0.01060\times19.20\times100.1}{100.0\times10^{-3}}=203.7mg\cdot L^{-1}$

$镁含量=\dfrac{cV(EDTA)M(MgCO_3)}{V(水)\times10^{-3}}=\dfrac{0.01060\times(31.30-19.20)\times84.32}{100.0\times10^{-3}}=108.1mg\cdot L^{-1}$

（3）解：$w(Al)=\dfrac{0.02000\times20.70\times10^{-3}\times26.98}{0.1200}\times100\%=9.310\%$

$w(Zn)=\dfrac{[0.02500\times50.00-0.02000\times(20.70+5.08)]\times10^{-3}\times65.39}{0.1200}\times100\%=40.02\%$

第六章

1.（1）B （2）A （3）D （4）D

2.（1）光源、单色器、吸收池、检测器、显示系统

（2）$A=Kcb$

（3）石英池、玻璃池

3. 对于指定组分，先配制一系列浓度不同的标准溶液，在与样品相同条件下，分别测量其吸光度，以吸光度 A 为纵坐标，浓度 c 或 ρ 为横坐标，绘制得到吸光度与浓度关系曲线，称为工作曲线（标准曲线）。根据工作曲线，在相同的条件下，测定试样的吸光度，从工作曲线上查出试样溶液的浓度，再计算试样中待测组分的含量。

4. 包括样品溶剂的选择、测定波长的选择、参比溶液的选择、吸光度范围的选择、仪器狭缝宽度的选择以及干扰的消除。

5. $T=77.62\%$ $A=0.11$

第七章

1.

（1）光源、原子化器、单色器、检测器 （2）最大吸收、共振线

（3）将试样中待测元素转化为基态原子、火焰原子化、非火焰原子化 （4）空心阴极灯

2.（1）B （2）C （3）A （4）C （5）A （6）C （7）C （8）A

3. 略

第八章

1.（1）A （2）B （3）B （4）B

2.（1）指示电极、参比电极 （2）温度、酸度、干扰离子、响应时间

（3）非晶体膜电极、晶体膜电极、敏化电极

3. pH 玻璃电极的响应机理是用离子选择性电极测定有关离子，一般都是基于内部溶液与外部溶液之间产生的电位差，即所谓膜电位。膜电位的产生是由于溶液中的离子与电极膜上的离子发生了交换作用的结果。膜电位的大小与响应离子活度之间的关系服从 Nernst 方程式：

$$E_{膜}=K+0.0592\lg a_{H^+(试)}=K-0.0592pH_{试}$$

K 为常数，由玻璃膜电极本身的性质决定。上式说明，在一定温度下，玻璃膜电极的膜电位与试液的 pH 呈线性关系。

$$pH_x=pH_s+\frac{E_x-E_s}{0.0592}或\ pH_x=pH_s+\frac{E_s-E_x}{0.0592}$$

为按实际操作方式对水溶液 pH 的实用定义，亦称 pH 标度。实验测出 E_s 和 E_x 后，即可计算出试液的 pH_x。而在实际工作中，用 pH 计测量 pH 值时，先用 pH 标准缓冲溶液对仪器进行定位，然后测量试

液，从仪表上直接读出试液的 pH 值。

4. 5.6

第九章

1. (1) A (2) B (3) C (4) D (5) D

2. (1) 吸附色谱法、分配色谱法、空间排斥（阻）色谱法、离子交换色谱法

(2) 载气及流速的选择、色谱柱及柱温的选择、汽化室温度的选择、进样量和进样时间的选择

(3) 塔板理论、速率理论

3. 定量校正因子包括绝对校正因子和相对校正因子。$m_i=f_iA_i$，式中，f_i 为组分 i 的绝对校正因子。它的大小主要由操作条件和仪器的灵敏度所决定，既不容易准确测量，也无统一标准；当操作条件波动时，f_i 也发生变化。故 f_i 无法直接应用，定量分析时，一般采用相对校正因子。相对校正因子（f'_i）是指组分 i 与另一标准物 s 的绝对校正因子之比，即：

$$f'_i=\frac{f_i}{f_s}=\frac{m_i/A_i}{m_s/A_s}=\frac{m_iA_s}{m_sA_i}$$

相对校正因子可以自行测定，也可以查文献、手册获得。应用时常省略“相对”两字。

4. 归一化是以样品中被测组分经校正过的峰面积（或峰高）占样品中各组分经过校正的峰面积（或峰高）的总和的比例来表示样品中各组分含量的定量方法，所以用到校正因子。

5. 苯 18.69%，甲苯 14.79%，邻二甲苯 40.74%，对二甲苯 16.11%，间二甲苯 9.67%。

附 录

表1 弱酸、弱碱的离解常数(298.15K)

(1) 弱酸的离解常数 (298.15K)

弱 酸	离 解 常 数 $K_a^{\ominus}$
H_3AlO_3	$K_1^{\ominus}=6.3\times10^{-12}$
H_3AsO_4	$K_1^{\ominus}=6.0\times10^{-3}$;$K_2^{\ominus}=1.0\times10^{-7}$;$K_3^{\ominus}=3.2\times10^{-12}$
H_3AsO_3	$K_1^{\ominus}=6.6\times10^{-10}$
H_3BO_3	$K_1^{\ominus}=5.8\times10^{-10}$
$H_2B_4O_7$	$K_1^{\ominus}=1\times10^{-4}$;$K_2^{\ominus}=1\times10^{-9}$
HBrO	$K_1^{\ominus}=2.0\times10^{-9}$
H_2CO_3	$K_1^{\ominus}=4.4\times10^{-7}$;$K_2^{\ominus}=4.7\times10^{-11}$
HCN	$K_1^{\ominus}=6.2\times10^{-10}$
H_2CrO_4	$K_1^{\ominus}=4.1$;$K_2^{\ominus}=1.3\times10^{-6}$
HClO	$K_1^{\ominus}=2.8\times10^{-8}$
HF	$K_1^{\ominus}=6.6\times10^{-4}$
HIO	$K_1^{\ominus}=2.3\times10^{-11}$
HIO_3	$K_1^{\ominus}=0.16$
H_5IO_6	$K_1^{\ominus}=2.8\times10^{-2}$;$K_2^{\ominus}=5.0\times10^{-9}$
H_2MnO_4	$K_2^{\ominus}=7.1\times10^{-11}$
HNO_2	$K_1^{\ominus}=7.2\times10^{-4}$
N_3H	$K_1^{\ominus}=1.9\times10^{-5}$
H_2O_2	$K_1^{\ominus}=2.2\times10^{-12}$
H_2O	$K_1^{\ominus}=1.8\times10^{-16}$
H_3PO_4	$K_1^{\ominus}=7.1\times10^{-3}$;$K_2^{\ominus}=6.3\times10^{-8}$;$K_3^{\ominus}=4.2\times10^{-13}$
$H_4P_2O_7$	$K_1^{\ominus}=3.0\times10^{-2}$;$K_2^{\ominus}=4.4\times10^{-3}$;$K_3^{\ominus}=2.5\times10^{-7}$;$K_4^{\ominus}=5.6\times10^{-10}$
$H_5P_3O_{10}$	$K_3^{\ominus}=1.6\times10^{-3}$;$K_4^{\ominus}=3.4\times10^{-7}$;$K_5^{\ominus}=5.8\times10^{-10}$
H_3PO_3	$K_1^{\ominus}=6.3\times10^{-3}$;$K_2^{\ominus}=2.0\times10^{-7}$
H_2SO_4	$K_2^{\ominus}=1.0\times10^{-2}$

续表

弱　酸	离　解　常　数　$K_a^\ominus$
H_2SO_3	$K_1^\ominus=1.3\times10^{-2}$；$K_2^\ominus=6.1\times10^{-3}$
$H_2S_2O_3$	$K_1^\ominus=0.25$；$K_2^\ominus=3.2\times10^{-2}\rightarrow2.0\times10^{-2}$
$H_2S_2O_4$	$K_1^\ominus=0.45$；$K_2^\ominus=3.5\times10^{-3}$
H_2Se	$K_1^\ominus=1.3\times10^{-4}$；$K_2^\ominus=1.0\times10^{-11}$
H_2S	$K_1^\ominus=1.32\times10^{-7}$；$K_2^\ominus=7.10\times10^{-15}$
H_2SeO_4	$K_2^\ominus=2.2\times10^{-2}$
H_2SeO_3	$K_1^\ominus=2.3\times10^{-3}$；$K_2^\ominus=5.0\times10^{-9}$
HSCN	$K_1^\ominus=1.41\times10^{-1}$
H_2SiO_3	$K_1^\ominus=1.7\times10^{-10}$；$K_2^\ominus=1.6\times10^{-12}$
$HSb(OH)_6$	$K_1^\ominus=2.8\times10^{-3}$
H_2TeO_3	$K_1^\ominus=3.5\times10^{-3}$；$K_2^\ominus=1.9\times10^{-8}$
H_2Te	$K_1^\ominus=2.3\times10^{-3}$；$K_2^\ominus=1.0\times10^{-11}\rightarrow10^{-12}$
H_2WO_4	$K_1^\ominus=3.2\times10^{-4}$；$K_2^\ominus=2.5\times10^{-5}$
NH_4^+	$K_1^\ominus=5.8\times10^{-10}$
$H_2C_2O_4$(草酸)	$K_1^\ominus=5.4\times10^{-2}$；$K_2^\ominus=5.4\times10^{-5}$
HCOOH(甲酸)	$K_1^\ominus=1.77\times10^{-4}$
CH_3COOH(醋酸)	$K_1^\ominus=1.75\times10^{-5}$
$ClCH_2COOH$(氯代醋酸)	$K_1^\ominus=1.4\times10^{-3}$
CH_2CHCO_2H(丙烯酸)	$K_1^\ominus=5.5\times10^{-5}$
$CH_3COOH_2CO_2H$(乙酰醋酸)	$K_1^\ominus=2.6\times10^{-4}$(316.15$K$)
$H_3C_6H_5O_7$(柠檬酸)	$K_1^\ominus=7.4\times10^{-4}$；$K_2^\ominus=1.73\times10^{-5}$；$K_3^\ominus=4\times10^{-7}$
H_4Y(乙二胺四乙酸)	$K_1^\ominus=10^{-2}$；$K_2^\ominus=2.1\times10^{-3}$；$K_3^\ominus=6.9\times10^{-7}$；$K_4^\ominus=5.9\times10^{-11}$

（2）弱碱的离解常数（298.15K）

弱　碱	离　解　常　数　$K_b^\ominus$
$NH_3\cdot H_2O$	1.8×10^{-5}
NH_2-NH_2(联氨)	9.8×10^{-7}
NH_2OH(羟胺)	9.1×10^{-9}
$C_6H_5NH_2$(苯胺)	4×10^{-4}
C_5H_5N(吡啶)	1.5×10^{-9}
$(CH_2)_6N_4$(六亚甲基四胺)	1.4×10^{-9}

注：本表及后面的表2、表3的数据主要取自 Lange′s Handbook of Chemistry，13th ed，1985.

表 2 溶度积常数(298.15K)

化合物	$K_{sp}^{\ominus}$	化合物	$K_{sp}^{\ominus}$
AgAc	4.4×10^{-3}	$BaSO_3$	8×10^{-7}
Ag_3AsO_4	1.0×10^{-22}	BaS_2O_3	1.6×10^{-5}
AgBr	5.0×10^{-13}	$BeCO_3\cdot4H_2O$	1×10^{-3}
AgCl	1.8×10^{-10}	$Be(OH)_2$(无定形)	1.6×10^{-22}
Ag_2CO_3	8.1×10^{-12}	$Bi(OH)_3$	4×10^{-31}
Ag_2CrO_4	1.1×10^{-12}	BiI_3	8.1×10^{-19}
AgCN	1.2×10^{-16}	Bi_2S_3	1×10^{-97}
$Ag_2Cr_2O_7$	2.0×10^{-7}	BiOBr	3.0×10^{-7}
$Ag_2C_2O_4$	3.4×10^{-11}	BiOCl	1.8×10^{-31}
$Ag_2[Fe(CN)_6]$	1.6×10^{-41}	$BiONO_3$	2.82×10^{-3}
AgOH	2.0×10^{-8}	$CaCO_3$	2.8×10^{-9}
$AgIO_3$	3.0×10^{-8}	$CaC_2O_4\cdot H_2O$	4×10^{-9}
AgI	8.3×10^{-17}	$CaCrO_4$	7.1×10^{-4}
Ag_2MoO_4	2.8×10^{-12}	CaF_2	5.3×10^{-9}
$AgNO_2$	6.0×10^{-4}	$Ca(OH)_2$	5.5×10^{-6}
Ag_3PO_4	1.4×10^{-16}	$CaHPO_4$	1×10^{-7}
Ag_2SO_4	1.4×10^{-5}	$Ca_3(PO_4)_2$	2.0×10^{-29}
Ag_2SO_3	1.5×10^{-14}	$CaSiO_3$	2.5×10^{-8}
Ag_2S	6.3×10^{-50}	$CaSO_4$	9.1×10^{-6}
AgSCN	1.0×10^{-12}	$CdCO_3$	5.2×10^{-12}
$AlAsO_4$	1.6×10^{-16}	$Cd(OH)_2$(新鲜)	2.5×10^{-14}
$Al(OH)_3$(无定形)	1.3×10^{-33}	CdS	8.0×10^{-27}
$AlPO_4$	6.3×10^{-19}	CeF_3	8×10^{-16}
Al_2S_3	2.0×10^{-17}	$Ce(OH)_3$	1.6×10^{-20}
AuCl	2.0×10^{-13}	$Ce(OH)_4$	2×10^{-28}
$AuCl_3$	3.2×10^{-25}	Ce_2S_3	6.0×10^{-11}
AuI	1.6×10^{-23}	$Co(OH)_2$(新鲜)	1.6×10^{-15}
AuI_3	1.0×10^{-46}	$Co(OH)_3$	1.6×10^{-44}
$BaCO_3$	5.1×10^{-9}	α-CoS	4.0×10^{-21}
BaC_2O_4	1.6×10^{-7}	β-CoS	2.0×10^{-25}
$BaCrO_4$	1.2×10^{-10}	$Cr(OH)_3$	6.3×10^{-31}
$Ba_2[Fe(CN)_6]\cdot6H_2O$	3.2×10^{-8}	CuBr	5.3×10^{-9}
BaF_2	1.0×10^{-6}	CuCl	1.2×10^{-6}
$Ba(OH)_2$	5.0×10^{-3}	CuCN	3.2×10^{-20}
$Ba(NO_3)_2$	4.5×10^{-3}	CuI	1.1×10^{-12}
$BaHPO_4$	3.2×10^{-7}	CuOH	1×10^{-14}
$Ba_3(PO_4)_2$	3.4×10^{-23}	Cu_2S	2.5×10^{-48}
$Ba_2P_2O_7$	3.2×10^{-11}	CuSCN	4.8×10^{-15}
$BaSO_4$	1.1×10^{-10}	$CuCO_3$	1.4×10^{-10}

续表

化 合 物	$K_{sp}^{\ominus}$	化 合 物	$K_{sp}^{\ominus}$
$CuCrO_4$	3.6×10^{-6}	$Mn(OH)_2$	1.9×10^{-13}
$Cu[Fe(CN)_6]$	1.3×10^{-6}	MnS(无定形)	2.5×10^{-10}
$Cu(OH)_2$	2.2×10^{-20}	MnS(晶体)	2.5×10^{-13}
CuC_2O_4	2.3×10^{-8}	Na_3AlF_6	4.0×10^{-10}
$Cu_3(PO_4)_2$	1.3×10^{-37}	$NiCO_3$	6.6×10^{-9}
$CuCr_2O_7$	8.3×10^{-16}	$Ni(OH)_2$(新鲜)	2.0×10^{-15}
CuS	6.3×10^{-36}	α-NiS	3.2×10^{-19}
$FeCO_3$	3.2×10^{-11}	β-NiS	1.0×10^{-24}
$Fe(OH)_2$	8.0×10^{-16}	γ-NiS	2.0×10^{-26}
$FeC_2O_4\cdot H_2O$	3.6×10^{-7}	$PbCO_3$	7.4×10^{-14}
$Fe_4[Fe(CN)_6]_3$	3.3×10^{-41}	$PbCl_2$	1.6×10^{-5}
$Fe(OH)_3$	4×10^{-38}	$PbCrO_4$	2.8×10^{-13}
FeS	6.3×10^{-18}	PbC_2O_4	4.8×10^{-10}
Hg_2CO_3	8.9×10^{-17}	PbI_2	7.1×10^{-9}
$Hg_2(CN)_2$	5×10^{-40}	$Pb(N_3)_2$	2.5×10^{-9}
Hg_2Cl_2	1.3×10^{-18}	$Pb(OH)_2$	1.2×10^{-15}
Hg_2CrO_4	2.0×10^{-9}	$Pb(OH)_4$	3.2×10^{-66}
Hg_2I_2	4.5×10^{-29}	$Pb_3(PO_4)_2$	8.0×10^{-43}
$Hg_2(OH)_2$	2.0×10^{-24}	$PbSO_4$	1.6×10^{-8}
$Hg(OH)_2$	3.0×10^{-26}	PbS	8.0×10^{-28}
Hg_2SO_4	7.4×10^{-7}	$Pt(OH)_2$	1×10^{-35}
Hg_2S	1.0×10^{-47}	$Sn(OH)_2$	1.4×10^{-28}
HgS(红)	4×10^{-53}	$Sn(OH)_4$	1×10^{-56}
HgS(黑)	1.6×10^{-52}	SnS	1.0×10^{-25}
$K_2Na[Co(NO_2)_6]\cdot H_2O$	2.2×10^{-11}	$SrCO_3$	1.1×10^{-10}
$K_2[PtCl_6]$	1.1×10^{-5}	$SrC_2O_4\cdot H_2O$	1.6×10^{-7}
K_2SiF_6	8.7×10^{-7}	$SrCrO_4$	2.2×10^{-5}
Li_2CO_3	2.5×10^{-2}	$TlCl_4$	1.7×10^{-4}
LiF	3.8×10^{-3}	TlI	6.5×10^{-8}
Li_3PO_4	3.2×10^{-9}	$Tl(OH)_3$	6.3×10^{-46}
$MgCO_3$	3.5×10^{-8}	Tl_2S	5.0×10^{-21}
MgF_2	6.5×10^{-9}	$ZnCO_3$	1.4×10^{-11}
$Mg(OH)_2$	1.8×10^{-11}	$Zn(OH)_2$	1.2×10^{-17}
$Mg_3(PO_4)_2$	$10^{-27}\rightarrow10^{-28}$	α-ZnS	1.6×10^{-24}
$MnCO_3$	1.8×10^{-11}	β-ZnS	2.5×10^{-22}

表3　标准电极电势(298.15K)

电极反应		$E^{\ominus}/V$
氧化型	还原型	
$Li+e^- \rightleftharpoons Li$		−3.045
$K^+ + e^- \rightleftharpoons K$		−2.925
$Rb^+ + e^- \rightleftharpoons Rb$		−2.925
$Cs^+ + e^- \rightleftharpoons Cs$		−2.923
$Ra^{2+} + 2e^- \rightleftharpoons Ra$		−2.92
$Ba^{2+} + 2e^- \rightleftharpoons Ba$		−2.90
$Sr^{2+} + 2e^- \rightleftharpoons Sr$		−2.89
$Ca^{2+} + 2e^- \rightleftharpoons Ca$		−2.87
$Na^+ + e^- \rightleftharpoons Na$		−2.714
$La^{3+} + 3e^- \rightleftharpoons La$		−2.52
$Mg^{2+} + 2e^- \rightleftharpoons Mg$		−2.37
$Sc^{3+} + 3e^- \rightleftharpoons Sc$		−2.08
$[AlF_6]^{3-} + 3e^- \rightleftharpoons Al + 6F^-$		−2.07
$Be^{2+} + 2e^- \rightleftharpoons Be$		−1.85
$Al^{3+} + 3e^- \rightleftharpoons Al$		−1.66
$Ti^{2+} + 2e^- \rightleftharpoons Ti$		−1.63
$Zr^{4+} + 4e^- \rightleftharpoons Zr$		−1.53
$[TiF_6]^{2-} + 4e^- \rightleftharpoons Ti + 6F^-$		−1.24
$[SiF_6]^{2-} + 4e^- \rightleftharpoons Si + 6F^-$		−1.2
$Mn^{2+} + 2e^- \rightleftharpoons Mn$		−1.18
* $SO_4^{2-} + H_2O + 2e^- \rightleftharpoons SO_3^{2-} + 2OH^-$		−0.93
$TiO^{2+} + 2H^+ + 4e^- \rightleftharpoons Ti + H_2O$		−0.89
* $Fe(OH)_2 + 2e^- \rightleftharpoons Fe + 2OH^-$		−0.887
$H_3BO_3 + 3H^+ + 3e^- \rightleftharpoons B + 3H_2O$		−0.87
$SiO_2(S) + 4H^+ + 4e^- \rightleftharpoons Si + 2H_2O$		−0.86

续表

电极反应		$E^{\ominus}/V$
氧化型	还原型	
$Zn^{2+}+2e^{-} \rightleftharpoons Zn$		−0.763
* $FeCO_3+2e^{-} \rightleftharpoons Fe+CO_3^{2-}$		−0.756
$Cr^{3+}+3e^{-} \rightleftharpoons Cr$		−0.74
$As+3H^{+}+3e^{-} \rightleftharpoons AsH_3$		−0.60
* $2SO_3^{2-}+3H_2O+4e^{-} \rightleftharpoons S_2O_3^{2-}+6OH^{-}$		−0.58
* $Fe(OH)_3+e^{-} \rightleftharpoons Fe(OH)_2+OH^{-}$		−0.56
$Ga^{3+}+3e^{-} \rightleftharpoons Ga$		−0.56
$Sb+3H^{+}+3e^{-} \rightleftharpoons SbH_3(g)$		−0.51
$H_3PO_2+H^{+}+e^{-} \rightleftharpoons P+2H_2O$		−0.51
$H_3PO_3+2H^{+}+2e^{-} \rightleftharpoons H_3PO_2+H_2O$		−0.50
$2CO_2+2H^{+}+2e^{-} \rightleftharpoons H_2C_2O_4$		−0.49
* $S+2e^{-} \rightleftharpoons S^{2-}$		−0.48
$Fe^{2+}+2e^{-} \rightleftharpoons Fe$		−0.44
$Cr^{3+}+e^{-} \rightleftharpoons Cr^{2+}$		−0.41
$Cd^{2+}+2e^{-} \rightleftharpoons Cd$		−0.403
$Se+2H^{+}+2e^{-} \rightleftharpoons H_2Se$		−0.40
$Ti^{3+}+e^{-} \rightleftharpoons Ti^{2+}$		−0.37
$PbI_2+2e^{-} \rightleftharpoons Pb+2I^{-}$		−0.365
* $Cu_2O+H_2O+2e^{-} \rightleftharpoons 2Cu+2OH^{-}$		−0.361
$PbSO_4+2e^{-} \rightleftharpoons Pb+SO_4^{2-}$		−0.3553
$In^{3+}+3e^{-} \rightleftharpoons In$		−0.342
$Tl^{+}+e^{-} \rightleftharpoons Tl$		−0.336
* $Ag(CN)_2^{-}+e^{-} \rightleftharpoons Ag+2CN^{-}$		−0.31
$PtS+2H^{+}+2e^{-} \rightleftharpoons Pt+HgS(g)$		−0.30
$PbBr_2+2e^{-} \rightleftharpoons Pb+2Br^{-}$		−0.280
$Co^{2+}+2e^{-} \rightleftharpoons Co$		−0.277

续表

电极反应		$E^{\ominus}/V$
氧化型	还原型	
$H_3PO_4+2H^++2e^- \rightleftharpoons H_3PO_3+H_2O$		−0.276
$PbCl_2+2e^- \rightleftharpoons Pb+2Cl^-$		−0.268
$V^{3+}+e^- \rightleftharpoons V^{2+}$		−0.255
$VO_2^++4H^++5e^- \rightleftharpoons V+2H_2O$		−0.253
$[SnF_6]^{2-}+4e^- \rightleftharpoons Sn+6F^-$		−0.25
$Ni^{2+}+2e^- \rightleftharpoons Ni$		−0.246
$N_2+5H^++4e^- \rightleftharpoons N_2H_5^+$		−0.23
$Mo^{3+}+3e^- \rightleftharpoons Mo$		−0.20
$CuI+e^- \rightleftharpoons Cu+I^-$		−0.185
$AgI+e^- \rightleftharpoons Ag+I^-$		−0.152
$Sn^{2+}+2e^- \rightleftharpoons Sn$		−0.136
$Pb^{2+}+2e^- \rightleftharpoons Pb$		−0.126
* $Cu(NH_3)_2^++e^- \rightleftharpoons Cu+2NH_3$		−0.12
* $CrO_4^{2-}+2H_2O+3e^- \rightleftharpoons CrO_2^-+4OH^-$		−0.12
$WO_3(Cr)+6H^++6e^- \rightleftharpoons W+3H_2O$		−0.09
* $2Cu(OH)_2+2e^- \rightleftharpoons Cu_2O+2OH^-+H_2O$		−0.08
* $MnO_2+H_2O+2e^- \rightleftharpoons Mn(OH)_2+2OH^-$		−0.05
$[HgI_4]^{2-}+2e^- \rightleftharpoons Hg+4I^-$		−0.039
* $AgCN+e^- \rightleftharpoons Ag+CN^-$		−0.017
$2H^++2e^- \rightleftharpoons H_2(g)$		−0.00
$[Ag(S_2O_3)_2]^{3-}+e^- \rightleftharpoons Ag+2S_2O_3^{2-}$		0.01
* $NO_3^-+H_2O+2e^- \rightleftharpoons NO_2^-+2OH^-$		0.01
$AgBr(s)+e^- \rightleftharpoons Ag+Br^-$		0.071

续表

电极反应 氧化型 还原型	$E^{\ominus}$/V
$S_4O_6^{2-}+2e^- \rightleftharpoons 2S_2O_3^{2-}$	0.08
* $[Co(NH_3)_6]^{3+}+e^- \rightleftharpoons [Co(NH_3)_6]^{2+}$	0.1
$TiO^{2+}+2H^++e^- \rightleftharpoons Ti^{3+}+H_2O$	0.10
$S+2H^++2e^- \rightleftharpoons H_2S(aq)$	0.141
$Sn^{4+}+2e^- \rightleftharpoons Sn^{2+}$	0.154
$Cu^{2+}+e^- \rightleftharpoons Cu^+$	0.159
$SO_4^{2-}+4H^++3e^- \rightleftharpoons H_2SO_3+H_2O$	0.17
$[HgBr_4]^{2-}+2e^- \rightleftharpoons Hg+4Br^-$	0.21
$AgCl(s)+e^- \rightleftharpoons Ag+Cl^-$	0.2223
* $PbO_2+H_2O+2e^- \rightleftharpoons PbO+2OH^-$	0.247
$HAsO_2+4H^++3e^- \rightleftharpoons As+2H_2O$	0.248
$Hg_2Cl_2(s)+2e^- \rightleftharpoons 2Hg+2Cl^-$	0.268
$BiO^++2H^++3e^- \rightleftharpoons Bi+H_2O$	0.32
$Cu^{2+}+2e^- \rightleftharpoons Cu$	0.337
* $Ag_2O+H_2O+2e^- \rightleftharpoons 2Ag+2OH^-$	0.342
$[Fe(CN)_6]^{3-}+e^- \rightleftharpoons [Fe(CN)_6]^{4-}$	0.36
* $ClO_4^-+H_2O+2e^- \rightleftharpoons ClO_3^-+2OH^-$	0.36
* $[Ag(NH_3)_2]^++e^- \rightleftharpoons Ag+2NH_3$	0.373
$2H_2SO_3+2H_2O+4e^- \rightleftharpoons S_2O_3^{2-}+3H_2O$	0.40
* $O_2+2H_2O+4e^- \rightleftharpoons 4OH^-$	0.401
$Ag_2CrO_4+2e^- \rightleftharpoons 2Ag+CrO_4^{2-}$	0.447
$H_2SO_3+4H^++4e^- \rightleftharpoons S+3H_2O$	0.45
$Cu^++e^- \rightleftharpoons Cu$	0.52
$TeO_2(s)+4H^++4e^- \rightleftharpoons Te+2H_2O$	0.529

续表

电极反应		$E^{\ominus}/V$
氧化型	还原型	
$I_2(s)+2e^- \rightleftharpoons 2I^-$		0.5345
$H_3AsO_4+4H^++4e^- \rightleftharpoons H_3AsO_3+H_2O$		0.560
$MnO_4^-+e^- \rightleftharpoons MnO_4^{2-}$		0.564
* $MnO_4^-+2H_2O+3e^- \rightleftharpoons MnO_2+4OH^-$		−0.588
* $MnO_4^{2-}+2H_2O+2e^- \rightleftharpoons MnO_2+4OH^-$		0.60
* $BrO_3^-+3H_2O+6e^- \rightleftharpoons Br^-+6OH^-$		0.61
$2HgCl_2+2e^- \rightleftharpoons Hg_2Cl_2(s)+2Cl^-$		0.63
* $ClO_2^-+H_2O+2e^- \rightleftharpoons ClO^-+2OH^-$		0.66
$O_2(g)+2H^++2e^- \rightleftharpoons H_2O_2(aq)$		0.682
$[PtCl_4]^{2-}+2e^- \rightleftharpoons Pt+4Cl^-$		0.73
$Fe^{3+}+e^- \rightleftharpoons Fe^{2+}$		0.771
$Hg_2^{2+}+2e^- \rightleftharpoons 2Hg$		0.793
$Ag^++e^- \rightleftharpoons Ag$		0.799
$NO_3^-+2H^++2e^- \rightleftharpoons NO_2+H_2O$		0.80
* $HO_2^-+H_2O+2e^- \rightleftharpoons 3OH^-$		0.88
* $ClO^-+H_2O+2e^- \rightleftharpoons Cl^-+2OH^-$		0.89
$2Hg^{2+}+2e^- \rightleftharpoons Hg_2^{2+}$		0.920
$NO_3^-+3H^++2e^- \rightleftharpoons HNO_2+H_2O$		0.94
$NO_3^-+4H^++3e^- \rightleftharpoons NO+2H_2O$		0.96
$HNO_2+H^++e^- \rightleftharpoons NO+H_2O$		1.00
$NO_2+2H^++2e^- \rightleftharpoons NO+H_2O$		1.03
$Br(l)+2e^- \rightleftharpoons 2Br^-$		1.065

续表

电极反应		$E^{\ominus}$/V
氧化型	还原型	
$NO_2 + H^+ + e^- \rightleftharpoons HNO_2$		1.07
$Cu^{2+} + 2CN^- + e^- \rightleftharpoons Cu(CN)_2^-$		1.12
$ClO_2 + e^- \rightleftharpoons ClO_2^-$		1.16
$ClO_4^- + 2H^+ + 2e^- \rightleftharpoons ClO_3^- + H_2O$		1.19
$2IO_3^- + 12H^+ + 10e^- \rightleftharpoons I_2 + 6H_2O$		1.20
$ClO_3^- + 3H^+ + 2e^- \rightleftharpoons HClO_2 + H_2O$		1.21
$O_2 + 4H^+ + 4e^- \rightleftharpoons 2H_2O(l)$		1.229
$MnO_2 + 4H^+ + 2e^- \rightleftharpoons Mn^{2+} + 2H_2O$		1.23
* $O_3 + H_2O + 2e^- \rightleftharpoons O_2 + 2OH^-$		1.24
$ClO_2 + H^+ + e^- \rightleftharpoons HClO_2$		1.275
$2HNO_2 + 4H^+ + 4e^- \rightleftharpoons N_2O + 3H_2O$		1.29
$Cr_2O_7^{2-} + 14H^+ + 6e^- \rightleftharpoons 2Cr^{3+} + 7H_2O$		1.33
$Cl_2 + 2e^- \rightleftharpoons Cl^-$		1.36
$2HIO + 2H^+ + 2e^- \rightleftharpoons I_2 + 2H_2O$		1.45
$PbO_2 + 4H^+ + 2e^- \rightleftharpoons Pb^{2+} + 2H_2O$		1.455
$Au^{3+} + 3e^- \rightleftharpoons Au$		1.50
$Mn^{3+} + e^- \rightleftharpoons Mn^{2+}$		1.51
$MnO_4^- + 8H^+ + 5e^- \rightleftharpoons Mn^{2+} + 4H_2O$		1.51
$2BrO_3^- + 12H^+ + 10e^- \rightleftharpoons Br_2(l) + 6H_2O$		1.52
$2HBrO + 2H^+ + 2e^- \rightleftharpoons Br_2(l) + 2H_2O$		1.59
$H_5IO_6 + H^+ + 2e^- \rightleftharpoons IO_3^- + 3H_2O$		1.60
$2HClO + 2H^+ + 2e^- \rightleftharpoons Cl_2 + H_2O$		1.63
$HClO_2 + 2H^+ + 2e^- \rightleftharpoons HClO + H_2O$		1.64
$Au^+ + e^- \rightleftharpoons Au$		1.68

续表

电极反应		$E^{\ominus}$/V
氧化型	还原型	
$NiO_2+4H^++2e^- \rightleftharpoons Ni^{2+}+2H_2O$		1.68
$MnO_4^-+4H^++3e^- \rightleftharpoons MnO_2+2H_2O$		1.695
$H_2O_2+2H^++2e^- \rightleftharpoons 2H_2O$		1.77
$Co^{3+}+e^- \rightleftharpoons Co^{2+}$		1.84
$Ag^{2+}+e^- \rightleftharpoons Ag^+$		1.98
$S_2O_8^{2-}+2e^- \rightleftharpoons 2SO_4^{2-}$		2.01
$O_3+2H^++2e^- \rightleftharpoons O_2+H_2O$		2.07
$F_2+2e^- \rightleftharpoons 2F^-$		2.87
$F_2+2H^++2e^- \rightleftharpoons 2HF$		3.06

注：本表中凡前面有 * 符号的电极反应是在碱性溶液中进行，其余都在酸性溶液中进行。

表4 配离子的稳定常数(298.15K)

化学式	稳定常数β	lgβ	化学式	稳定常数β	lgβ
* $[AgCl_2]^-$	1.1×10^5	5.04	* $[Cu(en)_2]^{2+}$	1.0×10^{20}	20.00
* $[AgI_2]^-$	5.5×10^{11}	11.74	$[Cu(NH_3)_2]^+$	7.4×10^{10}	10.87
$[Ag(CN)_2]^-$	5.6×10^{18}	18.74	$[Cu(NH_3)_4]^{2+}$	4.3×10^{13}	13.63
$[Ag(NH_3)_2]^+$	1.7×10^7	7.23	$[Fe(C_2O_4)_3]^{3-}$	10^{20}	20
$[Ag(S_2O_3)_2]^{3-}$	1.7×10^{13}	13.22	$[FeF_6]^{3-}$	2×10^{15}	～15.3
$[AlF_6]^{3-}$	6.9×10^{19}	19.84	$[Fe(CN)_6]^{4-}$	10^{35}	35
$[AuCl_4]^-$	2×10^{21}	21.3	$[Fe(CN)_6]^{3-}$	10^{42}	42
$[Au(CN)_2]^-$	2.0×10^{38}	38.3	$[Fe(NCS)_6]^{3-}$	1.3×10^9	9.10
$[CdI_4]^{2-}$	2×10^6	6.3	$[HgCl_4]^{2-}$	9.1×10^{15}	15.96
$[Cd(CN)_4]^{2-}$	7.1×10^{18}	18.85	$[HgI_4]^{2-}$	1.9×10^{30}	30.28
$[Cd(NH_3)_4]^{2+}$	1.3×10^7	7.12	$[Hg(CN)_4]^{2-}$	2.5×10^{41}	41.40
* $[Co(NCS)_4]^{2-}$	1.0×10^3	3.00	$[Hg(NH_3)_4]^{2+}$	1.9×10^{19}	19.28
$[Co(NH_3)_6]^{2+}$	8.0×10^4	4.90	$[Hg(SCN)_4]^{2-}$	2×10^{19}	19.3
$[Co(NH_3)_6]^{3+}$	4.6×10^{33}	33.66	$[Ni(CN)_4]^{2-}$	10^{22}	22
* $[CuCl_2]^-$	3.2×10^5	5.50	* $[Ni(en)_3]^{2+}$	2.1×10^{18}	18.33
$[Cu(Br)_2]^-$	7.8×10^5	5.89	$[Ni(NH_3)_6]^{2+}$	5.6×10^8	8.74
$[CuI_2]^-$	7.1×10^8	8.85	$[Zn(CN)_4]^{2-}$	7.8×10^{16}	16.89
$[Cu(CN)_2]^-$	1×10^{16}	16.0	$[Zn(en)_2]^{2+}$	6.8×10^{10}	10.83
$[Cu(CN)_4]^{3-}$	1.0×10^{30}	30.00	$[Zn(NH_3)_4]^{2+}$	2.9×10^9	9.47

注：本表标有 * 的引自 J. A. Deam，Lange's Handbook of Chemistry，其余引自 W. M. Atimer，Oxidation Potentials。

表 5 工业常用气瓶的标志①

气　体	气瓶外壳颜色	字　样	字样颜色
H_2	深绿	氢	红
O_2	天蓝	氧	黑
N_2	黑	氮	黄
He	灰	氦	绿
Cl_2	草绿	液氯	白
CO_2	铅白	液化二氧化碳	黑
SO_2	灰	液化二氧化硫	黑
NH_3	黄	液氨	黑
H_2S	白	液化硫化氢	红
HCl	灰	液化氯化氢	黑

①摘自中华人民共和国劳动总局颁发《气瓶安全监察规程》(1979)。

表 6 常用的干燥剂

(1) 普通干燥器内常用的干燥剂

干　燥　剂	吸　收　的　溶　剂
CaO	水、醋酸
$CaCl_2$(无色)	水、醇
硅胶	水
NaOH	水、醇、酚、醋酸、氯化氢
H_2SO_4	水、醇、醋酸
P_2O_5(P_4O_{10})	水、醇
石蜡刨片或橄榄油	醇、醚、石油醚、苯、甲苯、氯仿、四氯化碳

(2) 干燥剂干燥后空气中水的质量浓度 $\rho(H_2O)$

干燥剂	水的质量浓度 $\rho(H_2O)$ /$g\cdot m^{-3}$	干燥剂	水的质量浓度 $\rho(H_2O)$ /$g\cdot m^{-3}$
P_2O_5(P_4O_{10})	2×10^{-5}	硅胶	0.03
$Mg(ClO_4)_2$	0.0005	$CaBr_2$	0.14
BaO	0.00065	NaOH(熔融)	0.16
$Mg(ClO_4)_2\cdot3H_2O$	0.002	CaO	0.2
KOH(熔融)	0.002	H_2SO_4(95.1%)	0.3
H_2SO_4(100%)	0.003	$CaCl_2$(熔融)	0.36
Al_2O_3	0.003	$ZnCl_2$	0.85
$CaSO_4$	0.004	$ZnBr_2$	1.16
MgO	0.008	$CuSO_4$	1.4

表 7 常用的制冷剂

(1) 盐-水制冷剂的制冷温度(15℃下指定量的盐和 100g 水混合)

盐	最低温度 t/℃	混合盐	最低温度 t/℃
100g KCNS	−24	113g KCNS+5g NH_4NO_3	−32.4
133g NH_4SCN	−16	59g NH_4SCN+32g NH_4NO_3	−30.6
100g NH_4NO_3	−12	57g NH_4SCN+57g $NaNO_3$	−29.8
250g $CaCl_2$	−8	56g NH_4NO_3+55g $NaNO_3$	−23.8
30g NH_4Cl	−3	18g NH_4Cl+43g $NaNO_3$	−22.4
30g KCl	2	26g NH_4Cl+14g KNO_3	−17.8
30g $(NH_4)_2CO_3$	3	98g NH_4SCN+22g KNO_3	−13.8
16g KNO_3	5	88g NH_4NO_3+63g $NaNO_3$	−10.8
40g Na_2CO_3	6	32g NH_4Cl+21g KNO_3	−3.9
20g $Na_2SO_4\cdot10H_2O$	8	26g NH_4Cl+57g KNO_3	−1.6

(2) 盐-冰制冷剂的制冷温度(15℃下指定量的盐和 100g 雪或碎冰混合)

盐	最低温度 t/℃	混合盐	最低温度 t/℃
51g $ZnCl_2$	−62	39.5g NH_4SCN+54.5g $NaNO_3$	−37.4
29.8g $CaCl_2$	−55	2g KNO_3+112g KCNS	−34.1
36g $CuCl_2$	−40	13g NH_4Cl+38g KNO_3	−31
39.5g K_2CO_3	−36.5	32g NH_4NO_3+59g NH_4SCN	−30.6
26.1g Mg Cl_2	−33.6	9g KNO_3+67g NH_4SCN	−28.2
39.4g $Zn(NO_3)_2$	−29	52g NH_4NO_3+55g $NaNO_3$	−25.8
23.3g NaCl	−21.3	9g KNO_3+67g NH_4SCN	−25
23.2g $(NH_4)_2SO_4$	−19.05	12g NH_4Cl+50.5g $(NH_4)_2SO_4$	−22.5
18.6g NH_4Cl	−15.8	18.8g NH_4Cl+44g NH_4NO_3	−22.1
19.75g KCl	−11.1	26g NH_4Cl+13.5g KNO_3	−17.8

表 8　常用基准物质的干燥条件和应用范围

基准物质		干燥后组成	干燥条件/℃	标定对象
名称	化学式			
碳酸氢钠	$NaHCO_3$	Na_2CO_3	270～300	酸
碳酸钠	$Na_2CO_3 \cdot 10H_2O$	Na_2CO_3	270～300	酸
硼砂	$Na_2B_4O_7 \cdot 10H_2O$	$Na_2B_4O_7 \cdot 10H_2O$	放在含 NaCl 和蔗糖饱和水溶液的干燥器中	酸
碳酸氢钾	$KHCO_3$	K_2CO_3	270～300	酸
草酸	$H_2C_2O_4 \cdot 2H_2O$	$H_2C_2O_4 \cdot 2H_2O$	室温空气干燥	碱或 $KMnO_4$
邻苯二甲酸氢钾	$KHC_8H_4O_4$	$KHC_8H_4O_4$	110～120	碱
重铬酸钾	$K_2Cr_2O_7$	$K_2Cr_2O_7$	140～150	还原剂
溴酸钾	$KBrO_3$	$KBrO_3$	130	还原剂
碘酸钾	KIO_3	KIO_3	130	还原剂
铜	Cu	Cu	室温干燥器中保存	还原剂
三氧化二砷	As_2O_3	As_2O_3	室温干燥器中保存	氧化剂
草酸钠	$Na_2C_2O_4$	$Na_2C_2O_4$	130	氧化剂
碳酸钙	$CaCO_3$	$CaCO_3$	110	EDTA
锌	Zn	Zn	室温干燥器中保存	EDTA
氧化锌	ZnO	ZnO	900～1000	EDTA
氧化钾	NaCl	NaCl	500～600	$AgNO_3$
氰化钾	KCl	KCl	500～600	$AgNO_3$
硝酸银	$AgNO_3$	$AgNO_3$	180～290	氯化物

表 9　通用化学试剂的规格和标志

我国等级	GR （一级、优级纯）	AR （二级、分析纯）	CP （三级、化学纯）	LR （四级、实验试剂）
英文标记	GUARANTEED TEAGENTS	ANALYTICAL TEAGENTS	CHEMICAL PURE	LABORATORY TEAGENTS
瓶签颜色	绿色	红色	蓝色	中黄色

表 10 国际相对原子质量表

原子序数	名称	元素符号	相对原子质量	原子序数	名称	元素符号	相对原子质量	原子序数	名称	元素符号	相对原子质量
1	氢	H	1.0079	24	铬	Cr	51.9961	47	银	Ag	107.868
2	氦	He	4.002602	25	锰	Mn	54.9380	48	镉	Cd	112.41
3	锂	Li	6.941	26	铁	Fe	55.847	49	铟	In	114.82
4	铍	Be	9.01218	27	钴	Co	58.9332	50	锡	Sn	118.710
5	硼	B	10.811	28	镍	Ni	58.69	51	锑	Sb	121.75
6	碳	C	12.011	29	铜	Cu	63.546	52	碲	Te	127.60
7	氮	N	14.0067	30	锌	Zn	65.39	53	碘	I	126.9045
8	氧	O	15.9994	31	镓	Ga	69.723	54	氙	Xe	131.29
9	氟	F	18.99840	32	锗	Ge	72.59	55	铯	Cs	132.9054
10	氖	Ne	20.179	33	砷	As	74.9216	56	钡	Ba	137.33
11	钠	Na	22.98977	34	硒	Se	78.96	57	镧	La	138.9055
12	镁	Mg	24.305	35	溴	Br	79.904	58	铈	Ce	140.12
13	铝	Al	26.98154	36	氪	Kr	83.80	59	镨	Pr	140.9077
14	硅	Si	28.0855	37	铷	Rb	85.4678	60	钕	Nd	144.24
15	磷	P	30.97376	38	锶	Sr	87.62	61	钷	Pm	(145)
16	硫	S	32.066	39	钇	Y	88.9059	62	钐	Sm	150.36
17	氯	Cl	35.453	40	锆	Zr	91.224	63	铕	Eu	151.96
18	氩	Ar	39.948	41	铌	Nb	92.9064	64	钆	Gd	157.25
19	钾	K	39.0983	42	钼	Mo	95.94	65	铽	Tb	158.9254
20	钙	Ca	40.078	43	锝	Tc	(98)	66	镝	Dy	162.50
21	钪	Sc	44.95591	44	钌	Ru	101.07	67	钬	Ho	164.9304
22	钛	Ti	47.88	45	铑	Rh	102.9055	68	铒	Er	167.26
23	钒	V	50.9415	46	钯	Pd	106.42	69	铥	Tm	168.9342

续表

原子序数	名称	元素符号	相对原子质量	原子序数	名称	元素符号	相对原子质量	原子序数	名称	元素符号	相对原子质量
70	镱	Yb	173.04	84	钋	Po	(209)	98	锎	Cf	(251)
71	镥	Lu	174.967	85	砹	At	(210)	99	锿	Es	(252)
72	铪	Hf	178.49	86	氡	Rn	(222)	100	镄	Fm	(257)
73	钽	Ta	180.9479	87	钫	Fr	(223)	101	钔	Md	(258)
74	钨	W	183.85	88	镭	Re	226.0254	102	锘	No	(259)
75	铼	Re	186.207	89	锕	Ac	227.0278	103	铹	Lr	(262)
76	锇	Os	190.2	90	钍	Th	232.0381	104	恍	Rf	261)
77	铱	Ir	192.22	91	镤	Pa	231.0359	105	𬭊	Db	(262)
78	铂	Pt	195.08	92	铀	U	238.0289	106	𬭳	Sg	(263)
79	金	Au	196.9665	93	镎	Np	237.0482	107	𬭛	Bh	(262)
80	汞	Hg	200.59	94	钚	Pu	(244)	108	𬭶	HS	(265)
81	铊	T1	204.383	95	镅	Am	(243)	109	鿏	Mt	(266)
82	铅	Pb	207.2	96	锔	Cm	(247)				
83	铋	Bi	208.9804	97	锫	Bk	(247)				

注：括弧中的数值是该放射性元素已知的半衰期最长的同位素的相对原子质量。

参 考 文 献

[1] 高职高专化学教材编写组．分析化学．第 3 版．北京：高等教育出版社，2008.
[2] 高职高专化学教材编写组．分析化学实验．第 3 版．北京：高等教育出版社，2008.
[3] 孙凤霞．仪器分析．北京：化学工业出版社，2004.
[4] 索陇宁．化学实验技术．北京：高等教育出版社，2006.
[5] 武汉大学等．分析化学．第 4 版．北京：高等教育出版社，2000.
[6] 周性尧，任建国编著．化学分析中的离子平衡，北京：科学出版社，1998.
[7] 高琳．基础化学．北京：高等教育出版社，2012.
[8] 叶芬霞．无机及分析化学．北京：高等教育出版社，2004.
[9] 汪尔康主编．21 世纪的分析化学．北京：科学出版社，1999.
[10] 高鸿主编．分析化学前沿．北京：科学出版社，1991.
[11] 方惠群，史坚，倪君蒂．仪器分析原理．南京：南京大学出版社，1994.
[12] 赵藻藩等．仪器分析．北京：高等教育出版社，1993.
[13] 金钦汉译．仪器分析原理．第 2 版．上海：上海科技出版社，1998.
[14] 高鸿主编．分析化学前沿．北京：科学出版社，1991.
[15] 邓勃，宁永成，刘密新．仪器分析，北京：清华大学出版社，1991.
[16] 谢庆娟主编．分析化学．北京：人民卫生出版社，2003.
[17] 李桂馨主编．分析化学．第 3 版．北京：人民卫生出版社，1997.
[18] 孙毓庆主编．分析化学．第 4 版．上册．北京：人民卫生出版社，1999.
[19] 李发美主编．分析化学．第 5 版．北京：人民卫生出版社，2003.
[20] 张其河主编．分析化学．北京：中国医药科技出版社，1996.
[21] 武汉大学主编．分析化学实验．北京：高等教育出版社，1996.
[22] 张济新等．仪器分析实验．北京：高等教育出版社，1996.
[23] 林树昌，曾泳淮．分析化学．北京：高等教育出版社，1996.
[24] 王中慧，张清华，分析化学．北京：化学工业出版社．2013.